21 世纪应用型本科规划教材
大学化学实验系列

分析化学实验

（第二版）

主　编　蔡　蒨　唐意红
副主编　徐丽芳　丁　蕙　鲁　彦

上海交通大學出版社

内容提要

本书作为21世纪应用型本科规划教材之一，根据“高等学校基础课实验教学示范中心建设标准”和“普通高等学校本科化学专业规范”中化学实验教学基本内容，在《分析化学实验》第一版的基础上修订而成。内容包括：分析化学实验的一般知识；分析化学实验基本操作和常用实验仪器的使用方法；实验数据的采集与处理及计算机应用基础；无机离子定性和有机定性分析实验；定量化学分析和仪器分析实验；在环保分析、镀液分析、药物分析、食品分析等方面的应用型以及综合性、设计性实验；分析化学实验常用数据及参考文献。

本书可供高等院校化学、化工、轻工、材料、冶金、食品、环境等相关专业师生使用，也可供从事化学实验室工作的人员参考。

图书在版编目(CIP)数据

分析化学实验/蔡蒲等主编. —2版. —上海：上海交通大学出版社，2015(2021重印)

(大学化学实验系统)

ISBN 978-7-313-06222-2

Ⅰ.分… Ⅱ.蔡… Ⅲ.分析化学—化学实验—高等学校—教材 Ⅳ.0652.1

中国版本图书馆CIP数据核字(2010)第014667号

分析化学实验

(第二版)

主　　编：蔡　蒲　等

出版发行：上海交通大学出版社　　地　　址：上海市番禺路951号

邮政编码：200030　　电　　话：021-64071208

印　　制：苏州市古得堡数码印刷有限公司　　经　　销：全国新华书店

开　　本：787mm×1092mm　1/16　　印　　张：18.25

字　　数：441千字

版　　次：2010年3月第1版　2015年2月第2版　　印　　次：2021年1月第6次印刷

书　　号：ISBN 978-7-313-06222-2

定　　价：49.00元

再版前言

本书作为21世纪应用型本科规划教材之一，是在《分析化学实验》第一版的基础上修订而成，充分体现了应用型人才培养的特色，满足了应用型本科教学的需要。在本次修订过程中，本书力求将实践与理论教学相融合，突出应用技术，遵循与时俱进和“实际、实践、实用”的原则，引导学生掌握正确的操作方法，培养科学态度，通过实验培养学生实践能力、自学能力和创新能力。

本书第二版保持了第一版的基本结构和编写特色，根据第一版使用情况的反馈，并充分吸收分析化学实验教学改革的实践经验，从以下方面进行了修改和补充：与第一版相比，第二版更加重视国家法定计量单位的相关规定，努力贯彻最新国家标准中提出的方法。在概念、原理、结果表示等方面尽量采用国家标准中提出的表示方法。为加强现代化数据处理方法的应用，提高学生对实验数据处理的准确性和规范性，在第五章增加了计算机相关数据处理软件的应用，补充了Origin应用软件的图形编辑处理、曲线拟合、数据点掩蔽等主要功能及其使用。同时在每个应用方法中加入实例的处理，使理论与实践结合，更具有可操作性和实用性。分析化学的方法和对象广泛多样，为扩大知识面，提高选择性，新增了实验项目，如在第八章定量化学分析中增加了实验项目“硫的测定”和“有机酸的测定”，在第十章应用性实验中增加了实验项目“水杨酸分光光度法测定水中的氨氮”。在第十一章中增加了综合实验“毛细管电泳法测定左氧氟沙星滴眼液中左氧氟沙星的光学纯度”等，以提升学生分析问题与解决问题的能力。新增的实验项目在内容和方法的选取中，摈弃一些对环境污染严重试剂，而以对环境友好的试剂代之。同时，在保证实验效果的前提下，尽量减少实验试剂的用量，从实验中培养学生的环保意识。

本书由蔡蕍和唐意红主编，提出全书的编写体系、编写原则与本次修订要求，徐丽芳、丁蕙、鲁彦为副主编。参加此次编写与修订的人员有蔡蕍(第一、三、四章及第五、八、十、十一章和附录部分)、唐意红(第十章部分)、徐丽芳(第二、六章及第八、十一章部分)、丁蕙(第七章及第八、九、十一章部分)、鲁彦(第九、十、十一章部分)、祝优珍(第九、十章部分)、卢立泓(第九、十章部分)、叶伟林(第九章部分)、潘安健(第十一章和附录部分)、张素霞(第五章部分)、许旭(第十一章部分)，全书由唐意红统稿。

在此次编写和修订过程中，得到了上海应用技术学院化学实验教学示范中心的大力支持，基础化学实验中心的陶建伟、朱贤、邓春余和王嵩为本书提供素材并对本书稿提出了有益的意见和建议，陶建伟协助绘制图、表，在此一并表示衷心感谢。

因编者的水平有限，编写与修订经验不足，书中存在的疏漏和不妥之处，敬请广大读者批评指正。

编　者

2014年8月

目　　录

第一部分　实验安全、基本仪器操作使用及分析化学实验一般知识

第二部分 实验内容

第三部分　附录及参考文献

第一部分

实验安全、基本仪器操作使用及分析化学实验一般知识

第一章　分析化学实验的一般知识

第一节　分析化学实验的目的和基本要求

分析化学是一门实践性很强的学科。分析化学实验是分析化学课程的重要组成部分，是以实验操作为主的技能课程，它具有自己的培养目标、教学思想、教学内容和方法。通过严格的实验训练，使学生能够加深对分析化学基本概念和基本理论的理解；正确、熟练地掌握分析化学实验的基本操作和技能；学会正确使用基本仪器测量实验数据；学会正确、合理地选择实验条件和实验仪器，正确处理数据和表达实验结果；培养良好的实验习惯、严谨细致的科学态度和实事求是的科学作风；建立“量”的概念，为学习后继课程和将来从事科学研究打下良好的基础。

为了达到上述教学目的，分别对定性分析实验、定量化学分析实验和仪器分析实验提出一定的要求。

一、定性分析实验的要求

(1) 实验前应认真学习有关的教学内容和实验内容，明确本次实验目的，对要做的实验内容及步骤了如指掌，写好预习报告。未预习者不得进行实验。

(2) 自觉养成良好的科学工作习惯：

①细致观察，深入思考　细致观察是掌握和积累知识的重要的手段。当观察到的现象与书本上的记载不一致时，一定要深入思考、找明原因，而不能简单地照书上所述记录。

②实事求是，及时记录　实验过程中所有的现象、数据等要及时记录在实验报告上，要实事求是、忠于实验现象。

③清洁整齐，有条不紊　学生进入实验室后，先将实验台面擦干净，取出本次实验需用的器皿，按一定的布局放置整齐。实验过程中产生的废纸、废液应倒于规定的地方。用过待洗的离心试管和滴管要与清洁待用的严格区分开。各种试剂的取用，要严格遵守操作规则，公用试剂不能放在自己的桌面而影响他人实验。

(3) 实验结束后，清洗、整理好仪器药品，倒掉废纸、液，擦净实验台面，关闭水、电、煤，做好实验结束和值日生工作。值日生工作包括：清扫地面，整理公用试剂台，处理废纸液等；检查水、电、煤是否关闭。

(4) 完成实验报告。根据实验现象，作出正确结论，完成实验报告。实验报告需交老师检查签字后方可离开实验室。

二、定量化学分析实验的要求

(1) 实验前必须认真预习，写好预习报告。未预习者不得进行实验。预习内容除了理解实验原理、熟悉实验步骤外，还应预习实验中所涉及到的有关基本操作和结果处理等。

（2）遵守操作规程，按要求认真地进行实验。对每一步操作的目的和作用，以及可能出现的问题，进行认真的探究，理论联系实际。要注意正确地操作，养成良好的实验习惯。

（3）所有实验数据，尤其是各种测量的原始数据均要直接记录在实验记录本或报告本上，不得记在小纸片上，更不得任意涂改实验数据。对可疑数据，如确知原因，可用铅笔轻轻圈去；否则宜用统计学方法判断取舍，必要时应补做实验核实，这是科学精神与态度的具体要求。实验结束后，请指导教师签字，留作撰写实验报告的依据。

（4）要养成专心致志地观察实验现象的良好习惯，在需要等待的时间内不能做其他事情。善于观察、勤于思考、正确地判断是能力的体现。

（5）严格遵守实验室规则，保持实验室肃静、整洁。实验台面保持清洁，仪器摆放整齐有序，注意节约使用纯水和化学药品。

三、仪器分析实验的要求

（1）了解有关分析仪器的结构、主要的组成部件及其基本原理。

（2）了解有关分析方法的特点和应用范围。学会根据试样情况选择最合适的分析方法及其最佳实验条件。

（3）学会正确使用仪器，严格按照仪器操作规程操作。未经教师允许不得随意开启和使用仪器，更不得随意改变操作参数和拆卸仪器的零部件。

（4）掌握有关分析方法的分析步骤和对测试数据进行处理的方法。

（5）要爱护实验室的仪器设备，每次实验完毕后，要使仪器复原；如发现仪器工作不正常，要及时报告指导教师。

第二节 实验室用水知识

实验室用水是分析质量控制的一个重要因素，它影响到空白值的大小以及分析方法的检出限，尤其在微量分析中对水质的要求更高。实验室中用于溶解、稀释和配制溶液的水，都必须先经过纯化。分析要求不同，对于水质纯度的要求也不同，所以我们应该了解有关实验室用水的知识。

一、实验室用水级别及主要指标

国家标准 GB/T6682—1992《分析实验室用水规格和试验方法》中规定了实验室用水规格、等级、制备方法、技术指标及检验方法。分析实验室用水共分三个级别：一级水、二级水和三级水。

（1）一级水：用于有严格要求的分析试验，包括对颗粒有要求的试验，如高压液相色谱分析用水。

（2）二级水：用于无机痕量分析等试验，如原子吸收光谱分析用水。

（3）三级水：用于一般化学分析试验。

分析实验室用水应符合表 1.1 所列的指标。

表 1.1　实验室用水级别指标

名　　称	一级	二级	三级
pH 值范围(25℃)	—	—	5.0～7.0
电导率(25℃)/(mS/m)≤	0.01	0.10	0.50
可氧化物质[以 O 计]/(mg/L)<	—	0.08	0.4
吸光度(254nm,1cm 光程)≤	0.001	0.01	—
蒸发残渣(105±2℃)/(mg/L)≤	—	1.0	2.0
可溶性硅[以 SiO_2 计]/(mg/L)≤	0.01	0.02	—

二、实验室用水制备方法

1）蒸馏法

蒸馏法是实验室中广泛采用的制备实验室用水的方法。它利用水与杂质的沸点不同而达到水和杂质分离的效果。将自来水在蒸馏器中加热汽化冷凝即得到蒸馏水。由于绝大部分无机盐类不挥发，所以蒸馏水中除去了大部分无机盐类，适用于一般的实验室工作。目前使用的蒸馏器，小型的多用玻璃制造，较大型用铜制成。由于蒸馏器的材质不同，带入蒸馏水中的杂质也不同。用玻璃蒸馏器制得的蒸馏水含有较多的 Na^+、SiO_3^{2-} 等离子。用铜蒸馏器制得的蒸馏水通常含有较多的 Cu^{2+} 等。蒸馏水中通常还含有一些其他杂质，如：二氧化碳及某些低沸点易挥发物，随着水蒸气进入蒸馏水中；少量液态水呈雾状飞出，直接进入蒸馏水中；微量的冷凝器材料成分也能带入蒸馏水中。因此，一次蒸馏水只能作一般的分析用。制取蒸馏水的蒸馏速度不可太快，可采用不沸腾蒸发法（亚沸蒸馏法）。采取增加蒸馏次数、弃去头尾等方法，都可提高蒸馏水的纯度。同时蒸馏水的贮存方法也很重要，要贮存在不受离子污染的容器，如有机玻璃、聚乙烯或石英容器中。在实验室中制取二次蒸馏水，可用硬质玻璃或石英蒸馏器，先加入少量高锰酸钾的碱性溶液，目的是破坏水中的有机物。蒸馏时弃去最初的四分之一，收集中段馏出液。接受器上口要安装碱石棉管，防止二氧化碳进入而影响蒸馏水的电导率。某些特殊用途的水要用银、铂、聚四氟乙烯等特殊材质的蒸馏器。

2）离子交换法

用离子交换法制备的纯水称为去离子水，是目前用得比较多的一种方法。一般采用阴、阳离子交换树脂的混合床装置，通过离子交换作用将水中各种离子减少到最低程度甚至全部去除。这种方法的优点是：成本低、树脂可再生后反复使用，制备水量大，去离子能力强。其缺点是设备与操作比较复杂，而且不能除去有机物等非电解质杂质，并有微量树脂溶在水中。

3）电渗析法

电渗析法是将自来水通过由阴阳离子交换膜组成的电渗析器，在外电场的作用下，利用阴、阳离子交换膜对水中阴、阳离子的选择性透过，使杂质离子自水中分离出来，从而达到净化水的目的。现在用的比较多的是一种反渗透技术，反渗透能除掉 90%～99%的绝大多数污染物，但除去杂质的效率比较低，单独使用的话，只适用于一些要求不是很高的实验。通常作为一种预处理手段。

三级水，可用蒸馏或离子交换等方法制取，所用源水应为饮用水或比较纯净的水。三级水用于一般化学分析试验。

二级水，可用多次蒸馏或离子交换等方法制取。二级水中含有微量的无机、有机或胶态杂质，主要用于无机痕量分析等试验，如原子吸收光谱分析用水。

一级水，可用二级水经过石英蒸馏设备蒸馏或离子交换混合床处理后，再经 0.2μm 微孔滤膜过滤来制取。一级水中基本不含有溶解或胶态离子杂质及有机物，主要用于有严格要求的分析试验，包括对颗粒有要求的试验。如高压液相色谱分析用水。

三、分析实验室用水质量检验

分析实验室用水的质量检验，有标准方法和一般常用方法两种。

1）标准检验方法

GB/T 6682—1992 中详尽规定了分析实验室用水的质量检验方法。按照该标准进行检验，至少应取 3L 有代表性的水样，且在取样前要用待测水样反复清洗容器，取样时要避免玷污。检验环境要保持洁净，检验中均使用分析纯试剂和相应级别的水。检验时，主要对水质的 pH 值、电导率、可氧化物质限量、蒸发残渣等指标进行检验。

2）一般检验方法

标准检验方法虽然严格，但很费时，对于一般分析实验用的纯水，只要物理方法检验或化学方法检验合格，即可满足使用需要。

（1）物理方法检验。利用电导仪测定水的电导率是最实用而又简便的方法。水的电导率越低，即水的导电能力越弱，表示水中的离子越少，水的纯度越高。表 1.2 中列出了几种水的电导率。

表 1.2 几种水的电导率(25℃)

水的类型	电导率/(μS/cm)	水的类型	电导率/(μS/cm)
自来水	530	一次蒸馏水	2.86
混床离子交换水	0.08	三次蒸馏水	0.67
28 次蒸馏水	0.06	绝对纯水(理论上最大电导率)	0.05

（2）化学方法检验。即通过化学方法检验待测水是否符合实验室三级用水标准。检验项目主要包括 pH 值、阳离子(如 Ca^{2+}、Mg^{2+} 等)检查、氯离子检查等。

①pH 值 由于空气中的 CO_2 可溶于水，故纯水的 pH 值一般在 6.0 左右。其 pH 值可用酸度计或化学法测定。简易化学法测定 pH：取两支试管，各加待检查的水 10mL，一管中滴加 0.2%甲基红指示液 2 滴，不得显红色；另一管中滴加 0.1%溴百里酚蓝指示液 5 滴，不得呈蓝色。

②Ca^{2+}、Mg^{2+} 等金属离子 取 25mL 待检查的水，加 $NH_3 \cdot H_2O—NH_4Cl$ 缓冲溶液 5mL，加 0.2%铬黑 T 指示液 1 滴，不得显红色。

③氯离子 取 10mL 待检查的水，用 HNO_3 酸化，加 1% $AgNO_3$ 溶液 2 滴，摇匀后不得有浑浊产生。

此外，根据用水的目的，有时还要作一些专项检验，或用标准方法专做某些项目的检验。

第三节 化学试剂的规格、存放及取用

一、化学试剂的规格

试剂的纯度对实验结果准确度的影响很大，不同的实验对试剂纯度的要求也不相同，因此，必须了解试剂的分类标准。化学试剂按杂质含量的多少，分为若干等级。表 1.3 是我国试剂等级标志与某些国家的化学试剂等级标志的对照表。

表 1.3 我国试剂等级标志与某些国家的化学试剂通用符号的对照表

	级别	一级品	二级品	三级品	四级品
我国化学试剂等级标准	中文标志	保证试剂	分析试剂	化学纯	实验试剂
		优级纯	分析纯		
	符号	G. R.	A. R.	C. P.	L. R.
	标签颜色	绿	红	蓝	棕
德、美、英等国通用符号		G. R.	A. R.	C. P.	L. R.
应用范围		精密分析和科学研究	一般的分析和科学研究	一般定性及化学制备	一般的化学制备

除上述级别的试剂外，还有适合某一方面需要的特殊规格试剂，如“基准试剂”、“色谱试剂”、“生化试剂”等，另外还有“高纯试剂”，它又细分为高纯、超纯、光谱纯试剂等。

应该根据节约的原则，按实验的要求，分别选用不同规格的试剂。因同一化学试剂往往由于规格不同，价格差别很大。不能认为试剂越纯越好，超越具体实验条件去选用高纯试剂，会造成浪费。

二、试剂的存放

固体试剂装在广口瓶内，液体试剂则盛在细口瓶或滴瓶内，见光易分解的试剂(如硝酸银)应放在棕色瓶内，盛碱液的细口瓶用橡皮塞。每一个试剂瓶上都贴有标签，标明试剂的名称、浓度、纯度以及配制的日期等。

三、试剂的取用

1) 液体试剂

取出瓶盖倒放在桌上(为什么?)，右手握住瓶子，使试剂瓶标签握在手心里，以瓶口靠住容器壁，缓缓倾出所需液体，让液体沿着器壁往下流。若所用的容器为烧杯，则倾注液体时可用玻棒引入(见图 1.1)。用完后，即将瓶盖盖上。

取用滴瓶中的试剂时，要用滴瓶中的滴管，不能用别的滴管。滴管必须保持垂直，避免倾斜(见图 1.2)，尤忌倒立，否则试剂流入橡皮头内将其玷污。滴管的尖端不可接触容器的内壁，更不能插到其他溶液里，也不能把滴管放在原滴瓶以外的任何地方，以免被杂质玷污。

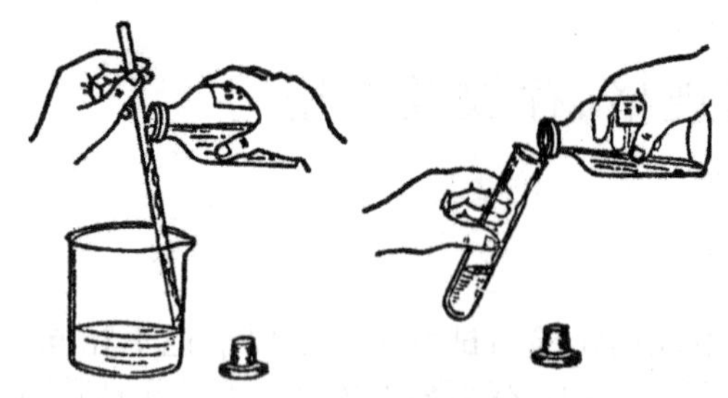

图 1.1 倾注法

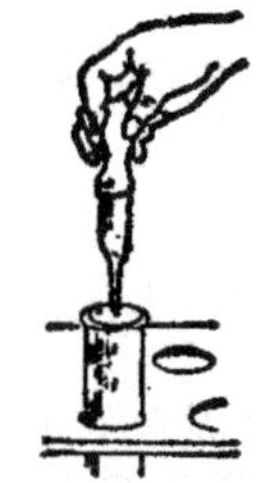

图 1.2 滴液入试管的手法

定量取用液体试剂时，根据要求可选用量筒和移液管等。

2) 固体试剂

用干净、干燥的药匙取用。取送固体试剂如图 1.3～1.5 所示。

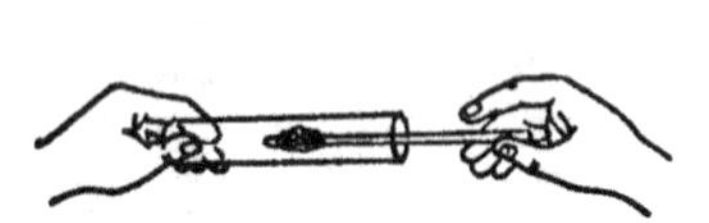

图 1.3 用药匙往试管里送入固体试剂

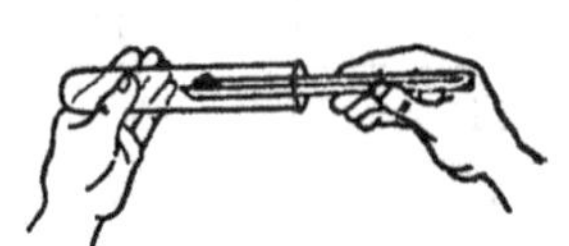

图 1.4 用纸槽往试管里送入固体试剂

图 1.5 块状固体沿壁管慢慢滑下

要称取一定量的固体试剂时，可将试剂放在称量纸、表面皿等干燥洁净的玻璃容器或者称量瓶内，根据要求在天平(托盘天平、1/100g 天平或分析天平)上称量。具有腐蚀性或易潮解的试剂称量时，不能放在纸上，应放在表面皿等玻璃容器内。

第四节 实验安全

一、化学实验室安全规则

进行化学实验会接触许多化学试剂和仪器，其中包括一些有毒、易燃、易爆、有腐蚀性的试剂以及玻璃器皿、电气设备、加压和真空器具等。如不按照使用规则进行操作就可能发生中毒、火灾、爆炸、触电或仪器设备损坏等事故。为了实现预期的教学目标而又不造成国家财产的损失和人身健康的损害，进行化学实验必须严格执行必要的安全规则。

(1) 必须了解实验的环境，充分熟悉水、电、煤气阀门、急救箱和消防用品等的放置地点和使用方法。

(2) 实验室内药品严禁任意混合，更不能入口尝试，以免发生意外事故。注意试剂、溶液的瓶盖、瓶塞不能搞错，瓶中试剂一经倒出，严禁倒回。

(3) 绝对禁止在实验室内饮食、吸烟。也不能用烧杯等仪器当茶杯使用。禁止赤膊、穿拖鞋进入分析实验室。实验室应保持秩序井然，禁止喧哗打闹。

(4) 实验时应穿实验工作服，进行有危险性工作时要佩带防护口罩、防护眼镜、防护手套等防护用具。

(5) 使用有毒试剂(如氟化物、氰化物、铅盐、钡盐、六价铬盐、汞的化合物和砷的化合物等)时,严防其进入口内或接触伤口,剩余药品或废液不得倒入下水道或废液桶内,应倒入回收瓶中集中处理。

(6) 当实验中会产生 H_2S、CO、Cl_2、SO_2 等有毒、恶臭、有刺激性的气体时,必须在通风橱内进行操作,头部应在通风橱外面。如发现大量毒气逸至室内,应立即关闭气体发生器,打开门窗,并迅速停止一切实验,停水、停电,离开现场。

(7) 有机溶剂(如酒精、苯、丙酮、乙醚等)易燃,使用时要远离火源。应防止易燃有机物的蒸气外逸,切勿将易燃有机溶剂倒入废液缸,更不能用开口容器(如烧杯)盛放有机溶剂,不可用火直接加热装有易燃有机溶剂的烧瓶。回流或蒸馏液体时应放沸石,以防止液体过热暴沸而冲出,引起火灾。

(8) 使用具有强腐蚀性的浓酸、浓碱、溴、洗液时,应避免接触皮肤和溅在衣服上,更要注意保护眼睛,需要时应配备防护眼镜。

(9) 加热、浓缩液体的操作要十分小心,不能俯视正在加热的液体,以免溅出的液体灼伤眼、脸。加热试管中的液体时,不能将试管口对着自己或别人。当需要借助于嗅觉鉴别少量气体时,决不能用鼻子直接对准瓶口或试管口嗅闻气体,而应用手把少量气体轻轻地扇向鼻孔进行嗅闻。

(10) 使用电器设备时,不要用湿手接触仪器,以防触电,用后拔下电源插头。

二、实验室紧急情况的处理

1) 化学实验室一般事故的处理

(1) 割伤:伤口内若有异物,应先取出,涂上红药水或创可贴,若伤口较脏可用3%双氧水擦洗或用碘酒涂在伤口的四周。但要注意,一定不要将红药水和碘酒同时使用。伤口消毒后再用消炎粉敷上,并加以包扎。必要时送医院救治。

(2) 烫伤和烧伤:轻度烫伤或烧伤,可用药棉棍浸 90%～95%的酒精轻涂伤处,也可用3%～5%高锰酸钾溶液擦伤处至皮肤变为棕色,然后涂上烫伤膏,也可直接在烫伤处涂上烫伤膏,切勿用水冲洗,更不要把烫起的水泡挑破,以防感染。

(3) 酸(或碱)伤:酸或碱洒到皮肤上时,先用大量水冲洗,再用饱和碳酸氢钠(或2%醋酸溶液)冲洗,最后再用水冲洗,涂敷氧化锌软膏(或硼酸软膏)。

(4) 酸(或碱)溅入眼内,应立即用大量水冲洗,再用2%硼砂溶液(或3%硼酸溶液)冲洗眼睛,然后用蒸馏水冲洗。

(5) 溴腐伤:先用酒精或10%大苏打溶液洗涤伤口,然后用水冲净,并涂敷甘油。

(6) 在吸入刺激性或有毒气体如溴蒸气、氯气、氯化氢时,可吸入少量酒精和乙醚的混合蒸气解毒。因不慎吸入煤气、硫化氢气体时,应立即到室外呼吸新鲜空气。

(7) 遇毒物误入口内时,立即取一杯 5～10mL 1%硫酸铜或硫酸锌溶液(催吐剂),内服后再用手指伸入咽喉部,促使呕吐,然后立即送医院治疗。

(8) 不慎触电时,立即切断电源,必要时进行人工呼吸。

(9) 汞洒落:使用汞时应避免泼洒在实验台或地面上,使用后的汞应收集在专用的回收容器中,切不可倒入下水道或污物箱内。万一发生少量汞洒落,应尽量收集干净,然后在可能洒落的地方洒一些硫磺粉,最后清扫干净,并集中作固体废物处理。

2）消防

当实验室不慎起火时，一定不要惊慌失措，而应根据不同的着火情况，采取不同的灭火措施。由于物质燃烧需要空气和一定的温度，所以灭火的原则是降温或将燃烧的物质与空气隔绝。

化学实验室常用的灭火措施有：

(1) 小火用湿布、石棉布覆盖燃烧物即可灭火，大火可用泡沫灭火器灭火。对活泼金属 Na、K、Mg、Al 等引起的着火，应用干燥的细沙覆盖灭火。有机溶剂着火，切勿用水灭火，而应用二氧化碳灭火器、沙子和干粉等灭火。

(2) 在加热时着火，立即停止加热，关闭煤气总阀，切断电源，停止通风，把一切易燃易爆物移至远处。

(3) 电器设备着火，先切断电源，再用四氯化碳灭火器灭火，也可用干粉灭火器或 1211 灭火器灭火。

(4) 当衣服上着火时，应赶快脱下衣服，也可用湿布或石棉布覆盖着火处，或在地上卧倒打滚，起到灭火的作用，绝不可慌张乱跑。

(5) 必要时报火警。

另外一些有机化合物如过氧化物、干燥的重氮盐、硝酸酯、多硝基化合物等，具有爆炸性，必须严格按照操作规程进行实验，以防爆炸。

煤气开关应该经常检查，保持完好，煤气灯和橡皮管使用前也要仔细检查。发现漏气立即熄灭室内所有火源，打开门窗，用肥皂水找出漏气处，若不能自己解决，立即告之有关单位及时抢修，并关闭煤气总阀门。

大量溢水也是实验室中时有发生的事故，所以应注意水槽的清洁，废纸、玻璃等物应扔入废物缸中，保持下水道畅通。冷凝管的冷却水不宜开得过大，以免水压高时，橡皮管弹开引起事故。

常用灭火器种类及其适用范围如表 1.4 所示。

表 1.4 常用灭火器种类及其适用范围

灭火器类型	药液成分	适用范围
酸碱式	H_2SO_4 和 $NaHCO_3$	非油类和电器失火的一般初起火灾
泡沫灭火器	$Al_2(SO_4)_3$ 和 $NaHCO_3$	适用于油类起火
二氧化碳灭火器	固态 CO_2	适用于扑灭电器设备、小范围油类及忌水的化学药品的起火
四氯化碳灭火器	液态 CCl_4	适用于扑灭电器设备，小范围的汽油、丙酮等失火； 不能用于扑灭活泼金属钾、钠的起火，因 CCl_4 会强烈分解，甚至爆炸； 电石、CS_2 的起火，也不能使用它，因为会产生光气等一类的毒气
干粉灭火器	主要成分是碳酸氢钠等、盐类物质与适量的润滑剂和防潮剂	扑灭油类、可燃性气体、电器设备、精密仪器、图书文件和遇水易燃烧物品的初起火灾
1211 灭火器	CF_2ClBr 液化气体	特别适用于扑灭油类、有机溶剂、精密仪器、高压电器设备的起火

三、三废处理

在化学实验中会产生各种有毒的废气、废液和废渣。三废不仅污染环境，造成公害，而且三废中的贵重和有用的成分没能回收，在经济上也是损失。因此，在学习期间就应进行三废处理以及减免污染的教育，树立环境保护观念。

(1) 有毒废气的排放：当做产生少量有毒气体的实验时，可以在通风橱中进行。通过排风设备把有毒废气排到室外，利用室外的大量空气来稀释有毒废气。如果做产生大量有毒气体的实验时，应该安装气体吸收装置来吸收这些气体，然后进行处理。例如卤化氢、二氧化硫等酸性气体，可以用氢氧化钠水溶液吸收后排放。碱性气体用酸溶液吸收后排放，CO 可点燃转化为 CO_2 气体后排放。

(2) 废酸和废碱溶液可先用耐酸耐碱塑料网纱或玻璃纤维过滤，滤液经过中和处理，使 pH 值在 6～8 范围，并用大量水稀释后方可排放，少量滤渣可埋于地下。

①含 Cd 废液　加入消石灰(氢氧化钙)等碱性试剂，使所含的金属离子形成氢氧化物沉淀而除去。

②含六价铬化合物　在铬酸废液中，加入 $FeSO_4$、亚硫酸钠，使其变成三价铬后，再加入 NaOH(或 Na_2CO_3)等碱性试剂，调 pH 值在 6～8 时，使三价铬形成氢氧化铬沉淀除去。

③含氰化物的废液　氰化物是剧毒物质，含氰废液必须认真处理。有两种方法：其一为氯碱法，即将废液用 NaOH 调至 pH＝10 以上，通入氯气或次氯酸钠，使氰化物分解成二氧化碳和氮气而除去；另一方法为铁蓝法，将含有氰化物的废液中加入硫酸亚铁，使其变成氰化亚铁沉淀除去。

④含汞及其化合物废液　有较多的方法。其一为离子交换法，此法处理效率高，但成本也较高，所以少量含汞废液的处理不适宜用此方法。处理少量含汞废液经常采用化学沉淀法。含汞废液先调 pH 至 8～10 后，加入适量 Na_2S，使其生成难溶的 HgS 沉淀而除去。

⑤含铅盐及重金属的废液　其方法为在废液中加入 Na_2S(或 NaOH)使铅盐及重金属离子生成难溶性的硫化物(或氢氧化物)而除去。

⑥含砷及其化合物　在废液中加入硫酸亚铁，然后用氢氧化钠调 pH 值至 9，这时砷化合物就和氢氧化铁产生共沉淀，经过滤除去。另外，还可用硫化物沉淀法，即在废液中加入 H_2S 或 Na_2S，使其生成硫化砷沉淀而除去。

有毒的废渣应深埋在指定的地点，如有毒的废渣能溶解于地下水，会混入饮用水中，所以不能未经过处理就深埋。有回收价值的废渣应该回收利用。

第五节　玻璃仪器的洗涤和干燥

一、玻璃仪器的洗涤

在实验前后，都必须将所用玻璃仪器洗干净，有些实验还要求仪器是干燥的。因为用不干净的仪器进行实验时，仪器上的杂质和污物将会对实验产生影响，使实验得不到正确的结果，严重时可导致实验失败。实验后要及时清洗仪器，不清洁的仪器长期放置后，会使以后的洗涤工作更加困难。

玻璃仪器清洗干净的标准是用水冲洗后，仪器内壁能均匀地被水润湿而不沾附水珠，如果仍有水珠沾附内壁，说明仪器还未洗净，需要进一步进行清洗。

洗涤仪器的方法很多，一般应根据实验的要求、污物的性质和沾污的程度，以及仪器的类型和形状来选择合适的洗涤方法。

一般说来，污物主要有灰尘、可溶性物质和不溶性物质、有机物及油污等。洗涤方法可分为以下几种：

1）一般洗涤

应根据实验要求、污物性质和沾污程度来选择适宜的洗涤方法。例如烧杯、试管、量筒、漏斗等仪器，一般先用自来水洗刷仪器上的灰尘和易溶物，再选用粗细、大小、长短等不同型号的毛刷，沾取洗衣粉或肥皂水，转动毛刷刷洗仪器的内壁。洗涤试管时要注意避免试管刷底部的铁丝将试管捅破。用自来水冲洗净。洗涤仪器时应该一个一个地洗，不要同时抓多个仪器一起洗，这样很容易将仪器碰坏或摔坏。

一般用自来水洗净的仪器，往往还残留着一些 Ca^{2+}、Mg^{2+}、Cl^- 等离子，如果实验中不允许这些离子存在，就要再用蒸馏水漂洗几次。用蒸馏水洗涤仪器的方法应采用“少量多次”法，为此常使用洗瓶。挤压洗瓶使其喷出一股细蒸馏水流，均匀地喷射在仪器内壁上并不断转动仪器，再将水倒掉。如此重复 3 次即可。这样既提高了效率，又可节约蒸馏水。

2）铬酸洗液洗涤

对一些形状特殊的容积精确的容量仪器，例如滴定管、移液管、容量瓶等，不宜用毛刷沾洗涤剂洗，常用洗液洗涤。

铬酸洗液可按下述方法配制。称取 $K_2Cr_2O_7$ 固体 25g，溶于 50mL 蒸馏水中，冷却后向溶液中慢慢加入 450mL 浓 H_2SO_4（注意安全），边加边搅拌。注意切勿将 $K_2Cr_2O_7$ 溶液加到浓 H_2SO_4 中。冷却后贮存在试剂瓶中备用。

铬酸洗液呈暗红色，具有强酸性、强腐蚀性和强氧化性，对具有还原性的污物如有机物、油污的去污能力特别强。装洗液的瓶子应盖好盖，以防吸潮。洗液在洗涤仪器后应保留，多次使用后当颜色变绿时[Cr(Ⅵ)变为 Cr(Ⅲ)]，就丧失了去污能力，不能继续使用。

用洗液洗涤仪器的一般步骤如下：仪器先用水洗，并尽量把仪器中的残留水倒净，以免浪费和稀释洗液。向仪器中注入少量洗液，使仪器倾斜并慢慢转动，让仪器内壁全部被洗液湿润，再转动仪器，使洗液在内壁流动。经流动几圈后，把洗液倒回原瓶。对玷污严重的仪器可用洗液浸泡一段时间，或用热洗液洗涤，效率更高。倾出洗液后，再用自来水冲洗，最后用蒸馏水淋洗几次。决不允许将毛刷放入洗液中！

使用洗液时应注意安全，不要溅在皮肤、衣物上。

废洗液可通过下述方法再生。先将废洗液在 110～130℃不断搅拌下进行浓缩，除去水分后，冷却至室温，以每升浓缩液加入 10g $KMnO_4$ 的比例，缓缓加入 $KMnO_4$ 粉末，边加边搅拌，直至溶液呈深褐色或微紫色为止，然后加热至有 CrO_3 出现，停止加热。稍冷后用玻璃砂漏斗过滤，除去沉淀，滤液冷却后即析出红色 CrO_3 沉淀。在含有 CrO_3 沉淀的溶液中再加入适量浓 H_2SO_4 使其溶解即成洗液，可继续使用。

少量的废洗液可加入废碱液或石灰使其生成 $Cr(OH)_3$ 沉淀，将此废渣埋于地下（指定地点），以防止铬的污染。

3）特殊污垢的洗涤

一些仪器上常常有不溶于水的污垢，尤其是原来未清洗而长期放置后的仪器。这时就需要视污垢的性质选用合适的试剂，使其经化学作用而除去。

除了上述清洗方法外，现在还有先进的超声波清洗器。只要把用过的仪器，放在配有合适洗涤剂的溶液中，接通电源，利用声波的能量和振动，就可将仪器清洗干净，既省时又方便。

二、玻璃仪器的干燥

有些仪器洗涤干净后就可用来做实验，但有些需要在无水条件下进行实验，常常需要干燥后才能使用。常用的干燥方法如下：

1）晾干

利用仪器上残存水分的自然挥发而使仪器干燥。通常是将洗净的仪器倒立放置在适当的干净仪器架上，让其在空气中自然干燥，倒置可以防止灰尘落入，但要注意放稳仪器。

2）烘干

将洗净的仪器放入电热恒温干燥箱（简称烘箱）内加热烘干。

玻璃仪器干燥时，应先洗净并将水尽量倒干，放置时应注意平放或使仪器口朝上，带塞的瓶子应打开瓶塞，如果能将仪器放在托盘里则更好。一般在 105℃加热一刻钟左右即可干燥。最好让烘箱降至常温后再取出仪器。如果热时就要取出仪器，应注意用干布垫手，防止烫伤。热玻璃仪器不能碰水，以防炸裂。热仪器自然冷却时，器壁上常会凝上水珠，这可以用吹风机吹冷风助冷而避免。烘干的仪器一般取出后应放在干燥器里保存，以免在空气中又吸收水分。

3）吹干

用热或冷的空气流将玻璃仪器吹干，所用仪器是电吹风机或“玻璃仪器气流干燥器”。用吹风机吹干时，一般先用热风吹玻璃仪器的内壁，待干后再吹冷风使其冷却。如果先用易挥发的溶剂如乙醇、乙醚、丙酮等淋洗一下仪器，将淋洗液倒净，然后用吹风机用冷风—热风—冷风的顺序吹，则会干得更快。另一种方法是将洗净的仪器直接放在气流烘干器里进行干燥。

4）烤干

利用加热使水分迅速蒸发而使仪器干燥。此法常用于可加热或耐高温的仪器，如一些常用的烧杯、蒸发皿、试管等。烤干前应先擦干仪器外壁的水珠，然后置于石棉网上用小火烤干，试管烤干时应使试管口向下倾斜，以免水珠倒流炸裂试管。烤干时应先从试管底部开始，慢慢移向管口，不见水珠后再将管口朝上，把水汽赶尽。

需要注意的是，一般带有刻度的计量仪器，如移液管、容量瓶、滴定管等不能用加热的方法干燥，以免受热变形而影响这些仪器的精密度。玻璃磨口仪器和带有活塞的仪器洗净后放置时，应该在磨口处和活塞处（如酸式滴定管、分液漏斗等）垫上小纸片，以防止长期放置后粘上不易打开。

5）用有机溶剂干燥

在洗净的仪器内加入少量有机溶剂（最常用的是酒精和丙酮），转动仪器使容器中的水与其混合，倾出混合液（回收），放置（或吹风）使仪器干燥（不能放烘箱内干燥）。

第六节　分析化学实验报告的格式

实验报告不仅是概括与总结实验过程的文献性质资料，而且是学生以实验为工具，获取化学知识实际过程的模拟，因而同样是实验课程的基本训练内容。实验报告从一定角度反映了一个学生的学习态度、实际水平与能力。实验报告的格式与要求，在不同的学习阶段略有不同，但基本应包括：实验目的；实验原理（简要地用文字和反应式表示）；实验仪器与药品；实验内容（应简明扼要，一般可用流线图表示）；实验现象或实验数据及处理（可用表格、图形将数据表示出来。并根据数据按一定公式计算出分析结果，分析结果的精密度）；问题及讨论（对实验中观察到的现象及实验结果进行分析和讨论）。

分析化学实验报告的格式大致可分为定性分析、化学定量分析、仪器分析三大类。以下是这三种类型的实验报告格式，供参考。

一、定性分析实验示例

第一组（银组）阳离子的分析

1. 实验目的

(1) 掌握本组离子的分析特性及分离的条件；

(2) 掌握本组离子的鉴定反应；

(3) 掌握沉淀、分离、洗涤等定性分析基本操作。

2. 实验内容(略)

(1) 离子鉴定反应的报告格式示例：

离子	试　剂	现　象	反应方程式	结论及讨论
Ag^+	依次加 $2mol \cdot L^{-1}$ HCl $2mol \cdot L^{-1}$ NH_3 $6mol \cdot L^{-1}$ HNO_3	白色沉淀 白色沉淀溶解 又产生白色沉淀	$Ag^+ + Cl^- = AgCl\downarrow$ $AgCl + 2NH_3 = Ag(NH_3)_2^+ + 2Cl^-$ $Ag(NH_3)_2^+ + 2Cl^- + 2H^+ = AgCl\downarrow + 2NH_4^+$	生成 AgCl 白色沉淀 生成 $Ag(NH_3)_2^+$ 又产生 AgCl 白色沉淀
…	…	…	…	…

(2) 混合物分析的报告格式示例：

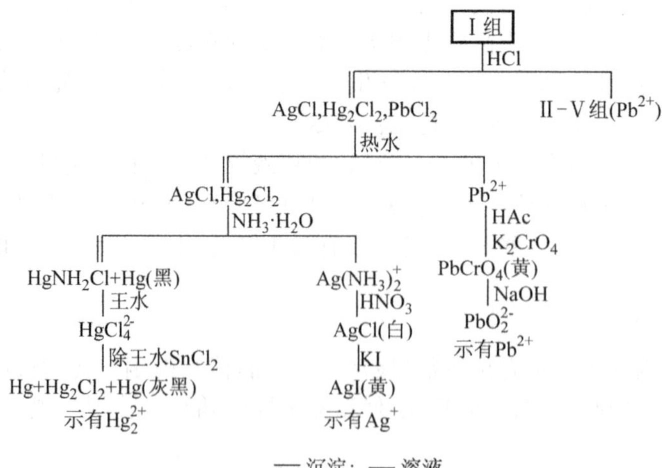

3. 思考题(略)

二、化学分析实验示例

NaOH 标准溶液浓度的标定

1. 实验目的(略)
2. 实验原理(略)
3. 实验步骤

准确称取邻苯二甲酸氢钾 0.4～0.6g(三份) → 锥形瓶 —H_2O 50mL→ 完全溶解(必要时可微热) —酚酞 1～2 滴→ —HaOH 滴定→ 无色至粉红色,30s 不褪色

4. 数据记录与处理

	Ⅰ	Ⅱ	Ⅲ
m_1(称量瓶＋基准物重)/g	16.1511	15.6181	15.1126
m_2(称量瓶＋基准物重)/g	15.6181	15.1125	14.5811
m(基准物重)/g	0.5330	0.5056	0.5315
V_{NaOH}末读数/mL	25.08	23.84	24.96
V_{NaOH}始读数/mL	0.02	0.04	0.03
V_{NaOH}/mL	25.06	23.84	24.93
$c_{NaOH}/(mol\cdot L^{-1})$	0.1042	0.1038	0.1044
NaOH 浓度平均值/$(mol\cdot L^{-1})$	0.1041		
相对平均偏差/%	0.2		

计算公式：

$$c_{NaOH}=\frac{m_{基准物}\times 1\,000}{M_{基准物}\times V_{NaOH}}$$

$$相对平均偏差=\frac{|c_1-\bar{c}|+|c_2-\bar{c}|+|c_3-\bar{c}|}{3\times\bar{c}}\times 100\%$$

5. 问题和讨论(略)

三、仪器分析实验示例

邻菲罗啉分光度法测定水中微量铁

1. 实验目的(略)
2. 实验原理(略)
3. 实验步骤(略)
4. 数据记录与处理

(1) 吸收曲线的绘制：

λ/nm														
吸光度 A														

邻菲罗啉-亚铁吸收曲线

最大吸收波长 λ_{max}=(　)nm

(2) 标准曲线的绘制及样品含量测定：

	1	2	3	4	5	6	样品
$V_{铁标}$/mL	0.00	2.00	4.00	6.00	8.00	10.00	
$c_{铁}$/(μg·mL^{-1})							
吸光度 A							

邻菲罗啉-亚铁标准曲线

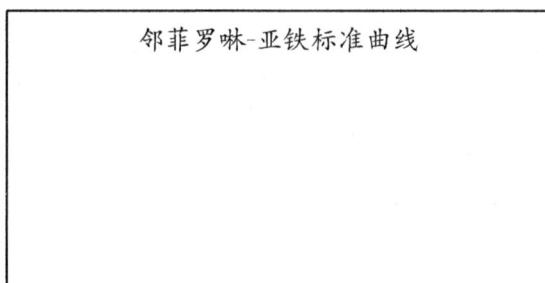

从标准曲线上查得：

样品含量：c=____________________

5. 问题和讨论(略)

第二章　分析化学实验基本操作

第一节　定性分析常用仪器及基本操作

一、定性分析常用玻璃器皿

定性分析常用玻璃器皿如表 2.1 所示。

表 2.1　定性分析常用玻璃器皿简表

仪器名称	规　　格	用途和注意事项
试管　离心试管	分硬质试管，软质试管，普通试管，离心试管。普通试管以管口外径×长度(mm)表示。如：25×100，10×15 等。离心试管以 cm^3 表示	离心试管主要用于沉淀分离；反应液不应超过容积的 1/2；离心试管只能用水浴加热
试管架	有木质、铝质、塑料的	放试管用
试管夹	由木头、钢丝或塑料制成	夹试管用；防止烧损或锈蚀
毛刷	以大小和用途表示：如试管刷，滴定管刷等	用于洗刷玻璃仪器；小心刷子顶端的铁丝撞破玻璃仪器
烧杯	玻璃质：分硬质、软质，有一般型和高型，有刻度和无刻度；规格按容量(cm^3)大小表示	用作反应物量较多时的反应容器；反应物易混合均匀；加热时应放置在石棉网上，使受热均匀

（续表）

仪器名称	规　　格	用途和注意事项
滴瓶	通常为玻璃质，分无色和棕色（防光）两种；滴瓶上乳胶滴头另配；一般以容积（mL）表示规格，有15、30、60、125等规格	用于盛放少量液体试剂或溶液，便于取用；滴管为专用，不得弄脏弄乱，以防玷污试剂；滴管不能吸得太满或倒置，以防试剂腐蚀乳胶头
表面皿	以口径大小表示	盖在烧杯上，以作防止液体迸溅或其他用途；不能用火直接加热
点滴板	瓷质；有白色和黑色之分，常以穴的多少表示规格，有9穴、12穴等规格	用于性质实验的点滴反应；有白色沉淀时用黑色点滴板
蒸发皿	以口径或容积大小表示；有瓷、石英或铂制的	蒸发浓缩液体用；随液体性质不同可选用不同质的蒸发皿；能耐高温，但不宜骤冷；蒸发溶液时，一般放在石棉网上加热
水浴锅	铜或铝制品	用于间接加热，也用于控温实验；用于加热时，防止将锅内水烧干；用完后将锅内水倒掉，并擦干锅体，以免腐蚀

二、沉淀的生成及离心分离

1）沉淀的生成

（1）在离心管或试管中进行沉淀。将试液放入离心管，滴加沉淀剂，每加入一滴沉淀剂都要用玻棒充分搅拌一直到沉淀完全。检验沉淀完全的方法是：离心所得到的沉淀，使沉淀物集聚于离心管底部，溶液澄清，沿管壁加一滴沉淀剂，上层清液不浑浊表示沉淀完全，否则应继续滴加沉淀剂至沉淀完全。如反应需在一定的酸碱条件下进行，则在加酸（或碱）的同时要充分搅拌，并用pH试纸检查溶液的pH值。

（2）在点滴板上进行沉淀。该法适用于少量试剂和沉淀剂在常温下产生沉淀的鉴定反应，特别适合在进行未知物定性分析中用标准液做对照实验。若为白色沉淀应选用有色凹穴。

（3）在滤纸上沉淀。由于纸的毛细管作用，除沉淀外其他离子均匀扩散至沉淀区域以外。

2）离心分离

将离心试管放到离心机中（见图2.1），对称放置；启动，由慢到快；停机，由快到慢。

使用离心机时应注意：

（1）离心管放入金属套管中，位置要对称，重量要平衡，否则易损坏离心机的轴。如果只有一支离心管的沉淀需要进行分离，则可取另一支空的离心管，盛以相应重量的水，然后把两支离心管分别装入离心机的对称套管中，以保持平衡。

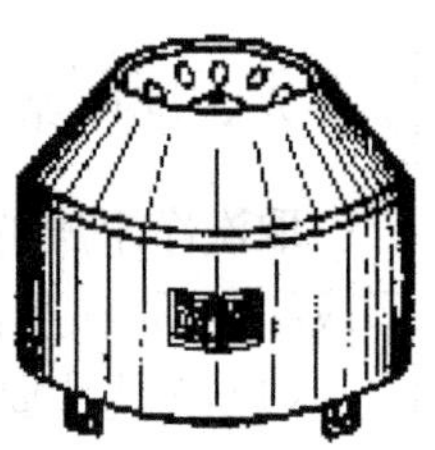
图 2.1　电动离心机

(2) 打开旋钮，逐渐旋转变阻器，速度由小到大。数分钟后慢慢恢复变阻器到原来的位置，使其自行停止。

(3) 离心时间和转速，由沉淀的性质来决定。结晶形的紧密沉淀，转速 1 000r/min，1～2min 后即可停止。无定形的疏松沉淀，沉降时间要长些。转速可提高到 2 000r/min。如经 3～4min 后仍不能使其分离，则应设法(如加入电解质或加热等)促使沉淀沉降，然后再进行离心分离。

离心沉降后，用吸管把清液与沉淀分开。其方法是，先用手指捏紧吸管上的橡皮头，排除空气，然后将吸管轻轻插入清液(切勿在插入清液以后再捏橡皮头)，慢慢放松橡皮头，溶液则慢慢进入管中，随试管中溶液的减少，将吸管逐渐下移至全部溶液吸入管内为止。吸管尖端接近沉淀时要特别小心，勿使其触及沉淀。

三、沉淀的洗涤、转移和溶解

1) 沉淀的洗涤

沉淀与溶液分离后，固体中包含许多杂质(沉淀剂、副产物及其他离子)，必须进行洗涤，否则可能被其他离子玷污而使分析结果不准确。正确的洗涤方法是：用滴管沿离心管内壁每次滴加适量洗涤液，用玻棒充分搅拌或用毛细吸管来回冲洗数次后，离心沉降，用毛细吸管吸出洗涤液，每次尽可能地将洗涤液吸尽，再重复上述操作。一般洗涤 2～3 次即可，第一次的洗涤液并入离心液，其他次的弃去。必要时可检验沉淀是否洗净：取一滴洗涤液放置于点滴板上，加入适当试剂，检查应分离的离子是否残存，如产生反应，表示未洗净，如呈负反应，表明已将沉淀洗涤干净。

2) 沉淀的转移

若需将沉淀分成几份时，可在洗净的沉淀上加几滴蒸馏水，将毛细吸管伸入溶液，挤压橡皮乳头，依靠挤出的空气搅拌沉淀，使之悬浮于溶液中，然后放松橡皮乳头，将悬浮液吸入滴管，再转移到另外的容器中。

3) 沉淀的溶解

如欲溶解沉淀，慢慢滴加合适的试剂于沉淀上，边加边搅拌，直至沉淀完全溶解为止。沉淀的溶解一般应在分离和洗涤后立即进行。

四、纸上点滴反应

取定性滤纸(反应纸)一小块(约为 2cm×2cm)，以手悬空拿着或放在坩埚口上。将吸有试液的毛细滴管尖端与滤纸垂直接触，不必挤压橡皮胶头，让试液慢慢被滤纸吸收，成一湿斑，然后移开毛细滴管，用同法将试剂滴在湿斑上，观察反应的结果。

五、焰色反应

根据某些元素在高温挥发时能使火焰显示特殊颜色的性质，来鉴定某些元素的存在。取一根铂丝浸在浓盐酸中，取出灼烧，反复如此至火焰无色为止。再用铂丝沾取被测液在火焰中灼烧，观察火焰颜色。

六、显微结晶反应

取洗净干燥的载片，用滴管在载片一端放一滴待测液，另一端放另一试剂，用玻璃棒沟通。形成结晶后，在显微镜下观察。其关键技术为：

(1) 载玻片要依次用铬酸洗液、自来水、蒸馏水洗涤，在滤纸上吸干后备用。挪动载玻片时只能拿两侧而不能触摸中间。

(2) 反应浓度要适当，用毛细吸管吸取试液和试剂，将毛细吸管接触载片，直到放出合适大小的液滴，试剂可直接滴到试液中或试液旁(溶解度小的)，用搅拌棒使其沟通。

(3) 加入试剂后，放置数分钟，用显微镜观察，如需加热，可在红外灯下烘烤片刻，或将玻片在小火上来回飘动几次。

(4) 按照显微镜基本规则操作。

先选物镜再选目镜，放大倍数＝物镜倍数×目镜倍数。先将载片放在载物台上，然后将物镜调至距载片最近处，用粗调微调旋钮逐渐向上移，寻找最清晰画面。不要先上后下。

七、气室反应

用于检测反应中产生能使某种试剂颜色改变的气体。

气室由两块表面皿合在一起构成，上面一块稍小并擦干，将试纸润湿后贴在上面表面皿的凹面中央，下面放试液并加试剂，立即将贴好试纸的表面皿盖上，必要时可放在小烧杯上用蒸气浴加热，反应发生后观察试纸颜色变化。本法可用来检验少量挥发性物质。

第二节　定量分析常用仪器及基本操作

一、基本度量仪器的使用和滴定分析操作

1) 定量分析常用仪器(见表 2.2)

表 2.2　常用仪器简表

仪器名称	规　格	用途和注意事项
试剂瓶	盛存液体或固体试剂，分无色和棕色两种，规格有 30～20 000mL 不等	棕色试剂瓶用于盛装见光易分解的试剂和溶液；不能直接加热；盛放碱液应用橡胶塞
平底烧瓶　圆底烧瓶	分平底与圆底两种，规格有 25～5 000mL 不等	配制、蒸发、浓缩溶液及进行某些加热或非加热的反应以及小量物质的制备。平底烧瓶不能直接加热，圆底烧瓶应在石棉网上或其他热浴中加热，利于安全操作

（续表）

仪器名称	规　　格	用途和注意事项
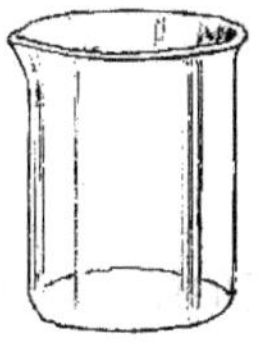 烧杯	有 10mL、50mL、100mL、200mL、250mL、400mL、500mL、1 000mL 等规格	溶解固体，盛装和加热溶液；加热时须放在石棉网上或在其他热浴中加热
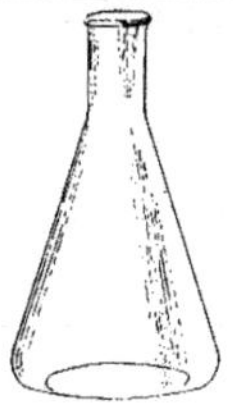 锥形烧瓶	规格有 25～2 000mL 不等	滴定或防止溶液大量蒸发时使用；反应容器；振荡很方便，适用于滴定操作；加热时应放置在石棉网上，使受热均匀
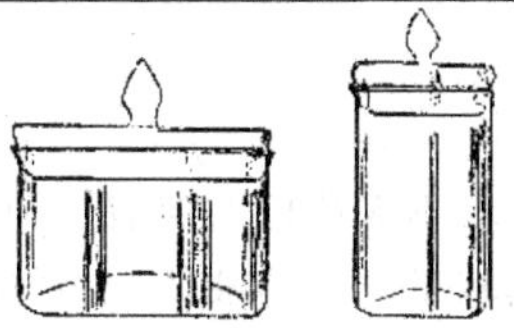 称量瓶	分高型和低型两种	容量分析中用来称取固体样品；不能直接加热
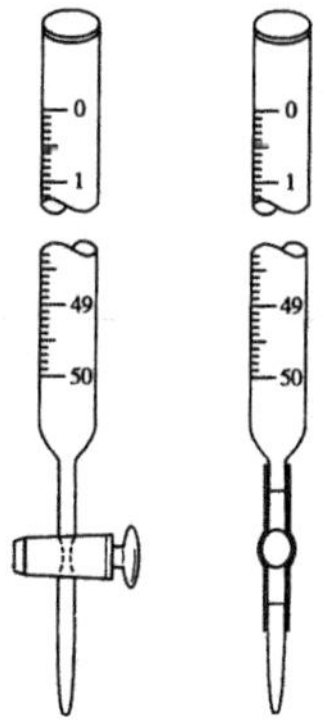 酸式　碱式 滴定管	有无色和棕色两种，分酸式和碱式类，有常量（规格有 20mL、25mL、50mL、100mL）和微量（规格有 1mL、2mL、3mL、5mL、10mL）滴定管	容量分析时滴加试液并准确读取试液用量；量取溶液时应先排除滴定管尖端部分的气泡；不能加热和量取热的液体；酸、碱滴定管不能互换使用
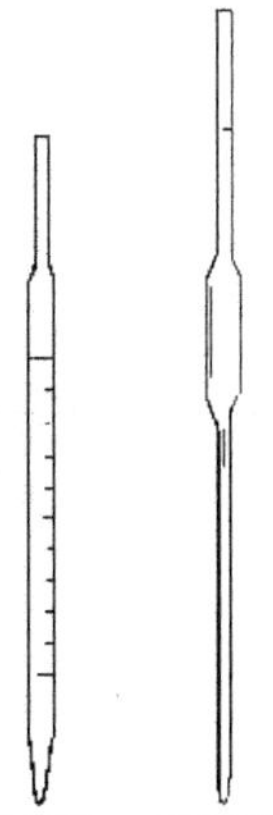 吸量管　移液管	有刻度吸量管和大肚移液管之分；规格有 1～50mL 不等	可准确地移取一定体积的溶液；管口上无“吹”或“快”字样者，使用时末端的溶液不允许吹出；不能加热

（续表）

仪器名称	规　　格	用途和注意事项
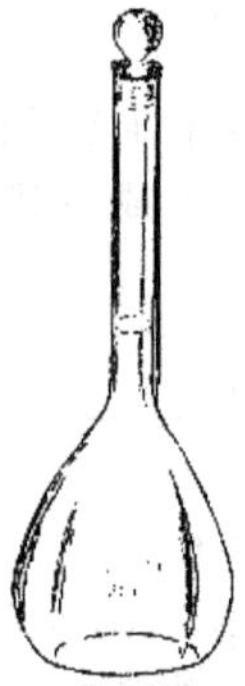 容量瓶	分白色和棕色两种；规格有10mL、25mL、50mL、100mL、500mL、1 000mL、2 000mL	配制一定浓度的标准溶液或试样溶液；不能加热和量取热的液体；瓶的磨口瓶塞使用时不能互换
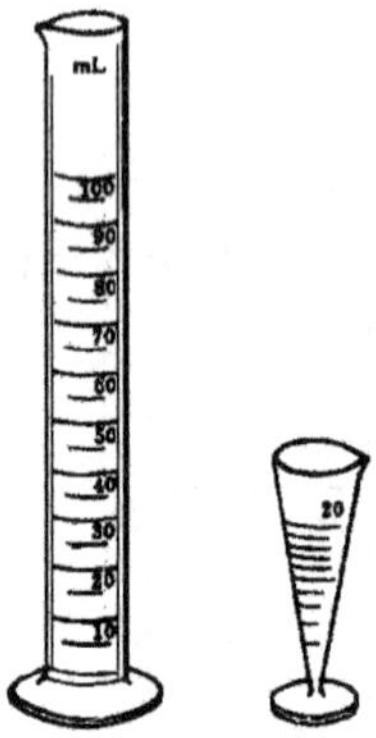 量筒　量杯	有5～2 000mL十余种规格	量取要求不太严格的溶液体积；不能加热和量取热的液体，不可用作反应容器，不可用来配制溶液
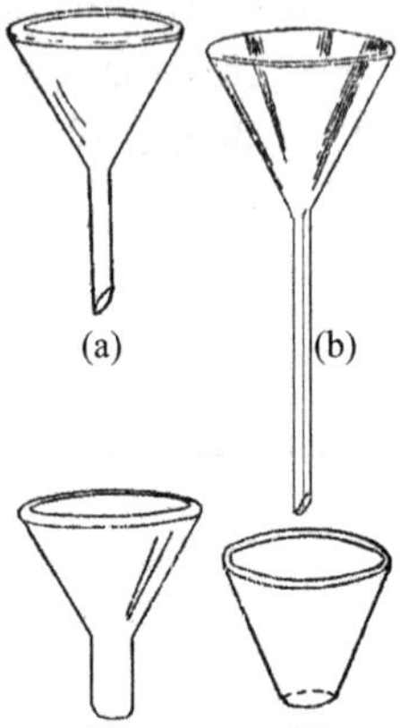 (a)　(b)　(c)　(d) 普通漏斗	有长颈和短颈的区分，其规格以漏斗口径来划分，一般在50～120mm之间	用于常压过滤和加注液体；不能用火加热

(续表)

仪器名称	规　　格	用途和注意事项
(a) (b) 分液漏斗	有梨形和锥形两种式样;规格有60～1 000mL 不等	锥形用于萃取分离,梨形除用于分离液—液外,合成反应中用来随时加入反应液体;不能加热,玻璃活塞不能互换;使用前检查活塞是否漏水,每次振荡后要倒持漏斗打开活塞放气
砂芯坩埚	规格按砂芯板孔的大小(G1～6)和体积(30～500 mL)区分	以砂芯代替滤纸,用于沉淀过滤、烘干、称量;使用前后均需浸泡和清洗;避免用于含有氢氟酸、热浓磷酸、浓碱液、活性炭的溶液
吸滤瓶　布氏漏斗	布氏漏斗:规格以口径(mm)表示;吸滤瓶:规格以容积(mL)表示	减压过滤用;不能用火加热
坩埚	材质有瓷、石英、铁、镍、银、铂等;规格以容积(mL)表示	灼烧反应时用;按反应物性质选用不同材质的坩埚,瓷坩埚加热后不能骤冷
坩埚钳	一般为不锈钢	加热坩埚时,夹取坩埚或坩埚盖用
泥三角	泥三角在大小之分,用铁丝弯成套上瓷管	加热时支撑容器用;陶瓷管断裂后不能使用

（续表）

仪器名称	规　　格	用途和注意事项
蒸发皿	材质有瓷、石英和金属；以口径(mm)或容积(mL)表示	蒸发、浓缩溶液时用；能耐高温，但不可骤冷
干燥器	规格以外径(mm)表示	用于存放须防潮的物品；不可放入过热物品；温度较高物品放入后，在短时间内须打开干燥器盖 1～2 次，以免容器内负压
研钵	材质有玻璃、瓷、玛瑙和金属等	研磨固体颗粒。不能用火直接加热。大块固体物质只能碾压，不能捣碎

2）基本度量仪器的使用和滴定分析操作

（1）量筒　量筒是用来量取液体体积的仪器。读数时应使眼睛的视线和量筒内弯月面的最低点保持水平(见图 2.2)。在进行某些实验时，如果不需要准确地量取液体试剂，不必每次都用量筒，可以根据在日常操作中所积累的经验来估计液体的体积。

（2）滴定管　滴定管是在滴定过程中，用于准确测量滴定溶液体积的一类玻璃量器。滴定管一般分成酸式和碱式两种。酸式滴定管的刻度管和下端的尖嘴玻璃管通过玻璃活塞相连，适于装盛酸性或氧化性的溶液；碱式滴定管的刻度管与尖嘴玻璃管之间通过橡皮管相连，在橡皮管中装有一颗玻璃珠，用以控制溶液的流出速度。碱式滴定管用于装盛碱性溶液，不能用来放置高锰酸钾、碘和硝酸银等能与橡皮起作用的溶液。

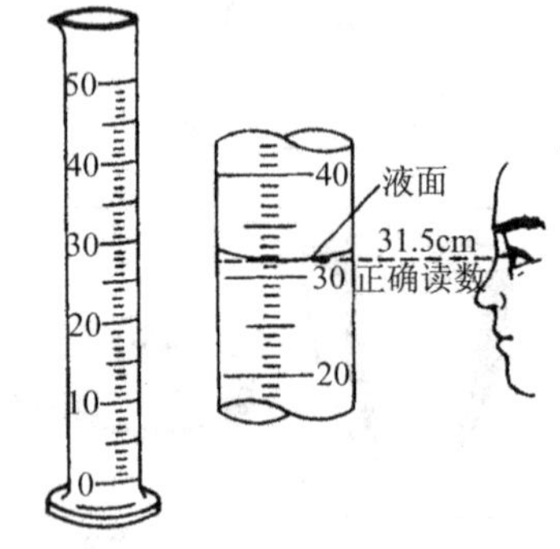

图 2.2　量筒内液体的正确读数

洗涤：滴定管可用自来水冲洗或先用滴定管刷蘸肥皂水或其他洗涤剂洗刷(但不能用去污粉)，而后再用自来水冲洗。如有油污，酸式滴定管可直接在管中加入洗液浸泡，而碱式滴定管则先要去掉橡皮管，接上一小段塞有短玻璃棒的橡皮管，然后再用洗液浸泡。总之，为了尽快而方便地洗净滴定管，可根据脏物的性质、弄脏的程度选择合适的洗涤剂和洗涤方法。脏物去除后，需用自来水多次冲洗。若把水放掉以后，其内壁应该均匀地润上一薄层水。如管壁上还挂有水珠，说明未洗净，必须重洗。

涂凡士林：使用酸式滴定管时，如果活塞转动不灵活或漏水，必须将滴定管平放于实验台上，取下活塞，用软纸将活塞和活塞窝擦干，然后分别在活塞的大头表面上和活塞窝小口的内壁上均匀地涂上一层薄薄的凡士林(也可将凡士林涂在活塞的两头)。注意不要把凡士林涂到活塞孔所在的那一圈面上，以免堵塞活塞孔。把涂好凡士林的活塞插进活塞窝里，单方向地旋转活塞柄，直到活塞与活塞窝接触处全部透明为止(见图 2.3)。涂好的活塞转动要灵活，而且不漏水。把装好活塞的滴定管平放在桌上，让活塞的小头朝上，然后在小头上套上一小橡皮圈(可从橡皮管上剪下一小圈)以防活塞脱落。碱式滴定管要检查玻璃珠的大小和橡皮管粗细是否匹配，即是否漏水，能否灵活控制液滴。

检漏：检查滴定管是否漏水时，可将滴定管内装水至"0"刻度左右，并将管夹在滴定管管夹上，观察活塞边缘和管端有无水渗出。将活塞旋转 180°后，再观察一次，如无漏水现象，即可使用。

加入滴定溶液：加入滴定溶液前，先用蒸馏水荡洗滴定管 2～3 次，每次约 10mL。荡洗时，两手平端滴定管，慢慢旋转，让水遍及全管内壁，然后从两端放出。再用待装溶液润洗 3 次，用量依次约为 10mL、5mL、5mL。荡洗方法与用蒸馏水荡洗时相同。润洗完毕，装入滴定液至"0"刻度以上，检查活塞附近(或橡皮管内)有无气泡。如有气泡，应将其排出。排出气泡时，酸式滴定管用右手拿住滴定管使它倾斜约 30°，左手迅速打开活塞，使溶液冲下将气泡赶掉；碱式滴定管可将橡皮管向上弯曲，捏住玻璃珠的右上方，气泡即被溶液压出(见图 2.4)。

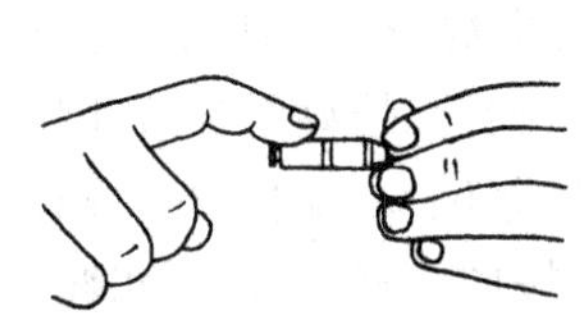

图 2.3　涂凡士林

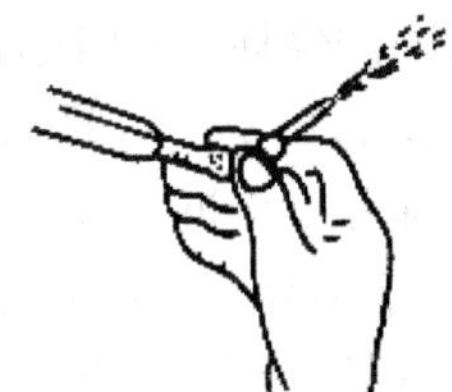

图 2.4　碱式滴定管内气泡的排除

读数：对于常量滴定管，读数应读至小数点后第二位。为了减少读数误差应注意：

①滴定管应垂直固定，注入或放出溶液后需静置 1min 左右再读数。每次滴定前应将液面调节在"0"刻度或稍下的位置。并注意检查管内有无气泡存在，滴定后还需观察管内壁是否挂有液珠，不挂液珠便可读数。

②视线应与所读的液面处于同一水平面上，对无色(或浅色)溶液应读取溶液弯月面最低点处所对应的刻度，而对弯月面看不清的有色溶液，可读液面两侧的最高点处。初读数与终读数必须按同一方法读数。

③对于乳白板蓝线衬背的滴定管，无色溶液面的读数应以两个弯月面相交的最尖部分为准。深色溶液也是读取液面两侧的最高点。

④为使弯月面显得更清晰，可借助于读数卡。将黑白两色的卡片紧贴在滴定管的后面，黑色部分放在弯月面下约 1mm 处，即可见到弯月面的最下缘映成的黑色。读取黑色弯月面的最低点。

滴定：滴定前须去掉滴定管尖端悬挂的残余液滴，读取初读数，立即将滴定管尖端插入烧杯(或锥形瓶口)内约 1cm 处，管口放在烧杯的左后方，但不要靠杯壁(或锥形瓶颈壁)，左手操纵活塞[见图 2.5(a)]（或捏玻璃珠的右上方的橡皮管）使滴定液逐滴加入；同时，右手用玻璃棒顺着一个方向充分搅拌溶液，但勿使玻璃棒碰击杯底与杯壁[见图 2.5(b)]。在锥形瓶内进行滴定时，用右手拿住锥形瓶颈，使溶液单方向不断旋转。使用碘量瓶滴定时，则要把玻璃塞夹在右手的中指和无名指之间[见图 2.5(c)]。无论用哪种滴定管都必须掌握不同的加液速度，即开始时连续滴加（不超过 10mL/min），接近终点时，改为每加一滴摇几下（或搅匀），最后每加半滴摇匀（或搅匀）。用锥形瓶加半滴溶液时，应使悬挂的半滴溶液沿器壁流入瓶内，并用蒸馏水冲洗瓶颈内壁；在烧杯中滴定时，必须用玻璃棒碰接悬挂的半滴溶液，然后将玻璃棒插入溶液中搅拌。终点前，需用蒸馏水冲洗杯壁，再继续滴到终点。

实验完毕后，将滴定管中的剩余溶液倒出，洗净后装满水，再罩上滴定管盖备用。

(3) 容量瓶　容量瓶主要用来配制标准溶液或稀释溶液到一定的浓度。容量瓶使用前，必须检查是否漏水。检漏时，在瓶中加水至标线附近，盖好瓶塞，将瓶倒立，观察瓶塞周围是否渗水，然后将瓶直立，把瓶塞转动 180°，再倒立，若仍不渗水，即可使用。

欲将固体物质准确配成一定体积的溶液时，需先把准确称量的固体物质置于一小烧杯中溶解，然后定量转移到预先洗净的容量瓶中，转移时一手拿着玻璃棒一手拿着烧杯，在瓶口上慢慢将玻璃棒从烧杯中取出，并将它插入瓶口（但不要与瓶口接触），再让烧杯嘴贴紧玻璃棒，慢慢倾斜烧杯，使溶液沿着玻璃棒流下[见图 2.6(a)]。当溶液流完后，在烧杯仍靠着玻璃棒的情况下慢慢地将烧杯直立，使烧杯和玻璃棒之间附着的液滴流回烧杯中，再将玻璃棒末端残留的液滴靠入瓶口内。在瓶口上方将玻璃棒放回烧杯内，但不得将玻璃棒靠在烧杯嘴一边。用少量蒸馏水冲洗烧杯 3～4 次，洗出液按上法全部转移入容量瓶中，然后加蒸馏水稀释。稀释到容量瓶容积的 2/3 左右时，直立旋摇容量瓶，使溶液初步混合（此时切勿加塞倒立容量瓶），最后继续稀释至接近标线时，逐渐加水（或改用滴管）至弯月面恰好与标线相切（热溶液应冷至室温后，才能稀释至标线）[见图 2.6(b)]。盖上瓶塞，将瓶倒立[见图 2.6(c)]，待气泡上升到顶部后，再倒转过来，如此反复多次，使溶液充分摇匀。按照同样的操作，可将一定浓度的溶液准确稀释到一定的体积。

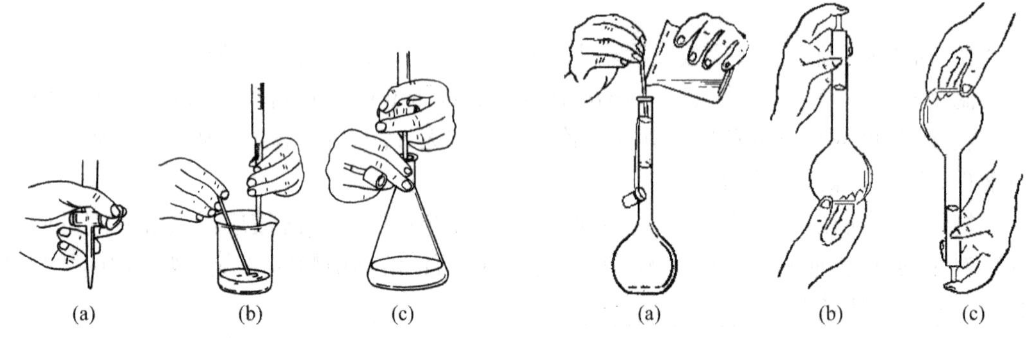

图 2.5　滴定操作　　　　图 2.6　容量瓶的使用

(4) 移液管和吸量管的使用　移液管和吸量管也是用来准确量取一定体积液体的仪器，其中吸量管是带有分刻度的玻璃管，用以吸取不同体积的液体。

用移液管或吸量管吸取溶液之前，必须用少量待吸的溶液荡洗内壁 2～3 次，以保证溶液吸取后的浓度不变。

用移液管吸取溶液时，右手拇指及中指拿住管颈标线以上的地方，管尖插入待吸取的溶液中，不宜插入太少，以免吸空；也不宜插入太深，以致管外壁带出的溶液过多[见图 2.7(a)]。左手拿吸耳球，先把球内空气压出，然后把球的尖嘴紧按在移液管口上，慢慢松开左手手指，使溶液吸入管中。当溶液上升到标线以上时，迅速用右手食指紧按管口，使移液管离开液面，然后将容器倾斜成 45°，管尖紧靠在容器的内壁上。略放松右手食指（可不断转动移液管），使溶液缓慢平稳下降，直到溶液的弯月面下缘与标线相切时，立即用食指压紧管口，液体不再流出

[见图 2.7(a)]。左手改拿接收溶液的容器(如锥形瓶),并将接受容器倾斜成 45°左右。将移液管插入接受容器中,管的尖嘴应紧靠在容器的内壁上,移液管应垂直于水平面[见图 2.7(b)]。松开食指,让管内溶液自然地全部沿器壁流下,待液面下降至管尖后,等待 15s 后拿出移液管。不要把残留在管尖的液体吹出,因为在校准移液管体积时,没有把这部分液体算在内(如管上注有“快”或“吹”字样的移液管,则要将管尖的液体吹出)。

吸量管使用方法类同移液管,但移取溶液时,应尽量避免使用尖端处的刻度。

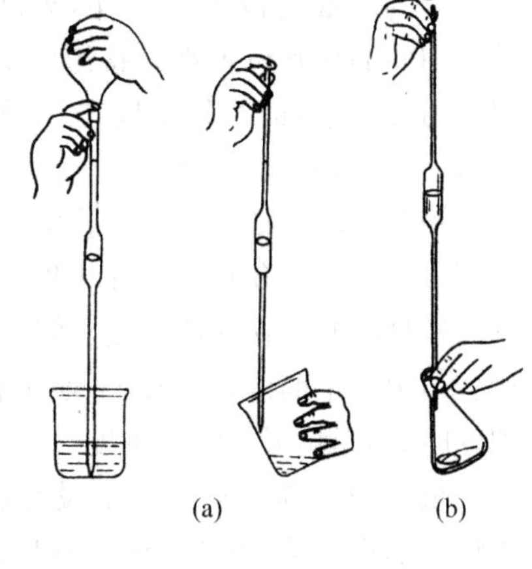

图 2.7　吸量管的使用

二、分析天平的使用和称量

1) 电阻尼分析天平及其使用

(1) 分析天平的构造原理。天平是根据杠杆原理制成的,它用已知重量的砝码来衡量被称物体的重量。在分析工作中,通常说称量某物质的重量,实际上称得的都是物质的质量。如右图所示,设杠杆 ABC 的支点为 B,力的作用点分别在 A 和 C,A、C 两点所悬重物为 P 和 Q(即物体重和砝码重),当杠杆处于平衡状态时,力矩相等。

$$P \times AB = Q \times BC$$

如果
$$AB = BC$$

则
$$P = Q$$

以上说明,当天平达到平衡状态时,如果两臂臂长相等,物体的重量就等于砝码的重量。

分析天平中的横梁即起杠杆作用,三个玛瑙三棱体的尖锐棱边(叫做刀口)即是支点 B 与力的作用点 A 和 C。

(2) 半自动电光分析天平的结构与主要部件。分析天平是进行精确称量的精密仪器,有空气阻尼天平、半自动电光天平、全自动电光天平、单盘电光天平、微量天平等。这些天平在构造和使用方法上有所不同,但基本原理是相同的。这里仅以目前广泛使用的电光天平(见图 2.8)为例,简要地介绍这种天平的结构。

① 横梁　横梁是天平最重要的部件,素有“天平心脏”之称,天平便是通过它起杠杆作用实现称量的。因此横梁的设计、用料、加工都直接影响天平的精度和计量性能。一般用铝合金或铜合金制造。高精度天平则采用非磁性不锈钢或膨胀系数小的钛合金制造。常见的有矩形、三角形、桥架形等多种几何形状。在保证横梁有足够强度的前提下,为减轻其质量,提高灵敏度,在横梁上开有各种不同形状的对称孔。此外,横梁上还装有起支承作用的玛瑙刀和调整计量性能的一些零件和螺丝。

支点刀和承重刀　横梁上装有 3 把三棱形的玛瑙或宝石刀。通过刀盒固定在横梁上,起承受和传递载荷的作用。中间为固定的支点刀,刀刃向下,又称中承刀(中刀)(见图 2.8),两

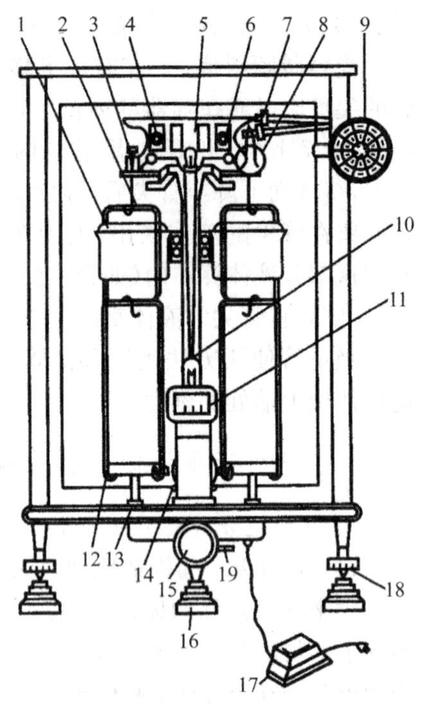

图 2.8 电光天平结构简图

1. 阻尼器；2. 挂钩；3. 吊耳；4. 平衡螺丝；5. 天平梁；6. 平衡螺丝；7. 环码钩；8. 环码；9. 指数盘；10. 指针；11. 投影屏；12. 秤盘；13. 盘托；14. 光源；15. 旋钮；16. 垫脚；17. 变压器；18. 螺旋脚；19. 拨杆

边为可调整的承重刀(边刀，图 2.8 中未标出)，刀刃向上。刀的质量(如刀边的夹角，刃部圆弧半径，光洁度等)及各刀间的相互位置都直接影响天平的计量性能。3 把刀的刀刃应平行，并处于同一平面上。故使用时务必注意对刀刃的保护。

平衡螺丝　横梁两侧圆孔中间或横梁两端装有对称的可以移动的平衡螺丝，用以调节天平的平衡位置。螺丝与螺杆的配合松紧应适度，转动轻便灵活，螺杆应在通过各刀刃的平面内，或与该平面平行，从而保证转动平衡螺丝时，不影响天平的灵敏度。

重心球　横梁背后上部设有由上、下两个半球形螺母组成的重心球(图 2.8 中未标出)。上下移动重心球可改变横梁(实际上包括悬挂系统)重心的位置，起调整天平灵敏度的作用。

指针及微分标牌　为观测天平横梁的倾斜度，在横梁的下部装有与横梁相互垂直的指针。指针末端附有缩微刻度照相底板制成的微分标牌，从 - 10 至 ＋110 共 120 个分度，每分度代表 0.1mg(名义分度值)。

②立柱　立柱是一个空心柱体，垂直地固定在底板上作为支撑横梁的基架。天平制动器的升降杆通过立柱空心孔，带动托梁架和托盘翼板上、下运动(见制动系统)。立柱上装有：

中刀承：安装在立柱顶端一个“土”字形的金属中刀承座上。

阻尼架：立柱中上部设有阻尼架，用以固定外阻尼筒。

水准器：装在立柱上供指示天平水平位置用。

③制动系统　制动系统是控制天平工作和制止横梁及称盘摆动的装置，包括开关旋钮(天平前)、开关轴(底板下)、升降杆(立柱内)、梁托架(立柱上)、盘托翼板(底板下)、盘托(底板上)等部件。

旋转开关旋钮可以使升降杆上升(或下降)，带动托梁架及盘托翼板及盘托等同时下降(或上升)，从而使天平进入工作(或休止)状态。为了保护刀刃，当天平不用时，应将横梁托起，使刀刃与刀承分开，以保护刀刃。

④悬挂系统　悬挂系统包括称盘、吊耳、内阻尼筒等部件，是天平载重及传递载荷的部件。

吊耳：两把边刀通过吊耳承受称盘、砝码和被称物体。这是一个设计得十分灵巧的装置(见图 2.8)，不管被称物置于称盘上什么位置或横梁摆动时，吊耳背都能平稳地保持水平状态，使载荷的重力均匀地分布在吊耳背底部的刀承上。吊耳上一般都有区分左、右的标记，如“1”、“2”等，通常是左 1、右 2。右吊耳上还设有一条圈码承受架，供承受圈码用。

称盘：挂在吊耳钩的上挂钩内，供载重物(砝码或被称物)用，盘上刻有与吊耳相同的左、右标记。

阻尼器:这是利用空气阻力减慢横梁摆动的“速停装置”,由内筒和外筒组成。外筒固定在立柱上,内筒悬挂在吊耳钩的下钩槽内。通过调整外筒位置使其与悬挂的内筒保持同轴,防止两筒相互擦碰。阻尼器也有左、右之分,标记打在内筒上。

⑤框罩　框罩的作用除了保护天平外,还可以防止外界气流、热幅射、湿度、尘埃的影响。框罩的前门只有在必要时(如装拆和清扫天平)才可打开。取放砝码和被称物只可由左、右边门出入,并随时关好边门。

底板　框罩和立柱固定在底板上,一般由大理石或厚玻璃制作。

底脚　底板下有 3 只底脚,前面两只供调水平用的,为调水平底脚,后边一只是固定的。每只底脚下有一只脚垫,起保护桌面的作用。

指数盘　设在柜罩前右边的门框上,用以控制加码杆加减圈码。分内、外两圈,上面刻有所加圈码的质量值。转动外圈可加 100～900 mg,转动内圈可加 10～90 mg。天平达到平衡时,可由标线处直接读出圈码的量值。

加码杆　通过一系列齿轮的组合与指数盘连接。杆端有小钩。用以挂圈码。天平圈码的顺序从前到后依次为 100mg、100mg、200mg、500mg、10mg、10mg、20mg、50mg。

⑥读数系统　为减少操作人员视力疲劳,提高天平的精度和称量速度,天平设有光学读数装置(见图 2.8)。其中,灯泡是读数系统的光源,变压器将 220V 电源降到 6～8V,作为灯泡电源;灯罩可保护灯泡与聚光用;聚光管将光源变成平行光束;微分标牌的刻度经物镜放大 10～20 倍,由反射镜反射到投影屏(也称光屏或屏幕)上,投影屏中央有一垂直的刻线,它与标牌的重合处就是天平的平衡位置,可方便地读取 0.1～10mg。左右拨动底板下的调零杆移动投影屏,可作天平零点的微调。

(3) 天平的使用方法:

①调节零点　接通电源,打开升降旋钮,观察投影屏上的刻线是否与标尺上的零点重合。如不重合,可拨动投影屏调节杆来调整,使两者完全重合。如零点偏离较大,则需要调节横梁上的平衡螺丝(这一操作由教师指导进行),动作要轻缓,每次只微调一点至基本调好后再用投影屏调节杆细调零点。

②称量　将称量物放在左称盘上中央位置,按托盘天平上称出的称量物的大致质量,在右称盘上加砝码至克位。观察标尺移动方向或指针倾斜方向(若砝码加多了,则标尺的投影向右移,指针向左倾斜)判断所加砝码是否合适以便调整。克组砝码调定后,再依次调整 100mg 组和 10mg 组环码。为减少环码加减次数,一般从中间值(500mg 或 50mg)开始加减环码,调定至 10mg 位。10mg 以内,从投影屏指示的分度读出。平衡后,投影屏上的标线与标尺上某一读数重合,读取称量物的质量为克组砝码数、指数盘刻度数及投影屏上的读数之和(例如:质量为 15g＋0.12g＋0.003 6g＝15.123 6g)。

称量方法分固定重量称量法和递减称量法(减量法)。

(ⅰ) 固定重量称量法:此法用于称量不易吸水、在空气中稳定的试样,如金属、矿石等。先称器皿(如表面皿)的重量,若指定称取 0.500 0g 试样,固定加 0.500 0g 砝码,然后在容器中加入略小于 0.5g 试样,再轻轻振动药匙使试样慢慢撒入容器中,直到平衡点与称量器皿时的平衡点一致。

(ⅱ) 递减称量法(减量法):此法用于称取易吸水、易与 CO_2 反应的物质,称固体试样时,将称量试样装入称量瓶中,称得重量为 W_1,然后(见图 2.9)取出称量瓶,将称量瓶在容器上方倾斜，用称量瓶盖轻敲瓶口上部，使试样慢慢落入容器中。当倾出的试样已接近所需要的重量时，慢慢地将瓶竖起，再用称量瓶盖轻敲瓶口的试样使之落下（见图 2.10），然后盖好盖，将称量瓶放回天平盘上，称量重量为 W_2。两次重量之差，就是试样的重量。如此继续进行，可称取多份试样。

第一份试样重量 $=W_1-W_2$(g)，第二份试样重量 $=W_2-W_3$(g)

图 2.9 称量瓶的携取

图 2.10 试样的倾出

(4) 天平的使用规则：

①使用前检查天平的各部位是否处于正常位置；天平是否水平；吊耳是否错位；环码指数盘是否都处于零位；环码有无脱位；并检查和调整天平的零点。

②使用中应特别注意保护玛瑙刀口，旋转升降枢时必须缓慢、轻开、轻关，取放物体和加减砝码之前都必须将天平梁托起使天平休止以免损坏刀口。

称量时应关好两边侧门，前门不得随意打开，称量物和砝码要放在天平盘的中央，以防盘的摆动。

③化学试剂和试样都不能直接放在天平盘上，而应放在干净的表面皿、称量瓶或坩埚内称重，放出腐蚀性气体的物质或吸湿性物质必须放在称量瓶或其他适当的密闭容器中称量。

④取砝码必须用镊子夹取，严禁用手拿。

⑤称重的物体必须与天平箱内的温度一致，不得把热的或冷的物体放进天平称量，为了防潮，应经常检查天平箱内的干燥剂是否失效。

⑥天平的载重绝对不能超过天平的最大负荷。在同一实验中，应使用同一台天平和配套的砝码，并注意相同数值的两个砝码的区别，确定其中哪一个是优先使用的。

⑦称量完毕应关上升降枢旋钮，取出物体和砝码，检查天平内外是否清洁，关好天平门，并将指数盘全部回零，切断电源，罩上外罩，做好使用天平的记录。

2) 电子天平

电子天平是最新一代的天平，是根据电磁力平衡原理，直接称量，全量称不需要砝码，放上被称物后，在几秒钟内即达到平衡，显示读数，称量速度快、精度高。其外形如图 2.11 所示。

图 2.11 电子天平外形图

其使用方法如下：

①调水平　调整地脚螺栓高度，使水平仪内空气气泡位于圆环中央。

②预热　接通电源，预热 30min（天平在初次接通电源或长时间断电之后，至少需要预热 30 分钟）。为取得理想的测量结果，一般不切断电源，天平应保持在待机状态。

③开机　按开关键 ON/OFF，显示器全亮，约 2s 后显示天平的型号，

然后是称量模式 0.000 0g。读数时应关上天平门。

④校正　首次使用天平必须进行校正，因存放时间较长、位置移动、环境变化或为获得精确测量，天平在使用前一般都应进行校正操作。按校正键 CAL，天平将显示所需校正砝码质量，放上砝码直至出现 * * * g，校正结束。

⑤称量　使用去皮键 TARE，去皮清零，放置被称物于称盘上，关上天平门，进行称量。

⑥关机　称量结束后按天平 ON/OFF 键关闭显示器。若当天不再使用天平，应拔下电源插头。一般天平应一直保持通电状态(24 小时)，不使用时将开关键关至待机状态，使天平保持保温状态，可延长天平使用寿命。

三、重量分析基本操作

1) 沉淀的生成

在重量分析中，如果生成的物质不溶于水或在水中的溶解度很小，我们就会看到有沉淀生成。沉淀的类型一般有两种：晶形沉淀和无定形沉淀。晶形沉淀的颗粒比较大，易沉淀于容器的底部，便于观察和分离；无定形沉淀的颗粒比较小，不容易沉降到容器的底部，当沉淀的量比较少时，不便于观察，此时溶液呈浑浊现象，分离时也比较困难。沉淀颗粒的大小取决于生成物的本性和沉淀的条件(见分析化学的重量分析内容)。在分析化学中，经常需要将沉淀与原溶液进行分离，以测定被测组分的含量，因此，固液分离技能在分析化学实验中具有重要的地位。

2) 沉淀的过滤

常用的过滤方法有减压过滤和常压过滤两种。

(1) 减压过滤：减压可以加快过滤速度，还可以把沉淀抽吸得比较干燥。它的原理是水泵处有一窄口(见图 2.12)，当水急剧流经 4 处时，水即把空气带出而使吸滤瓶内的压力减少。

吸滤操作：

(ⅰ) 将滤纸剪成比布氏漏斗内径略小，但又能把全部瓷孔都盖住。

(ⅱ) 把滤纸放入漏斗内，用少量水润湿滤纸。微开水龙头，按图 2.12 所示装置连好(注意漏斗端的斜口应对着吸滤瓶的吸气嘴)，滤纸便吸紧在漏斗上。

(ⅲ) 过滤时，将溶液沿着玻璃棒流入漏斗(注意：溶液不要超过漏斗总容量的 2/3)，然后将水龙头开大，待溶液滤下后，转移沉淀，并将其平铺在漏斗中，继续抽吸，至沉淀比较干燥为止。在吸滤瓶中滤液高度不得超过吸气嘴。吸滤过程中，不得突然关闭水泵，以免自来水倒灌。

(ⅳ) 当过滤完毕时，要记住先拔掉橡皮管，再关水龙头，以防由于滤瓶内压力低于外界压力而使自来水吸入滤瓶，把滤液玷污(这一现象称为倒吸)。因此为了防止倒吸，也可在吸滤瓶与抽气水泵之间装一个安全瓶。

(2) 常压过滤：这是定量分析中常用的过滤方法，下面按定量分析的要求介绍常压过滤的步骤。

①漏斗颈部形成水柱的操作　把滤纸对折再对折(暂不折死)。然后展开成圆锥体后(见图 2.13)，放入漏斗中，若滤纸圆锥体与漏斗不密合，可改变滤纸折叠的角度，直到与漏斗密合为止(这时可把滤纸折死)。为了使滤纸三层的那边能紧贴漏斗，常把这三层的外面两层撕去

一角(撕下来的纸角保存起来,以备为擦烧杯或玻棒残留的沉淀用)。用手指按住滤纸中三层的一边,以少量的水润湿滤纸,使它紧贴在漏斗壁上。轻压滤纸,赶走滤纸上的气泡。自滤纸边缘加水使之流下并形成水柱(即漏斗颈中充满水)。若不能形成完整的水柱,可一边用手指堵住漏斗下口,一边稍掀起三层这一边的滤纸,用洗瓶在滤纸和漏斗之间加水,使漏斗颈和锥体的大部分被水充满,然后一边轻轻按下掀起的滤纸,一边继续放开堵在出口处的手指,即可形成水柱。将这种准备好的漏斗安放在漏斗架上盖上表面皿,下接一洁净烧杯,烧杯的内壁与漏斗出口尖处接触,然后开始过滤。

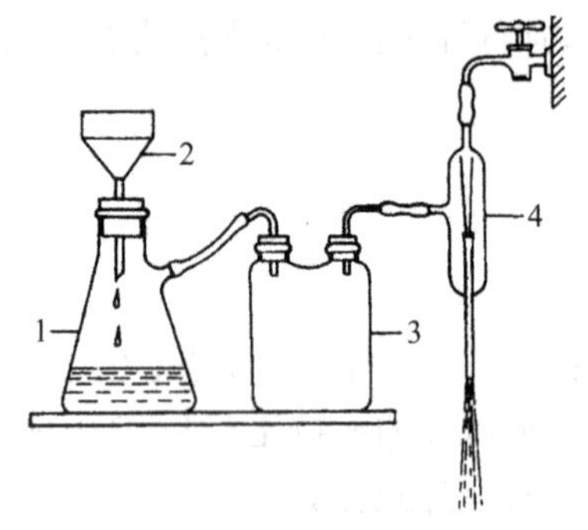

图 2.12 吸滤装置

1. 吸滤瓶;2. 布氏漏斗;3. 安全瓶;4. 水抽气泵

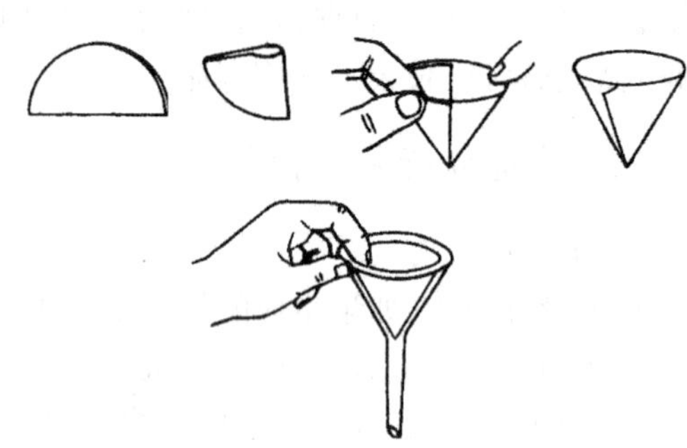

图 2.13 滤纸的折叠和放置

②过滤操作 过滤分成三步:

第一步:用倾泻法把清液倾入滤纸中留下沉淀。为此,在漏斗上将玻璃棒从烧杯中慢慢取出并直立于漏斗中,下端对着三层滤纸的这一边并尽可能靠近,但不要碰到滤纸。将上层清液沿着玻璃棒倾入漏斗,漏斗中的液面至少要比滤纸边缘低 5 mm,以免部分沉淀可能由于毛细管作用越过滤纸上缘而损失。用 15mL 左右洗涤液吹洗玻璃棒和杯壁并进行搅拌,澄清后,再按上法滤去清液。当倾泻暂停时,要小心把烧杯扶正,玻璃棒不离烧杯杯嘴,到最后一液滴流完后,将玻璃棒收回放入烧杯中(此时玻璃棒不要靠在烧杯嘴处,因为嘴处可能沾有少量的沉淀),然后将烧杯从漏斗上移开。如此反复用洗涤液洗 2～3 次,将粘附在杯壁的沉淀洗下,并将杯中的沉淀进行初步洗涤(见图 2.14)。

图 2.14 倾泻法过滤

第二步:把沉淀转移到滤纸上。为此先用洗涤液冲下杯壁和玻璃棒上的沉淀,再把沉淀搅起,将悬浮液小心转移到滤纸上,每次加入的悬浮液不得超过滤纸锥体高度 2/3 的量。如此反复几次,尽可能地将沉淀转移到滤纸上。烧杯中残留的少量沉淀,则可按如图 2.15 所示的方法用左手将烧杯倾斜放在漏斗上方,杯嘴朝向漏斗。用左手食指按住架在烧杯嘴上的玻璃棒上方,其余手指拿住烧杯,杯底略朝上,玻璃棒下端对准三层滤纸处,右手拿洗瓶冲洗杯壁上所粘附的沉淀,使沉淀和洗液一起顺着玻璃棒流入漏斗中(注意勿使溶液溅出)。

第三步:洗涤烧杯和洗涤沉淀。粘着在烧杯壁上和玻璃棒上的沉淀可用淀帚自上而下刷至杯底,再转移到滤纸上(见图 2.15)。最后在滤纸上将沉淀洗至无杂质。洗涤时应先使洗瓶出口管充满液体后,用细小缓慢的洗涤液流从滤纸上部沿漏斗壁螺旋向下吹洗,绝不可骤然浇在沉淀上。待上一次洗液流完后,再进行下一次洗涤。在滤纸上洗涤沉淀主要是洗去杂质并将粘附在滤纸上部的沉淀冲洗至下部(见图 2.16)。

图 2.15　残留沉淀的转移

图 2.16　沉淀的洗涤

3) 沉淀的烘干、灼烧及恒重

(1) 瓷坩埚的准备。在定量分析中用滤纸过滤的沉淀,须在瓷坩埚中灼烧至恒重。因此要先准备好已知重量的坩埚。

将洗净并经干燥的空坩埚放入已恒温的马福炉中进行第一次灼烧,空坩埚第一次灼烧30min 后,停止加热,稍冷却(红热退去,再冷 1min 左右),用热坩埚钳夹取放入干燥器内冷却30min 左右,然后称量。第二次再灼烧 20min,冷却、称量(每次冷却时间要相同),直至两次称量相差不超过 0.2~0.3mg,即为恒重。将恒重后的坩埚放在干燥器中备用。

(2) 沉淀的包裹。晶形沉淀一般体积较小,可按如图 2.17 所示方法,用清洁的玻璃棒将滤纸的三层部分挑起,再用洗净的手将带沉淀的滤纸取出,打开成半圆形,自右边半径的 1/3处向左折叠,再从上边向下折,然后自右向左卷成小卷,最后将滤纸放入已恒重的坩埚中,包卷层数较多的一面应朝上,以便于炭化和灰化。

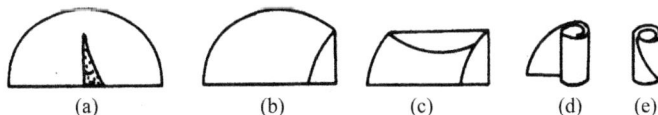

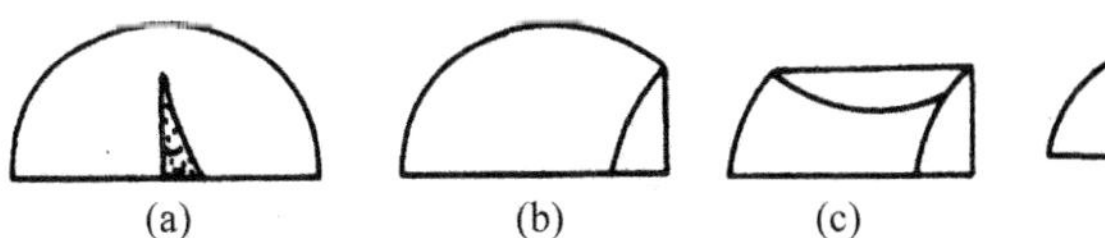

图 2.17　包裹沉淀方法

对于胶状沉淀,由于体积一般较大,不宜用上述包裹方法,而应用玻璃棒将滤纸边挑起(三层边先挑),再向中间折叠(单层边先折叠),将沉淀全部盖住,再用玻璃棒将滤纸转移到已恒重的瓷坩埚中(锥体的尖头朝上)。

(3) 沉淀的烘干、灼烧及恒重。将装有沉淀的坩埚放好,小心地用小火把滤纸和沉淀烘干直至滤纸全部炭化。炭化时如果着火,可用坩埚盖盖住并停止加热使火焰熄灭(切不可吹灭,以免沉淀飞扬而损失)。炭化后,将灯移至坩埚底部,逐渐升高温度,使滤纸灰化(将碳素氧化成二氧化碳而沉淀留下的过程),如图 2.18 所示。滤纸全部灰化后,沉淀在与灼烧空坩埚相同的条件下进行灼烧、冷却、直至恒重。

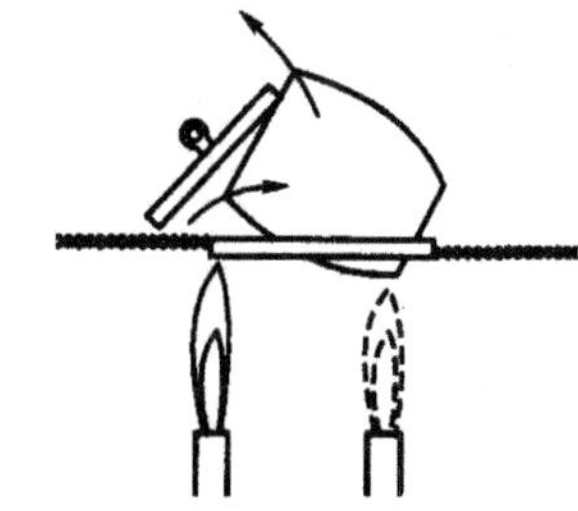

图 2.18　沉淀的烘干和灼烧
(a) 沉淀的干燥和滤纸的炭化;
(b) 滤纸的灰化和沉淀的灼烧

使用马弗炉煅烧沉淀时,可用上述方法灰化,然后,再将坩埚放入马弗炉煅烧至恒重。

(4) 使用玻璃坩埚的过滤、烘干与恒重。只要经过烘干即可称量的沉淀通常用玻璃坩埚过滤。使用坩埚前先用稀 HCl、稀 HNO_3 或氨水等溶剂泡洗(不能用去污粉以免堵塞孔隙),然后通过橡皮垫圈与吸滤瓶接上抽气泵,先后用自来水和蒸馏水抽洗;洗净的坩埚在烘干沉淀的条件下(沉淀烘干的温度和时间根据沉淀的种类而定)烘干。取出,放置干燥器中冷却(约需 0.5h),称量。重复烘干、冷却、称量、直至两次称量重量之差不大于 0.2mg。

用玻璃坩埚过滤沉淀时,把经过恒重的坩埚装在吸滤瓶上,先用倾泻法过滤。经初步洗涤后,把沉淀全部转移到坩埚中,再将烧杯和沉淀用洗涤液洗净后,把装有沉淀的坩埚,置于烘箱中,在与空坩埚相同的条件下烘干、冷却、称重、直至恒重。

第三章　常用实验仪器的使用方法

第一节　离心机的使用

一、离心机的工作原理

离心机是利用离心沉降原理，使溶液中密度不同的细胞（粒子）实现分离、浓缩或提纯的。

将装有等量试液的离心管对称放置在转子四周的吊杯（试管）内，启动仪器后，电机带动转子高速旋转所产生的相对离心力（RCF）使试液中密度不同的细胞（粒子）分离，相对离心力的大小取决于试样所处的位置至轴心的水平距离即旋转半径 R 和转速 n，其计算公式如下：

$$RCF(\text{g}) = 1.118 \times 10^{-6} n^2 R$$

式中，n 为转速（r/min）；R 为旋转半径（mm）。

混合液中粒子分离、沉淀所需的时间 T_s 由下式计算：

$$T_s(\text{min}) = \frac{27.4(\ln R_{max} - \ln R_{min})\mu}{n^2 r^2 (\sigma - \rho)}$$

式中，R_{max}为距轴心最远处试液的旋转半径（cm）；R_{min}为距轴心最近处试液的旋转半径（cm）；ρ 为混合液密度（g/cm^3）；μ 为混合液黏度（P）；n 为转速（r/min）；r 为粒子半径（cm）；σ 为粒子密度（g/cm^3）。

在定性分析中，常常需要将生成的沉淀从溶液中分离出来，这时我们可以将溶液放入离心管中，用离心机来完成这项任务，利用离心力对溶液中的悬浮微粒进行快速沉淀和分离。

二、80-2B 型低速台式离心机的使用方法

80-2B 型低速台式离心机是定性分析实验中常用的离心机，仪器控制面板如图 3.1 所示。

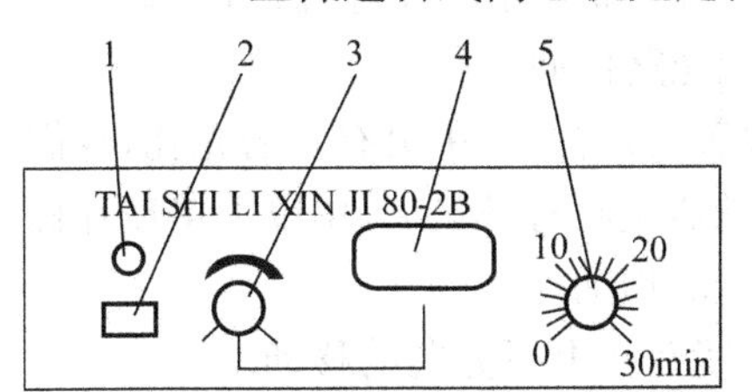

图 3.1　80-2B 型低速台式离心机仪器控制面板示意图

1. 指示灯；2. 电源开关；3. 调速旋钮；4. 转速显示；5. 定时旋钮

操作程序：

(1) 使用前，必须先检查面板上的各旋钮是否在规定的位置上（即电源在关的位置上，电位器及定时器在零的位置上）。

(2) 在每支试管中放置等量的样品，然后对称放入转头内，以免由于重量不均，放置不对称，而使整机在运转过程中产生震动。

(3) 试管放入后，盖好有机玻璃盖，然后接通电源，指示灯亮。

(4) 旋转定时器至所需的时间。

(5) 旋转转速旋钮，转头开始运转，转速表指针将指出实际转速。

(6) 转头运转到设定的时间后，转头自动降速直至完全停止，转速表指针复为零。

注意事项：

(1) 使用前应检查离心管是否有裂纹、老化等现象，如有应更换。

(2) 使用完毕后应擦干保存。

(3) 保护好转头，以防止酸碱玷污而产生腐蚀。

(4) 如要改变定时范围，必须在转头完全停止运转后进行调节。

第二节 显微镜的使用

一、显微镜及其基本构造

显微镜是用于放大微小物体使之能为人肉眼看到的仪器。显微镜在化学分析中主要用于在结晶分析中观察结晶的形状，它包括生物显微镜、金相显微镜、测量显微镜等类型。显微镜还可分光学显微镜和电子显微镜。此外，显微镜还有单、双筒之分，在一般的分析测试中通常采用单筒生物显微镜。

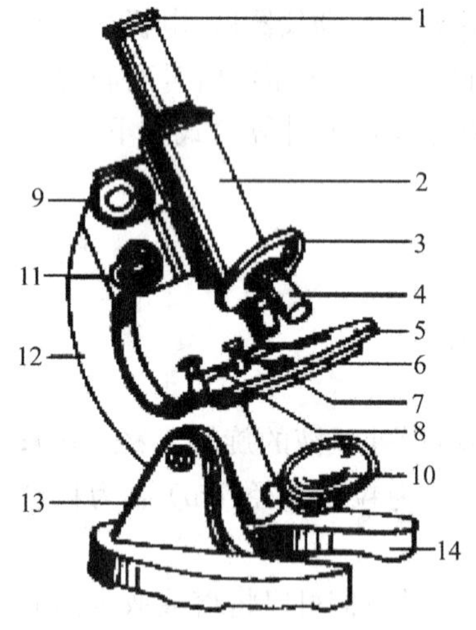

图 3.2 普通光学显微镜的基本构造
1. 目镜；2. 镜筒；3. 转换器；4. 物镜；5. 载物台；6. 通光孔；7. 滤光器；8. 压片夹；9. 粗调焦螺旋；10. 反光镜；11. 细调焦螺旋；12. 镜臂；13. 镜柱；14. 镜座

普通光学显微镜的构造主要分为三部分：机械部分、照明部分和光学部分(见图 3.2)。

1) 机械部分

镜座：是显微镜的底座，用以支持整个镜体。

镜柱：是镜座上面直立的部分，用以连接镜座和镜臂。

镜臂：一端连于镜柱，一端连于镜筒，是取放显微镜时手握部位。

镜筒：连在镜臂的前上方，镜筒上端装有目镜，下端装有物镜转换器。

物镜转换器(旋转器)：接于棱镜壳的下方，可自由转动，盘上有 3～4 个圆孔，是安装物镜部位，转动转换器，可以调换不同倍数的物镜，当听到碰叩声时，方可进行观察，此时物镜光轴恰好对准通光孔中心，光路接通。

镜台(载物台)：在镜筒下方，形状有方、圆两种，用以放置玻片标本，中央有一通光孔，我们所用的显微镜其镜台上装有玻片标本推进器(推片器)，推进器左侧有弹簧夹，用以夹持玻片标本，镜台下有推进器调节轮，可使玻片标本作左右、前后方向的移动。

焦距调节器：是装在镜柱上的大小两种螺旋，调节时使镜台作上下方向的移动。

(1) 粗调焦螺旋：大螺旋称粗调焦螺旋，移动时可使镜台作快速和较大幅度的升降，所以能迅速调节物镜和标本之间的距离使物象呈现于视野中，通常在使用低倍镜时，先用粗调焦螺旋迅速找到物像。

(2) 细调焦螺旋：小螺旋称细调焦螺旋，移动时可使镜台缓慢地升降，多在运用高倍镜时使用，从而得到更清晰的物象，并借以观察标本的不同层次和不同深度的结构。

2) 照明部分

装在镜台下方，包括反光镜和集光器。

反光镜：装在镜座上面，可向任意方向转动，它有平、凹两面，其作用是将光源光线反射到聚光器上，再经通光孔照明标本，凹面镜聚光作用强，适于光线较弱的时候使用，平面镜聚光作用弱，适于光线较强时使用。

集光器(聚光器)：位于镜台下方的集光器架上，由聚光镜和光圈组成，其作用是把光线集中到所要观察的标本上。

3) 光学部分

目镜：装在镜筒的上端，通常备有2～3个，上面刻有5×、10×或15×符号以表示其放大倍数，一般装的是10×的目镜。

物镜：装在镜筒下端的旋转器上，一般有3～4个物镜，其中最短的刻有“10×”符号的为低倍镜，较长的刻有“40×”符号的为高倍镜，最长的刻有“100×”符号的为油镜，此外，在高倍镜和油镜上还常加有一圈不同颜色的线，以示区别。

显微镜的放大倍数是物镜的放大倍数与目镜的放大倍数的乘积，如物镜为10×，目镜为10×，其放大倍数就为10×10=100。

二、显微镜的使用及注意事项

(1) 先把目镜和物镜选取好，目镜和物镜单独放大倍数的乘积为显微镜的放大倍数，通常使用的放大倍数为70～120倍。转动物镜，使其正对通光孔，用左眼向目镜里观察，同时用右手调整反射镜，让光线通过光圈和通光孔以射到聚光镜上，直到获得明亮均匀的视野为止。

(2) 升高镜筒，将做好的结晶载片放在载物台上，用活动夹卡牢，注意载片下面必须保持干燥。用纵向和横向移动手轮调整载片的位置，使载片有结晶的部分移至载物台通光孔的中央，然后开始调焦。

(3) 为了避免物镜压在载片上，调焦时可从侧面一边注视着物镜一边用手旋动粗调焦螺旋将镜筒下降，使物镜与载片之间的距离稍小于0.5cm。然后一边从目镜中观察视野，一边用手极慢地反向旋动粗调焦螺旋，使镜筒徐徐上升。待初见物像后，再用手轻微地来回转动细调焦螺旋，作精细调焦，直到物象最清晰为止。如果物镜离载片较高仍看不见晶形，可重复上述操作。

(4) 在整个调焦过程中，无论使用粗调或细调，动作都要很缓慢，如果太快，物像将一闪而过，以至未被发现，这是初学者经常遇到的情况。应当注意，在任何情况下均不得在观察时使用粗调焦螺旋下降镜筒。若因不慎误使物镜接触到溶液，则必须立即用清洁湿布擦净，再用拭镜纸擦干。

(5) 操作结束后，先升高镜筒，再将载片取下，降下镜筒，将显微镜放回原处或显微镜箱内。

第三节　磁力加热搅拌器及其使用

一、79-1型磁力加热搅拌器的性能

(1) 加热最高温度在环境温度20℃时，用最高档加热100mL溶液8 min，可达95℃。

(2) 无级调速0～2 000r/s。

（3）有级调速分四档：300r/s、800r/s、1 500r/s、2 000r/s，可作液体的搅拌、加热之用。机上附有支柱，可安装电极架作滴定用。

二、使用方法

（1）在需搅拌的玻璃容器中放入转子，将容器放在镀铬盘正中。

（2）打开电源开关，旋转调速调节旋钮，使电机从慢到快带动磁钢，由永磁钢的磁力线带动玻璃容器中的转子转动，起到搅拌作用。

（3）旋转加热调节旋钮，利用镍铬丝加热并保温溶液。一般有 3 组镍铬丝，能同时加热，升至所需温度后，可适当关闭几组加热丝。不能自动控温，必须由人工调节、控制。

三、使用注意事项

（1）为了确保安全，使用时要接地。

（2）搅拌开始时，需慢慢旋转调速器，否则会使转子跟不上磁钢的转速，以至不能旋转。不允许高速档直接起动，以免转子不同步，引起跳动。

（3）搅拌时，如发现转子跳动或不搅拌时，则应切断电源，检查容器底部是否平正，位置是否放正。

（4）连续加热时间不宜过长，间歇使用能延长寿命。

（5）仪器应保持清洁干燥，严禁溶液进入机内，以免损坏机件。

第四节 pH 计的使用

pH 计（又称酸度计）是测定溶液 pH 值的常用仪器。目前在实验室中广泛应用的是数显式 pHS—3 系列酸度计。

一、pHS—3C 型酸度计仪器技术性能和使用的环境条件

环境温度：5～35℃。　　相对湿度：不大于 80%

供电电源：AC220±22V。　　频率：50±1Hz。

测量范围：pH 档：0～14pH；mV 档：0～1999mV

测量精度：pH 档：±0.01pH；mV 档：0.1%（满量程）

输入阻抗：$\geqslant 1\times 10^{12}$　　稳定性：0.01pH/3h

温度补偿范围：0～100℃（数字显示）

消耗功率：约 5W

二、仪器的使用方法

1）准备工作

把仪器电源线插头插入 220V 交流电源，电极安装在电极架上的电极夹中，连接电极连线在仪器的接线柱上（若安装玻璃电极和甘汞电极时，应注意玻璃电极球泡必须比甘汞电极陶瓷芯端稍高一些，以免球泡碰坏。甘汞电极在使用时应把上部的小橡皮塞及下端橡皮套除下，在不用时仍用橡皮套将下端套住）。

在玻璃电极插头没有插入仪器的状态下，接通仪器后面的电源开关，让仪器通电预热30min。将仪器面板上的按键开关置于mV位置，调节后面板的"零点"电位器使读数为±0之间。

2）测量

(1) pH值的测量：

①标定　仪器在使用之前，即测被测溶液之前，先要标定。但这不是说每次使用之前都要标定，一般说来在连续使用时，每天标定一次已能达到要求。仪器的标定可按如下步序进行：

（ⅰ）用洁净的滤纸吸去附着于电极上面的水，然后将电极放入pH≈7的缓冲溶液中，置选择开关于"温度设置"位，显示屏显示"0℃"符号，调节"温度补偿"电位器，使数码管显示的数值与被测溶液当时的温度一致，温补设置结束。

（ⅱ）再置选择开关于"pH"位，显示屏显示"pH"符号，调节"定位"电位器，使显示值与pH≈7的缓冲溶液当时温度下的pH值相一致(见表3.1)。

（ⅲ）取出电极，在蒸馏水中清洗，用洁净的滤纸吸干上面的水，再插入pH≈4的缓冲溶液中，调节"斜率"电位器，使显示值与pH≈4的缓冲溶液当时温度下的pH值相一致。

（ⅳ）反复进行上述步骤（ⅱ）（ⅲ）直到显示值符合两标准溶液的pH值为止。经标定后的"定位"和"斜率"电位器不得再变动。

②未知溶液pH值的测定　仪器标定后可进行未知液的pH值的测量。先将电极用蒸馏水清洗干净，用洁净的滤纸吸干附着于电极上面的水，然后将其插入被测溶液中，即可直接读出被测溶液的pH值。如果测量时的溶液温度与标定时的温度不一致，则需要重新进行温度补偿设置，使设置温度与测量时溶液温度相同。而斜率补偿和定位，在仪器连续使用时，不必每次测量前都进行标定，一般4～5天或再长一些时间才标定一次，但遇下列情况，则必需重新标定：

（ⅰ）干燥过久的电极，或换用不同电极(包括同型号电极)。

（ⅱ）溶液温度与标定时的温度有较大的变化时。

（ⅲ）"定位"和"斜率"电位器旋钮被碰动。

（ⅳ）复合电极在测过浓碱(pH>12)或浓酸(pH<2)溶液之后。

（ⅴ）测量过含有氟化物的溶液、酸度在pH<7的溶液或较浓的有机溶液之后。

表3.1　不同温度下缓冲液的pH值及电极理论斜率

温度/℃	pH值			电极理论斜率
	$0.05mol\cdot L^{-1}$ 邻苯二甲酸氢钾	$0.025mol\cdot L^{-1}$ 混合磷酸盐	$0.01mol\cdot L^{-1}$ 硼砂	
0	4.00	6.98	9.46	54.196
5	4.00	6.95	9.39	55.188
10	4.00	6.92	9.33	56.180
15	4.00	6.90	9.28	57.172
20	4.00	6.88	9.23	58.164
25	4.00	6.86	9.18	59.156

（续表）

温度/℃	pH 值			电极理论斜率
	0.05mol・L^{-1} 邻苯二甲酸氢钾	0.025mol・L^{-1} 混合磷酸盐	0.01mol・L^{-1} 硼砂	
30	4.01	6.85	9.14	60.148
35	4.02	6.84	9.10	61.114
40	4.03	6.84	9.07	62.132
45	4.04	6.83	9.04	63.124
50	4.06	6.83	9.02	64.116
55	4.07	6.83	8.99	65.108
60	4.09	6.84	8.97	66.100
70	4.12	6.85	8.93	68.084
80	4.16	6.86	8.89	70.068
90	4.20	6.88	8.86	72.052
95	4.22	6.89	8.84	73.044

(2) mV 值的测量：

①选择开关置“mV”位，用鳄鱼夹接线插分别接入被测信号两端(红色端接“+”，黑色端接“—”)，即可测量 mV 值。

②校正：

(ⅰ) 拔出测量电极插头，按下“mV”按键。

(ⅱ) 调节“零点”调节器，使读数在±0 之间。(温度调节器、斜率调节器在测 mV 值时不起作用)

③测量：

(ⅰ) 接上各种适当的离子选择电极。

(ⅱ) 用蒸馏水清洗电极，用滤纸吸干。

(ⅲ) 把电极插在被测溶液内，将溶液搅拌均匀后，即可读出该离子选择电极的电极电位(mV 值)，并自动显示正、负极性。

第五节 722 型分光光度计的使用

一、722 型光栅分光光度计的构造原理

722 型分光光度计由光源室、单色器、试样室、光电管暗盒、电子系统及数字显示器等部件组成。光源为钨卤素灯，波长范围为 330～800nm。单色器中的色散元件为光栅，可获得波长范围狭窄的接近于一定波长的单色光。其外部结构如图 3.3 所示。722 型分光光度计能在可见光谱区域内对样品物质作定量分析，其灵敏度、准确性和选择性都较高，因而在教学、科研和生产上得到广泛使用。

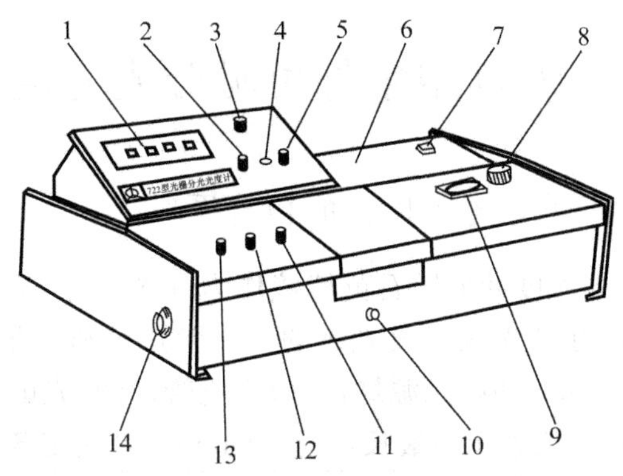

图 3.3　722 型分光光度计

1. 数字显示器；2. 吸光度调零旋钮；3. 选择开关；4. 吸光度调斜率电位器；5. 浓度旋钮；6. 光源室；7. 电源开关；8. 波长手轮；9. 波长刻度窗；10. 试样架拉手；11. 100%T 旋钮；12. 0%T 旋钮；13. 灵敏度调节旋钮；14. 干燥器

二、使用方法

(1) 预热仪器：将选择开关置于“T”，打开电源开关，使仪器预热 20min。为了防止光电管疲劳，不要连续光照，预热仪器时和不测定时应将试样室盖打开，使光路切断。

(2) 选定波长：根据实验要求，转动波长手轮，调至所需要的单色波长。

(3) 固定灵敏度档：在能使空白溶液很好地调到“100%”的情况下，尽可能采用灵敏度较低的档，使用时，首先调到“1”挡，灵敏度不够时再逐渐升高。但换挡改变灵敏度后，须重新校正“0%”和“100%”。选好的灵敏度，实验过程中不要再变动。

(4) 调节 T=0%：轻轻旋动“0%”旋钮，使数字显示为“00.0”(此时试样室是打开的)。

(5) 调节 T=100%：将盛蒸馏水(或空白溶液，或纯溶剂)的比色皿放入比色皿座架中的第一格内，并对准光路，把试样室盖子轻轻盖上，调节透过率“100%”旋钮，使数字显示正好为“100.0”。

(6) 吸光度的测定：将选择开关置于“A”，盖上试样室盖子，将空白液置于光路中，调节吸光度调节旋钮，使数字显示为“.000”。将盛有待测溶液的比色皿放入比色皿座架中的其他格内，盖上试样室盖，轻轻拉动试样架拉手，使待测溶液进入光路，此时数字显示值即为该待测溶液的吸光度值。读数后，打开试样室盖，切断光路。

(7) 关机：实验完毕，切断电源，将比色皿取出洗净，并将比色皿座架用软纸擦净。

三、注意事项

(1) 为了防止光电管疲劳，不测定时必须将试样室盖打开，使光路切断，以延长光电管的使用寿命。

(2) 取拿比色皿时，手指只能捏住比色皿的毛玻璃面，而不能碰比色皿的光学表面。

(3) 比色皿不能用碱溶液或氧化性强的洗涤液洗涤，也不能用毛刷清洗。比色皿外壁附着的水或溶液应用擦镜纸或细而软的吸水纸吸干，不要擦拭，以免损伤它的光学表面。

(4) 不要在仪器上方倾倒测试样品，以免样品污染仪器表面，损坏仪器。

(5) 仪器左侧下角有一只干燥剂筒，应保持其干燥，发现干燥剂变色应立即更新或烘干后再用。

第六节 751GD型紫外可见分光光度计的使用

一、751GD型紫外可见分光光度计的构造原理

751GD型紫外可见分光光度计采用石英棱镜作为分光元件，是波长范围比较宽，可测定各种物质在紫外、可见及近红外光区吸收光谱的一种常用分析仪器。它配有钨丝灯（320～1 000nm）、氢弧灯（200～320nm）两种光源灯，紫敏光电管、红敏光电管两种接收元件，其狭缝可在0～2mm内连续可调，比色敏光径最长可达100mm。可测定各种物质在紫外区、可见光和近红外区的吸收光谱，供实验室进行各种物质的定性及定量的分析。其外部结构如图3.4所示。

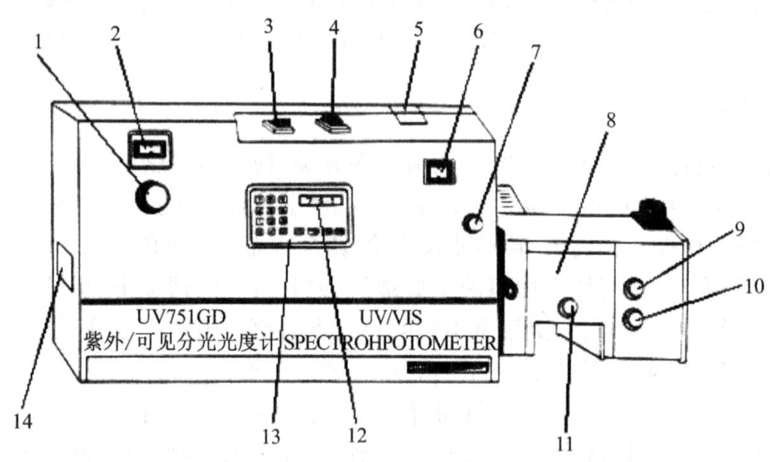

图3.4 751GD型紫外可见分光光度计外形图

1. 波长调节钮；2. 波长分度盘读书窗；3. 电源开关；4. 氢、钨灯转换开关；5. 打印机盖；6. 狭缝宽度读书窗；7. 狭缝选择钮；8. 试样室；9. 光门杆；10. 光电管选择杆；11. 试样架拉手；12. 测量读书窗；13. 键盘；14. 波长校正

二、使用方法

1）开机测试准备

（1）根据测试要求，推动光源选择杆，选择合适的光源灯，氢灯的适用波长为200～320nm，钨灯的适用波长为320～1 000nm。

（2）将氢、钨灯转换开关拨在选定的位置上。

（3）开启主机电源开关，预热30分钟。

（4）把光门杆推到底，使光电管不见光。

（5）用波长选择钮选定测试波长。

（6）用光电管选择杆选择测试波长所对应的光电管。625nm以下选用蓝敏管（即选择杆推入），625nm以上选用红敏管（即选择杆拉出）。

（7）选择适当的比色皿。在紫外波段使用石英比色皿，在可见光、近红外波段使用玻璃比色皿。

2）开机操作

(1) 按上述要求开机预热，仪器显示 F751

(2) 按CE显示 YEA ——，按数字键，输入年分后两位数如 9，7，显示 YEA97。

(3) 按MODE显示 MON ——，按数字键，输入月份，但必须是两位数，例如 3 月，应按 0，3，仪器显示 MON03。

(4) 按MODE显示 DA ——，按数字键，输入日期，但必须是两位数，例如 8 日，应按 0，8，仪器显示 DA08。

(5) 按MODE显示 HOU ——，按数字键，输入时间的钟点值，该钟点值为 24h 制。如 8 点，必须输入 0，8，仪器显示 HOU08。

(6) 按MODE显示 MIN ——，按数字键，输入分钟值，如 8min，必须输入 0，8，仪器显示 MIN08。

(7) 按MODE显示 T 值。

至此，开机操作已完成。若不希望输入年、月、日及时间，可简化开机操作，其操作过程为：开电源，按CE，按0%，按MODE，即可在显示 T 值后，进行测试操作。

3）测试操作

(1) 把各被测试样，依次倒入比色皿内，其中一只存放参比（空白）试样。试样高度一般为比色皿高度的 2/3～3/4。然后依次（一般参比放在靠身第一只）平稳地放入比色架中，并把比色皿固定在比色架右边，以防止比色皿在操作中摇动，影响测量精度。

(2) 将试样室盖合上，用波长选择钮选定测试波长。在光门杆推入时，用光电管选择杆选定所用的光电管，然后按0%。每当转换光电管时，都应如此操作，并且转换时，应有少许的等待时间，以使仪器稳定在 T0.0。此为暗电流调零操作。

(3) 拉出光门杆，拉动试样选择杆，使参比试样进入光路，适当转动缝宽选择钮，按100%，若显示 EE，要减少缝宽，若显示 E1，则要加大缝宽，直至显示 T100.0。

(4) 拉动试样选择杆，使被测试样进入光路，此时不能再转缝宽选择钮。显示值即为被测试样的透射比。连续按MODE，显示器会循环显示透射比 T、吸光度 A、浓度 c 及时间值。若之前并未进行浓度设置操作，则转换到浓度 c 时，显示器显示 CE0。

以上操作可往复进行，操作中要密切注意 T0.0 和 T100.0 的变化，并及时给予调整。

三、注意事项

(1) 操作中若需转换光源灯，必须先将主机电源开关断开，然后再推动光源选择杆及氢、钨灯转换开关。选择完毕后，再开主机电源开关。

(2) 当仪器停止工作时，必须切断电源，严格按开关机顺序，分别把主机和电源开关置于“关”的位置。

(3) 仪器停止工作，请把狭缝关闭在 0.02mm 附近。

(4) 仪器停止工作期间，需用防尘罩把仪器套住，以免受尘埃沾污。若长期不用，务必考虑防潮，防尘措施。

(5) 比色皿使用完毕,请立即用蒸馏水或有机溶液冲洗干净,并用柔软清洁的纱布把水渍擦净,以防止表面光洁度受损,影响正常使用。

(6) 仪器经过搬动,请及时检查并纠正波长精度。为保证测定的准确性请经常校准波长精度。

(7) 仪器上装有两只干燥剂筒,存放变色硅胶,目的是保护光学元件和光电放大器系统受潮损坏而影响仪器的正常工作。因此请务必注意经常保持硅胶的干燥(工作室内有空调效果较好)。

第七节　原子吸收分光光度计的使用

一、原子吸收分光光度计的仪器结构与类型

目前国内外原子吸收分光光度计型号繁多,自动化程度越来越高,有的具有自动调零、标尺扩展、浓度自动显示等装置,有的还装有微处理机,配以自动进样装置,目前使用最普遍的仪器是单道单光束和单道双光束原子吸收分光光度计,其主要部件基本相同,但在双光束型的光路系统中增加了斩光器、平面反射镜、半透半反射镜等,因而单光束型仪器具有结构简单、体积较小、价格较低的优点,而双光束型仪器由于光源提供的光束被斩光器分解为强度相等的两束光,一束为参比光束,一束为测量光束,从而在一定程度上消除了光源波动造成的影响。

原子吸收分光光度计主要由四大部分组成:光源、原子化系统、分光系统和检测系统。光源系统提供待测元素的特征辐射光谱;原子化系统将样品中的待测元素转化成为自由原子;分光系统将待测元素的共振线分出;检测系统将光信号转换成电信号进而读出吸光度值。现分别对此作一简单介绍。

1) 光源系统

光源的作用是辐射待测元素的特征光谱(实际辐射的是共振线和其它非吸收谱线),以供测量之用。基于峰值吸收测定原理,原子吸收要求光源必须能发出比吸收线宽度更窄的、强度大而稳定的锐线光谱。空心阴极灯、无极放电灯、蒸气放电灯等均符合上述要求,其中应用最广泛的是空心阴极灯。

空心阴极灯是一种辐射强度大和稳定度高的锐线光源,其放电机理是一种特殊的低压辉光放电。空心阴极灯的光强度与灯的工作电流有关。增大灯的工作电流,可以增大光强度。但工作电流过大,会导致灯本身发生自蚀现象而缩短灯的寿命,同时使灯光强度不稳定,且噪声大。如果工作电流过低,则检测灵敏度下降。因此使用空心阴极灯时必须选择适当的灯电流。

2) 原子化系统

原子化系统直接影响分析灵敏度和结果的重现性。原子化系统主要分为火焰原子化和石墨炉原子化两种,我们主要讲述火焰原子化。

火焰原子化系统,一般包括雾化器、雾化室和燃烧器三部分,该系统的任务是产生大量的基态自由原子,并能保持原子化期间基态原子浓度恒定。

①雾化器　雾化器是火焰原子化系统的核心部件,原子吸收分析灵敏度和精密度在很大程度上取决于雾化器的工作状态,现在普遍使用同心气动雾化器。雾化器的喷嘴形状和毛细

管喷口与节流嘴端面的相对位置及同心度是影响雾化效果的主要因素。从使用者考虑，该相对位置和同心度可通过实验仔细调整。

雾化器的作用是吸喷雾化。高质量的雾化器应满足雾化效率高、雾滴细、喷雾稳定的要求。

②雾化室　雾化室的作用，一是细化雾滴，二是使空气和乙炔充分混合，三是脱溶剂，四是缓冲和稳定雾滴输送。因此，一个合乎要求的雾化室，应当具有细化雾滴作用大，输送雾滴平稳，记忆效应小，噪声低等性能。

为了细化雾滴，目前商品仪器通常采用设置碰撞球和扰流器的办法。目前国产雾化器均采用前种方法。毛细管喷出的雾滴撞击碰撞球，直径较大的雾滴被进一步破碎，同时减缓气流速度，而有利于雾滴细化，对于分析工作者来说，应仔细调节碰撞球与雾化器喷嘴之间的相对位置，才能得到最佳的雾化效果。一般而言，碰撞球靠近喷口细化雾滴效果显著，灵敏度较高，但噪声显著上升，对检出产生显著的不利影响。碰撞球远离喷口，细化雾滴效果较差，但雾滴输送平稳，噪声较小，最佳位置应通过实验来确定。

③燃烧器　雾滴由雾化室进入燃烧器，在火焰中经历脱溶剂、熔融、蒸发、解离和还原等过程，产生大量的基态自由原子。燃烧器应具有高的脱溶剂效率，挥发效率和解离还原效率，并且噪声小、火焰稳定和燃烧安全。

目前商品原子吸收分光光度计普遍采用预混合燃烧器。预混合式火焰分预热区、第一反应区、中间薄层区和第二反应区等四个区域。各个区域的温度和还原性气氛不同，因此，各个区域的原子浓度和干扰成分的浓度也不同，一般来说，中间薄层区是主要的原子化区。

根据燃助比，火焰可分为贫燃焰、化学计量焰和富燃焰三大类。火焰中发生着复杂的化学反应（解离、还原、化合、电离），分析工作者的任务就在于如何创造条件使火焰中的各种化学平衡向有利于生成非化合、非缔合、非电离、非激发的基态自由原子转化，以提高原子化效率。

3）分光系统

分光系统亦称单色器，主要由色散元件、反射镜和入、出射狭缝组成。原子吸收分光光度计的分光系统的作用是将光源发射的待测元素的特征谱线与其他发射线分开。由于原子吸收所使用的是锐线光源，其谱线比较简单，因此对分光系统的色散率和分辨率要求较低，一般都使用棱镜和光栅作色散元件。目前商品原子吸收分光光度计普遍采用光栅单色器，如3500G型原子吸收分光光度计使用光栅分光。

原子吸收分光光度分析中仪器的灵敏度和测量的准确度，与单色器的倒线色散率（D）和狭缝的宽度（S）有关，两者的乘积构成适合于测定的光谱通带 W，其表达式为

$$W(\text{nm}) = DS \times 10^{-3}$$

光谱通带的大小，意味着仪器的分辨率和集光本领的大小，由于单色器的倒线色散率已由仪器确定，所以光谱通带的大小主要取决于狭缝宽度的选择。

4）检测系统

检测系统的主要部件是光电倍增管。光电倍增管的工作原理在这里就不详述了，但光电倍增管的疲劳现象应引起分析工作者的注意。光电倍增管刚开始时灵敏度低，过一段时间之后趋向稳定，长时间使用后则又下降。疲劳的程度随照射光强度和外加电压而加重。因此设法阻挡非信号光进入检测器，同时尽可能不要使用过高的负高压，以保持光电倍增管的良好工作特性。

二、3500G 型原子吸收分光光度计的使用

3500G 型原子吸收分光光度计是由内部微机进行功能控制和数据处理的单光束仪器。图 3.5 和图 3.6 是主机控制及显示面板和气路控制面板。其操作步骤如下(以测铜为例):

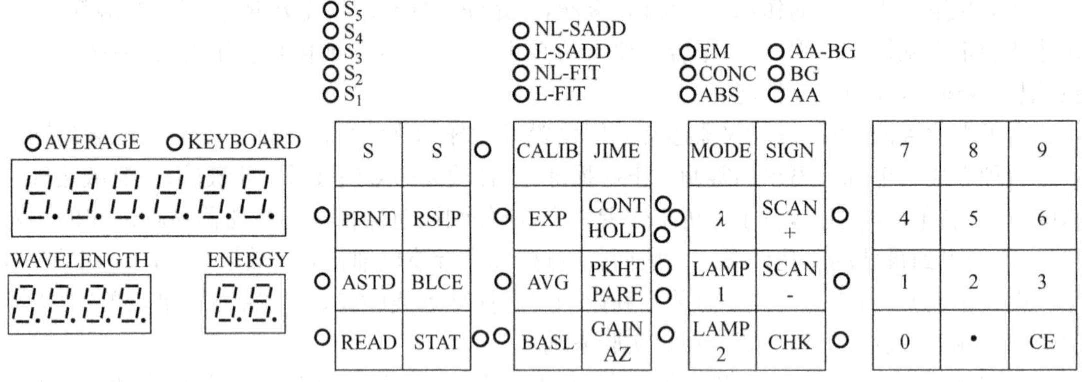

图 3.5 3500G 型 AAS 主机控制及显示面板

(1) 检查电路和气路是否连接妥当,检查仪器下面的水封管是否已被水封,若未封住,应加水将其封闭,以免发生乙炔气体泄漏,或回火等意外事故。

(2) 将铜元素灯装上灯架,光谱带宽设为 0.2nm,使灯 1 处于光路中。

(3) 打开主机电源,微机自检初始化,主显示出现"AA3500",打印机画四个方框,波长(WAVELENGTH)显示为"190.0",能量(ENERGY)显示"00"。

(4) 按下"2"和"lamp1"(设置灯电流为 2mA)。

(5) 按下"324.7"和"λ"(调波长),此时只有波长变化至 324.7。

(6) 按下"250"和"Gain",输入 250V 的高压,若能量出现"EE",降低高压重复此步骤,直至能量低于 80。

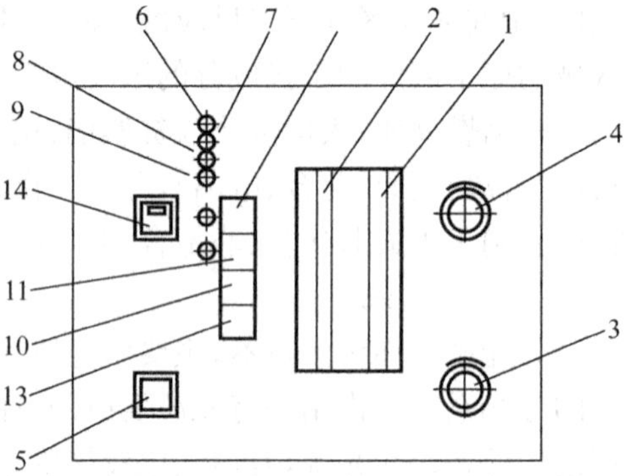

图 3.6 气路控制面板

1. 乙炔流量计;2. 助燃气流量计;3. 乙炔针形阀;4. 助燃气针形阀;5. 气控电源开关;6. 空气压力指示灯;7. 笑气压力指示灯;8. 乙炔压力指示灯;9. 燃烧器指示灯;10. 空气乙炔键及指示灯;11. 笑气乙炔键及指示灯;12. 检查键;13. 关气键;14. 开气点火按钮及指示灯

(7) 按下"λ",仪器在±0.5nm 范围内自动找峰。若能量出现"EE",降低高压重做(6),(7)直至能量低于 80。

(8) 旋转元素灯和调节元素灯架旋钮,使能量显示最大。

(9) 按下"Gain"进行调零,可反复此步

(10) 将对光板放在燃烧头的缝隙上沿缝隙移动调节燃烧头的旋转柄,使缝隙与光束并行,中心光斑在对光板上 5mm 左右,吸喷一份水溶液,调节前后左右旋钮使主显示数最大。

(11) 开启通风机电源开关，进行室内排风。

(12) 打开气控电源开关，指示灯闪亮，伴以蜂鸣。

(13) 开启空气压缩机，压力调到 0.3MPa，指示灯亮，蜂鸣停。

(14) 打开乙炔钢瓶阀门，将乙炔钢瓶的减压阀开至输出压力为 0.07MPa 左右，指示灯亮，蜂鸣停。

(15) 按下空气/乙炔键，键左边的指示灯将发光。

(16) 按下“CHK”键，调节稳压阀，使仪器后面板上的压力表显示 0.2MPa（一次性调整）。选择燃气与助燃气的流量。

(17) 置 MOND 为 AA，SIGN 为 ABS，按下“FLAME”键点火。火点着时，可适当改变燃气与助燃气的流量，以获得最佳的燃气与助燃气的比例。

(18) 置“CONT/HOLD”为 CONT 方式，先吸喷空白溶液，按“GAIN”进行调零（实验中若出现能量下降，按“GAIN”可进行能量自动增益），然后吸喷各标准液及样品溶液，记录读数，若有必要可加以打印。

(19) 测量结束后，用去离子水吸喷一段时间进行清洗，然后关气熄火（若仪器需闲置一段时间，应关闭气源并按下“CHK”有足够长时间来放掉余气），关掉各电源。

第八节　气相色谱仪的使用

一、气相色谱仪的仪器结构与类型

气相色谱仪的型号和种类较多，但它们都是由气路系统、进样系统、色谱柱、温度控制系统、检测器和信号记录系统等部分组成。

气相色谱法中把作为流动相的气体称为载气。载气自钢瓶经减压后输出，通过净化器、稳压阀或稳流阀、转子流量计后，以稳定的流量连续不断地流过气化室、色谱柱、检测器，最后放空。被测物质（若液体须在气化室内瞬间气化）随载气进入色谱柱，根据被测组分的不同分配性质，它们在柱内形成分离的谱带，然后在载气携带下先后离开色谱柱进入检测器，转换成相应的输出信号，并记录成色谱图。

1) 气路系统

气相色谱仪的气路是一个载气连续运行的密闭系统，常见的气路系统有单柱单气路和双柱双气路。单柱单气路适用于恒温分析；双柱双气路适用于程序升温分析，它可以补偿由于固定液流失和载气流量不稳等因素引起的检测器噪声和基线漂移。气路的气密性、载气流量的稳定性和测量流量的准确性，对气相色谱的测定结果起着重要的作用。

2) 进样系统

液体样品在进柱前必须在气化室内变成蒸气。气化室由绕有加热丝的金属块制成，温控范围在 50～500℃。对气化室要求热容量大，使样品能够瞬间气化，并要求室体积小。对易受金属表面影响而发生催化、分解或异构化现象的样品，可在气化室通道内置一玻璃插管，避免样品直接与金属接触。

液体样品的进样通常采用微量注射器，气体样品的进样通常采用医用注射器或六通阀。

3）色谱柱

色谱柱是色谱仪的心脏，安装在温控的柱室内，色谱柱有填充柱和开管柱（亦称毛细管柱）两大类。填充柱用不锈钢或玻璃等材料制成，根据分析要求填充合适的固定相。填充柱制备简单，对于气液色谱填充柱，制备方法如下：根据固定液与载体的合适配比（通常为5%～20%），称取一定量固定液，并溶解于合适的有机溶剂中，然后加入定量载体混合均匀，在红外灯下烘烤，让溶剂慢慢挥发殆尽，最后，将此已涂布有固定液的载体填充至色谱柱内。对气固色谱柱，只需将合适的吸附剂直接填充进柱。填充固定相时要求均匀紧密，以保证良好的柱效。开管柱用石英制成，其固定相涂布在毛细管内壁，或使某些固定相通过化学反应键合在管壁上。开管柱分离效率高，对较复杂样品都采用开管柱。

4）温度控制系统

温度控制系统用于设置、控制和测量气化室、柱室和检测室等处的温度。

气化室温度应使试样瞬间气化但又不分解，通常选在试样的沸点或稍高于沸点。对热不稳定性样品，可采用高灵敏度检测器，则大大减少进样量，使气化温度降低。

检测室温度的波动影响检测器（火焰离子化检测器除外）的灵敏度或稳定性，为保证柱后流出组分不致于冷凝在检测器上，检测室温度必须比柱温高数10℃，检测室的温度控制精度要求在±0.1℃以内。

柱室温度的变动会引起柱温的变化，从而影响柱的选择性和柱效，因此柱室的温度控制要求精确。温控方法根据需要可以恒温，也可以通过程序升温。

5）检测器

气相色谱检测器约有10多种，常用的是热导检测器和火焰离子化检测器。这两种检测器都是微分型检测器。微分型检测器的特点是被测组分不在检测器中积累，色谱流出曲线呈正态分布，即呈峰形。峰面积或峰高与组分的质量或浓度成比例。

气相色谱检测器可分为通用性检测器，如热导和火焰离子化检测器，以及选择性检测器，如电子捕获、火焰光度检测器。通用性指对绝大多数物质都有响应，选择性指只对某些物质有响应，对其他物质无响应或响应很小。

根据检测原理，又可将检测器分为浓度型和质量型。热导和电子捕获检测器属浓度型；火焰离子化、火焰光度检测器属质量型。浓度型检测器指其响应与进入检测器的浓度的变化成比例；质量型检测器指其响应与单位时间内进入检测器的物质量成比例。

热导检测器（thermal conductivity detector，TCD）是气相色谱常用的检测器。其结构简单、稳定性好，对有机物或无机物都有响应，适用范围广，但灵敏度较低，一般适宜作常量或10^{-6}数量级分析。热导检测器的线性范围约为10^4。

火焰离子化检测器（flame ionization detctor，FID）是一种高灵敏度通用性检测器。它几乎对所有的有机物都有响应，而对无机物、惰性气体或火焰中不解离的物质等无响应或响应很小。它的灵敏度比热导检测器高10^2～10^4倍，检测限达10^{-13} g/s，对温度不敏感，响应快，适合连接开管柱进行复杂样品的分离，线性范围为10^7。

二、GC9160型气相色谱仪的使用

GC9160气相色谱仪可配备两个氢火焰离子化检测器（FID）和一个热导检测器（TCD），下面分别介绍FID和TCD的使用方法。

1）使用 FID 的操作

(1) 打开载气(氮气)钢瓶的总阀，调节分压阀至所需的压力(一般≤0.3MPa)。

(2) 打开气体净化器上的载气旋钮，检查柱前压力表是否有压力显示。

(3) 打开主机电源，等待仪器自检通过。

(4) 察看液晶显示屏上的参数：

控区设定　　　　　　　　实测

进样器：

柱炉：

检测器：

按下述步骤操作设置温控参数：

按控制面板“设置”按钮，进样器设定温度区域显示黑色背景，按数字键输入进样所需温度，按“输入”键。进样器设定温度即显示所设温度，同时黑色光标自动移至下一个设定区，此黑色光标可以用向左←和向右→来移动。按上述方法可以设定柱炉、检测器的温度。设定完上述参数后，再按“设置”按钮。参数才算设定成功，最后按控制面板“起始”按钮。色谱仪按设定温度开始升温。

(5) 打开电脑，双击打开桌面“华爱色谱工作站 V4.0”，出现界面(见图 3.7)。

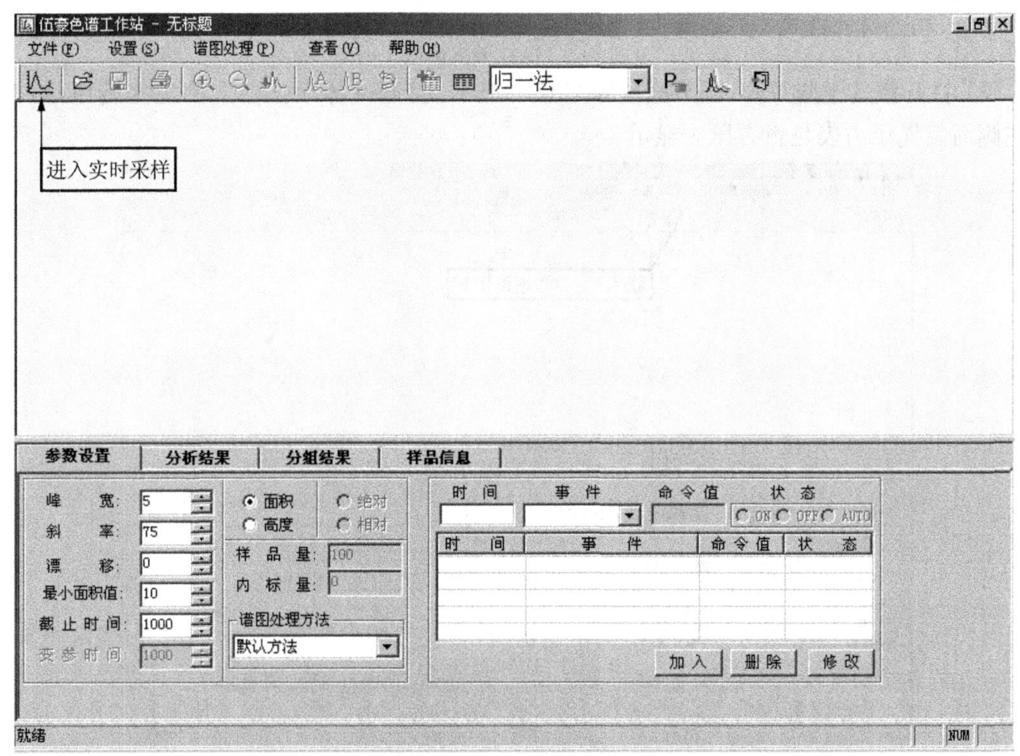

图 3.7　华爱色谱工作站界面

(6) 点击左上角 ，进入信号采集窗口(见图 3.8)。

(7) 打开低噪音空气泵电源，打开气体净化器上的空气旋钮，检查仪器左侧面空气压力表是否有压力显示。

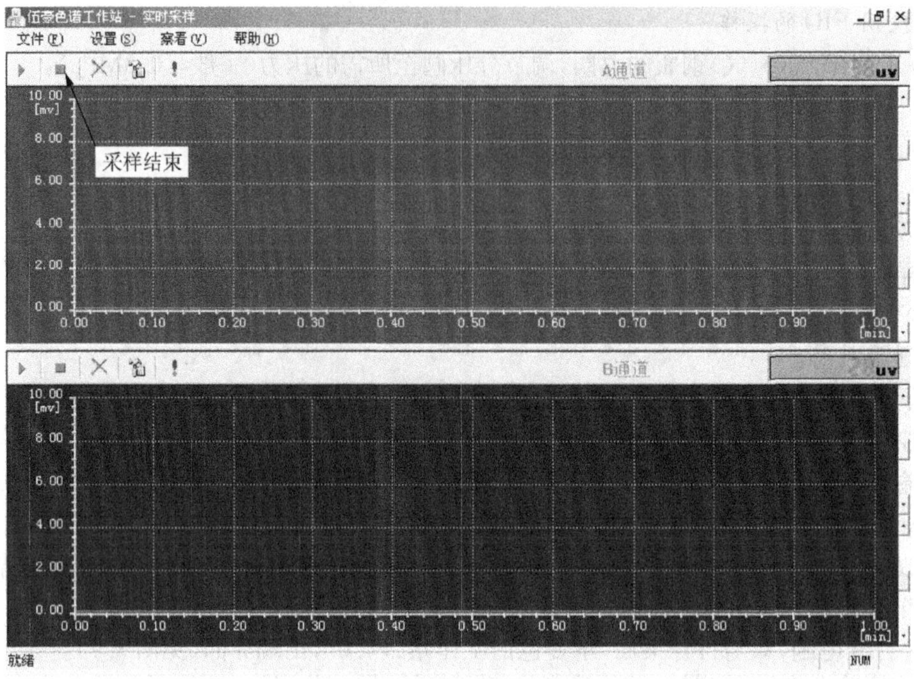

图 3.8 信号采集窗口

(8) 打开氢气钢瓶总阀,调节减压阀至 0.1MPa。打开气体净化器上的氢气旋钮,检查仪器左侧面氢气压力表是否有压力显示。

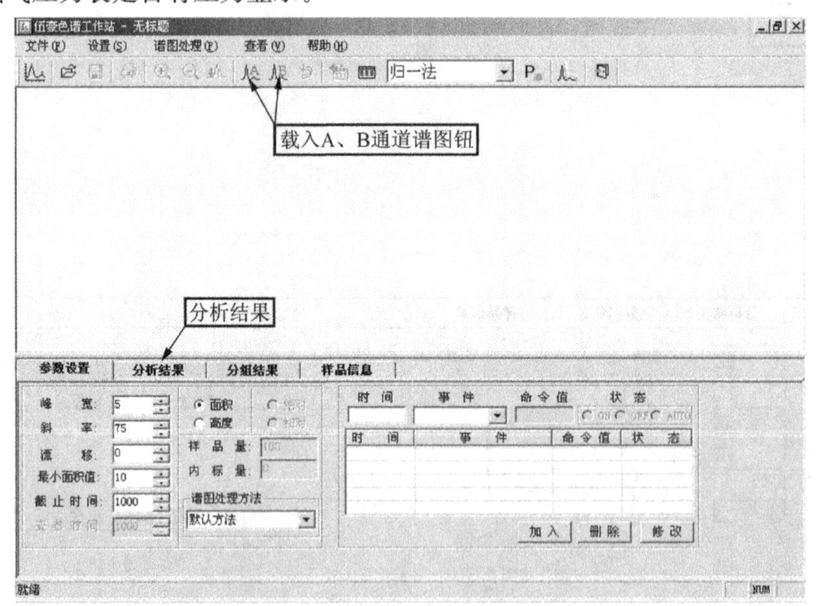

图 3.9 采样结束工作站主界面

(9) 按点火按钮 1,仪器自动点火,检查 FID 火焰是否点着(可用冷的表面光洁的玻璃或金属表面靠近 FID 出口,看是否有水蒸气冷凝),同时在采样窗口会有信号出现。

(10) 等待仪器稳定,信号采集窗口中的基线稳定后即可进样。

(11) 进样前,必须用待测样品洗针多于 6 次,最后用滤纸擦干针尖部分。

(12) 进样时,进样针必须与进样口垂直,左手扶住针尖以免折弯,右手拿住针筒,用力将针尖全部插入进样口,快速注入样品,拔出进样针,并按下工作站启动遥控开关。

(13) 待样品全部出峰完毕,按信号采集窗口左上角蓝色小方块,采样结束键。

在工作站主界面(见图 3.9),此时载入 A、B 通道谱图钮会出现红色,点击之,刚才样品的图谱即可载入。

(14) 点击下方分析结果,即可察看分析结果数据(见图 3.10)。

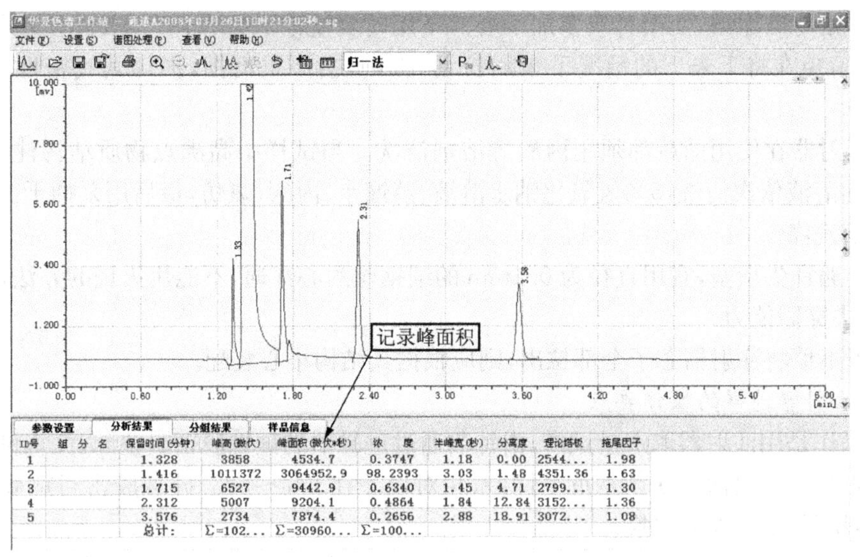

ID号	组　分　名	保留时间(分钟)	峰高(微伏)	峰面积(微伏*秒)	浓　度	半峰宽(秒)	分离度	理论塔板	拖尾因子
1		1.328	3858	4534.7	0.3747	1.18	0.00	2544...	1.98
2		1.416	1011372	3064952.9	98.2393	3.03	1.48	4351.36	1.63
3		1.715	6527	9442.9	0.6340	1.45	4.71	2799...	1.30
4		2.312	5007	9204.1	0.4864	1.84	12.84	3152...	1.36
5		3.576	2734	7874.4	0.2656	2.88	18.91	3072...	1.08
		总计:	Σ=102...	Σ=30960...	Σ=100...				

图 3.10　分析结果窗口

(15) 记录所需峰面积,按要求峰面积对浓度作图,求出样品中的浓度。

(16) 全部样品做好后,先关闭氢气钢瓶的总阀,关闭分压,然后关闭低噪音空气泵电源,按控制面板上的“设置”按钮,按向左按钮←,黑色光标出现在液晶屏底部“关闭控温”,按“输入”键,仪器开始降温。待柱炉温度降至室温即可关主机电源。关闭载气总阀和分压阀。

2) 使用 TCD 的操作

(1) 调节载气和温度。同 FID 操作中的(1)～(4)。

(2) 按控制面板上的“检测”按钮使仪器进入检测控制系统,并显示检测控制界面,进行桥电流的设定。按“设置”按钮使仪器进入参数设置状态。按“上”“下”按钮选择热导检测器极性、桥电流(其中极性＝0 表示正极性,极性＝1 表示负极性;桥电流可以为 000～210mA),按向左←和向右→按钮选择设置“极性”和“桥电流”,按数字键输入设置内容,按“输入”键确定。

(3) 打开电脑,双击打开桌面“华爱色谱工作站 V4.0”。

(4) 等待仪器稳定,信号采集窗口中的基线稳定后即可进样。进样和软件操作同 FID。

(5) 全部样品做好后,先关闭检测器电源和温度,待柱炉温度降至室温即可关主机电源。最后关闭载气总阀和分压阀。

注意:TCD 检测器工作时,必须遵守“先通气,后升温,再电流”的规则,即当 TCD 检测器未通载气时,千万不可设置桥电流,更不可按 TCD 恒电流电源面板上的“桥流”按钮。否则,会损坏钨丝!关机时,一定要先关闭检测器电源,然后再关载气!

三、微量进样器的使用和进样操作

气相色谱法中常用注射器手动进样。气体试样一般使用 0.25mL，1mL，2mL，5mL 等规格的医用注射器。液体试样则使用 1μL，10μL，50μL 等规格的微量注射器。

1）微量注射器的使用

微量注射器是很精密的器件，容量精度高，误差小于±5%。微量注射器使用应注意：

（1）它是易碎器械，使用时应多加小心。不用时要洗净放入盒内，不要随便玩弄，来回空抽，特别要避免在将干未干的情况下来回拉动，否则，会严重磨损，损坏其气密性，降低其准确度。

（2）注射器在使用前后都须用丙酮等溶剂清洗。当试样中高沸点物质玷污注射器时，一般可用下述溶液依次清洗：5%氢氧化钠水溶液、蒸馏水、丙酮、氯仿，最后用泵抽干。不宜使用强碱性溶液洗涤。

（3）如遇针尖堵塞，宜用直径为 0.1mm 的细钢丝耐心穿通，不能用火烧的办法，防止针尖退火而 失去穿戳能力。

（4）若不慎将注射器芯子全部拉出，则应根据其结构小心装配。

2）用注射器进样的操作要点

进样操作是用注射器取定量试样，由针刺通过进样器的硅橡胶密封垫圈，注入试样。此法进样的优点是使用灵活。缺点是重复性差，相对误差在 2%～5%，硅橡胶密封垫圈在几十次进样后，容易漏气，需及时更换。

用注射器取液体试样，应先用少量试样洗涤几次，或将针头插入试样反复抽排几次，再慢慢抽入试样，并稍多于需要量。如内有气泡，则将针头朝上，使气泡上升排出，再将过量的试样排出，用无棉的纤维纸，如擦镜纸，吸去针头外所沾试样。注意：切勿使针头内的试样流失。

取气体试样也应先洗涤注射器。取样时，应将注射器插入有一定压力的试样气体容器中，使注射器芯子慢慢自动顶出，直至所需体积，以保证取样正确。

取好样后应立即进样。进样时，注射器应与进样口垂直，针头刺穿硅橡胶垫圈，插到底，紧接着迅速注入试样，完成后立即拔出注射器，整个动作应进行得稳当、连贯、迅速。针尖在进样器中的位置、插入速度、停留时间和拔出速度等都会影响进样的重复性，操作中应予注意。

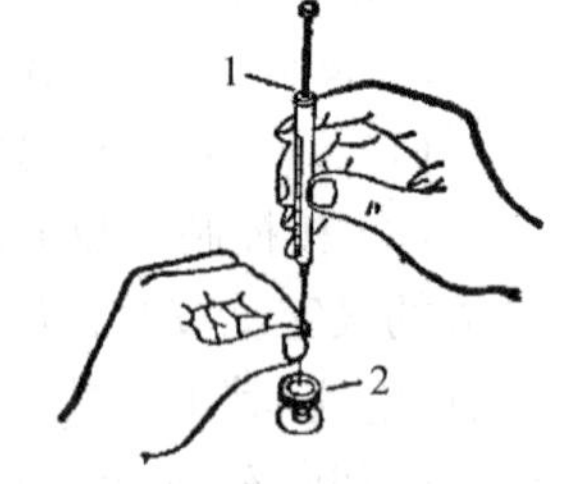

图 3.11　微量注射器进样
1. 微量注射器；2. 仪器进样口

微量注射器进样手势如图 3.11 所示。一只手应扶针头，帮助进针，以防弯曲。

医用注射器进气体试样时，应防止注射器芯子位移，可用拿注射器的右手食指卡在芯子与外管的交界处，以固定它们的相对位置，从而保证进样量的正确。

第四章　实验数据的采集与处理

在分析化学实验中，常常需要正确记录及处理所得到的各种数据，并对测定的结果进行正确的表示。因此，有必要搞清楚实验数据采集及处理过程中的误差与有效数字的概念，以及实验数据的处理和表示结果的基本方法。

第一节　化学测定中的误差

在化学实验过程中，通过一定的计量或定量测定时，往往很难避免产生误差，即使是技术很熟练的人，当用同一方法对同一试样进行多次测定时，也不能得到完全一致的测定结果。这意味着在测定过程中误差总是客观存在的，因此，它是数据采集及处理中首先要考虑的问题。通过对实验数据的评价，分析误差产生的原因，采取减小误差的有效措施，从而使测定结果更趋真实可靠。

一、基本概念

1）真值（x_T）

真值即真实值，指某一物埋量本身具有的客观存在的真实数值。一般情况下，除了如化合物的理论组成、国际计量确定的长度、质量、物质的量单位等，以及科学实验中使用的标准试样和管理试样中组分的含量等之外，真值是未知的。

在实际工作中，人们用标准的分析方法或可靠的分析方法，由不同实验室、不同分析人员对试样反复测定多次，然后用统计的方法加以处理，以得出尽可能准确的平均值，以此值定为“标准值”。当然这“标准值”与真实值之间仍可能存在差异，但比起一般测量结果与真实值之间的差异要小得多。所以实际上常以“标准值”代替真实值来衡量测定结果。

2）平均值（$\bar{x}$）

n 次测量数据的算术平均值 $\bar{x}$ 为：

$$\bar{x} = \frac{\sum x_i}{n}$$

平均值虽然不是真值，但比单次测量结果更接近真值。因而在日常工作中，总是重复测定数次，然后求得平均值。

3）误差和准确度

实验结果的准确度可以用误差来衡量。

测定结果（x）与真实值（x_T）之间的差值称为误差（E），即

$$E = x - x_T$$

误差越小，表示测定结果与真实值越接近，准确度越高；反之，误差越大，准确度越低。误差为正值，说明测定结果偏高，反之误差为负值，说明测定结果偏低。

误差可以用绝对误差（E_a）和相对误差（E_r）表示。

绝对误差是指测定值与真实值之差，即

$$E_a = x - x_T$$

相对误差是指误差在真实值中所占的比率，即

$$E_r = \frac{E}{x_T} \times 100\%$$

4）偏差与精密度

在实际工作中，一般要进行多次平行测定以求得分析结果的算术平均值。此时，通常用偏差来衡量测定结果的精密度。

偏差(d)表示测量结果(x)与平均结果($\bar{x}$)之间的差值：

$$d = x - \bar{x}$$

偏差有正有负，所以以单次测量偏差的绝对值的平均值，即平均偏差 $\bar{d}$ 表示测定结果的精密度，平均偏差一般可用绝对平均偏差和相对平均偏差表示：

$$\text{绝对平均偏差 } \bar{d} = \frac{|d_1| + |d_2| + \cdots + |d_n|}{n} = \frac{\sum |x_i - \bar{x}|}{n}$$

$$\text{相对平均偏差} = \frac{\bar{d}}{\bar{x}} \times 100\%$$

偏差越小，说明测定的精密度越高，多次平行测定结果的分散程度越小；反之，偏差越大，精密度越小，多次平行测定结果的分散程度越大。

评价实验结果的优劣，一般从准确度和精密度这两方面进行。精密度是衡量准确度的先决条件，也就是说，如果一组测量数据的精密度很差，那么所得到的结果的可靠性也很差。但精密度高不一定准确度高。因此，在进行定量测定时，一定要培养自己实事求是的科学态度，应严格杜绝人为地凑数据或涂改数据以获得高精密度的行为。

5）系统误差

系统误差是由测定过程中某种固定的原因所造成的误差，又称可测误差。引起系统误差的原因主要有：由于所选实验方法本身不够完善而引入的误差（方法误差）；由于仪器不准或没有处在准确的测定状态而产生的误差（仪器误差）；由于试剂纯度不够而产生的误差（试剂误差）；由于不同操作人员的操作习惯产生的误差（操作误差）；由实验操作人员本身的一些主观因素造成的误差（主观误差）。

系统误差对测定结果的影响比较恒定，常使结果系统地偏高或偏低，会在相同条件下的多次测定中重复出现，它是引起分析结果准确度不高的主要原因。

6）随机误差

随机误差又称偶然误差，它是由一些随机的偶然的原因造成的。造成随机误差的原因有测定过程中温度、湿度、气压等外界因素微小的随机波动、测量仪器的微小变化、计量读数时的不确定性以及操作人员处理上的微小差异等。随机误差是引起分析结果精密度不高的主要原因。

7）过失误差

过失误差是指工作中的差错，是由于工作粗枝大叶，不按操作规程办事等原因造成的，如读错刻度、加错试剂、记录错误等。它是引起分析结果准确度不高的因素之一。对于初学者，尤其是缺乏责任心的人，很容易出现过失误差，因此，在学习期间要注意培养自己严格遵守操

作规程和具有熟练的操作技能，这是未来化学工作者必须具备的基本素质之一。

二、减小误差的方法

误差是客观存在的，但当我们了解了误差产生的原因及其规律，便可寻求减小测量过程中的误差的方法。

1）消除系统误差

系统误差具有明显的规律，若能找出产生误差的原因，便可设法减免或消除。

检验系统误差的方法可通过采用对照试验进行判断。即选用已知含量的标准试样，按同样的方法进行测定，然后根据误差的大小进行判断。或采用向试样中加入已知量的被测组分的“加标回收法”，进行对照试验，根据加入的被测组分能否被定量回收，以判断分析过程是否存在系统误差。

由蒸馏水、试剂和器皿带进杂质所造成的系统误差，一般可采用空白试验扣除。所谓空白试验，就是在不加被测组分的情况下，以同样的方法、步骤和条件进行试验，所得结果即为空白值，从分析结果中扣除空白值后，便可得到比较可靠的分析结果。若空白值太大，则应进一步找出原因，加以扣除。如提纯试剂，使用纯度更高的蒸馏水，改用其他的器皿等。

若由如砝码、移液管、滴定管等计量器具的不准确引起的系统误差，可通过对其进行校正后使用，并在计算结果时采用校正值。

应尽量克服由于操作人员的“先入为主”等的主观因素造成的系统误差。

2）增加平行测量次数，减小随机误差

随机误差是由偶然因素造成的，一般很难找出确定的原因。但在消除系统误差的前提下，随着平行测定的次数越多，平均值就越接近真值。所以，增加测量次数，可以提高平均值的精密度，从而减小随机误差。

3）减小测量误差

为了保证测量结果的准确度，必须尽量减小测量误差。例如，一般滴定管的读数常有±0.01mL 的误差，在一次测定中需读数两次，因此可能造成±0.02mL 的误差；同样一般分析天平的称量误差为±0.0001g。所以，为了使测量时的相对误差小于 0.1%，滴定剂的消耗体积必须在 0.02mL/0.001=20mL 以上，试样称量的质量若为直接法必须在 0.0001g/0.001=0.1g 以上，减量法必须在 0.0002g/0.001=0.2g 以上。

4）避免过失误差

过失误差可通过提高操作人员的责任心，规范操作训练来予以避免。实验过程中应认真、仔细地进行操作、记录和计算。

无论是系统误差、随机误差还是过失误差均会发生传递。测定的结果往往是经过许多操作过程后最终得到的，这些操作过程中所产生的误差会传递到最后的结果之中。误差在传递过程中也可能会部分抵消，千万不能指望这种误差相互抵消的巧合，还是应该严格认真操作。因为所得到的实验数据往往都要用来说明问题，如果得到不正确或不可靠的结果，会给许多工作带来影响，甚至可能引起严重的后果。

第二节　有效数字及其处理规则

一、有效数字

有效数字就是实际上能测得的数字。在测量过程中，分析结果所表达的不仅仅是试样中被测组分的含量，还反映了测量的准确程度。因此，在实验数据的采集和处理中，保留几位数字不是任意的，而是要根据测量仪器、分析方法的准确度来决定。例如，在进行滴定操作中，读得滴定体积为 25.62mL。在这个四位数字中，前三位数字都是很精确的，第四位数是估读出来的，被称为可疑数字。但它并不是臆造的，所以记录时应予以保留。这四位数字都是有效数字，它不仅表明了具体的滴定体积，也表明了测量的精度为±0.01mL。所以，在数据采集时，不能任意增加或减少数据的位数。如滴定体积若正好为 25.60mL，则应注意在记录时不能记为 25.6mL 或 25.600mL，因为这样记录无形中便降低或增加了测量精度，不符合仪器计量的精度。

此外，应注意有时“0”的作用仅起定位作用，而不是有效数字。如 0.0750 中，前两个“0”仅起定位作用，而后一个“0”是有效数字。对于对数值，其有效数字的位数由小数部分决定，其整数部分仅代表该数的方次。而一些常数，如倍数等可视为无限多位有效数字。

二、有效数字的处理规则

在化学测量中，常涉及大量的数据处理及计算工作，在数据记录和处理过程中一般应遵循以下基本规则：

(1) 在记录测定结果时，应仅保留一位可疑数字。在化学实验中，常用的几个物理量的测量误差为：重量，±0.000x g；容积，±0.0x mL；电位，±0.x mV；吸光度，±0.00x，等等。测量误差随测量仪器的不同而不同，所以应根据具体的情况，正确记录测量数据。

(2) 当各测量值的有效数字位数确定后，按“四舍六入五成双”的修约规则，弃去各数中的多余数据。“四舍六入五成双”的修约规则规定：当被修约的那个数字等于或小于 4 时，该数字舍去；等于或大于 6 时，进位；等于 5 时，若进位后末位数为偶数则进位，进位后末位数为奇数则舍去。

(3) 当首位数字等于或大于 8 时，有效数字可多算一位。如 0.854 可视为四位有效数字。

(4) 当进行加减运算时，计算结果的有效数字是以小数点后位数最少的数据决定。而当进行乘除运算时，计算结果的有效数字则以有效数字最少的数据来决定。在运算过程中，为提高计算结果的可靠性，可以暂时多保留一位有效数字，但最后结果必须保留应有的位数。尤其是在使用电子计算器时，虽然在运算过程中不必对每一步的计算结果进行修约，但应注意正确保留最后计算结果的有效数字位数。

(5) 表示误差时，一般只要求取一位或两位有效数字。对于各种化学平衡的计算(如计算平衡时某离子的浓度)，一般应根据具体情况保留两位或三位有效数字。

(6) 单位转换时，有效数字的位数不能改变，否则将会改变其精确程度。如 0.25g 用 mg 表示时，不能写成 250mg，应写成 2.5×10^2 mg，仍保留两位有效数字。

第三节　实验数据的采集和处理

一、实验数据的采集

实验数据的采集通常可通过自动采集和人工采集两种方式。自动采集一般采用与计算机的联用技术，根据程序进行实时采集。在以化学反应手段为主的化学实验中，学生大多采用的是人工采集。即通过测定，记录相应的实验数据。因此，在实验数据采集中应保证实验数据的完整、客观和真实。通常应注意以下几方面：

(1) 要养成记录所有原始数据的良好习惯。如，在记录滴定消耗的体积时，应按以下方式记录：

末读数	25.68
初读数	0.02
滴定体积 V/mL	25.66

而不能只记下：V=25.66。

(2) 所记录的实验数据应准确、清晰，不得随意涂改，也不得使用铅笔、橡皮和涂改液等。若万一看错刻度或读错数据，需要修正时，应在原数据旁写上正确数据，加以说明，并保留原数据备查。如：在读取滴定管读数时将22.76错看成22.26，这时不可以直接将2涂改成7，而应将原数据用一条横线划去，在旁边写上正确的数据，加以说明，即按以下方式改正：

22.76

V = ~~22.26~~(看错)

(3) 实验数据应及时记录在实验报告本上，不要凭记忆或随意记在小纸条上，否则万一遗忘或遗失都将造成不可挽回的损失。

(4) 有些实验应注意记录有关的实验条件，如温度、大气压、湿度、仪器、校正值等。记录数据时还应注明其实验内容(标题)及所用单位。对一些重要的实验现象也应予以记录。

二、实验数据的处理

从实验得到的数据中，包含了许多信息。所以就需要从这些数据中用科学的方法进行归纳与整理，提取出有用的信息，这是化学实验的主要目的。对实验数据进行处理，首先要剔除不可靠的数据，然后用列表或作图的方法将实验数据以一定的规律表达出来，再根据测定的目的要求进行数据处理，最后报告结果或对测定结果进行分析和评价。不同的实验要求不同的数据处理方法。一般物质组成的测定，只需求出测定数据的集中趋势(即平均值)，以及测定数据的分散程度(即精密度)；而要求较高的测定，有时需要使用回归分析的方法求出结果的可靠性范围等。在此，仅就可疑值的取舍、数据列表、数据作图和回归分析法作简要介绍。

1) 可疑值的取舍

在实验采集到的数据中，若个别数据差异较大，就要将实验数据进行整理和分析。如果数据是由于过失造成的，比如试样溶解时有溶液溅出、滴定过量等，则这一数据必须弃去。若非这种情况，则对可疑值不能随意取舍。统计学处理可疑值的方法很多，下面介绍Q

检验法：

将实验数据从小到大排列：$x_1, x_2, \cdots, x_{n-1}, x_n$，设 x_n 为可疑值，则统计量

$$Q = \frac{x_n - x_{n-1}}{x_n - x_1}$$

若设 x_1 为可疑值与其相邻的一个数据的差值与整组数据的极差之比。将计算所得 Q 值与查表(见表 4.1)所得 Q 值相比较，若 $Q > Q_{表}$ 时，则该可疑值应舍去，否则应保留。

表 4.1 Q 值表

测定次数，n		3	4	5	6	7	8	9	10
置信度	90%($Q_{0.90}$)	0.94	0.76	0.64	0.56	0.51	0.47	0.44	0.41
	96%($Q_{0.96}$)	0.98	0.85	0.73	0.64	0.59	0.54	0.51	0.48
	99%($Q_{0.99}$)	0.99	0.93	0.82	0.74	0.68	0.63	0.60	0.57

2) 数据列表

将实验所得的数据以表格的形式按对应关系一一列出，这样具有简单、直观、清晰明了的特点，使人一眼便可看出实验测量的数据所反映出的结果，同时也便于对数据进行处理和运算。列表时需注意以下几方面：

(1) 表格名称要简洁明确。

(2) 每行的第一列中一般填写行名及其量纲，数据应尽量化为最简单的形式，一般为纯数。

(3) 实验数据一般按实验顺序填写，要有规律地递增或递减，数字排列要整齐。

(4) 原始数据表格，应包含重复测量的每个数据，表内或表外适当位置应注明实验条件，如室温、大气压、湿度、日期、仪器、方法等。

3) 数据作图

有些实验数据具有连续变化的规律，将这些实验数据用作图的方式表达出来，可以更加形象和直观地表示出其规律性和特征，并可以从图中求得最大或最小值、转折点、斜率、截距、内插值、外推值等。作图时应遵循以下规则：

(1) 通常采用的 mm 方格纸做作图纸，在作图时，一般以自变量作为横坐标，因变量为纵坐标，且在相应坐标轴旁应标明所代表的变量的名称及其量纲。

(2) 在确定标度时，坐标标度应取容易读数的分度，如 1,2,5 的倍数，切忌采用 3,7,9 的倍数。坐标分度的设置要正确反映数据的有效数字，使从图中读出的物理量的精度与测量的精度一致。坐标起点不一定从“0”开始，应充分合理地利用图纸的全部面积。

(3) 将数据点以○、×、△、□、⊙、⊗等符号标注于图中，符号的重心所在即表示读数值，符号的面积大小要与测量误差相适应。若在一幅图上作多条曲线，应采用不同符号区分开来，并在图上注明。

(4) 用直尺或曲线板将各数据点连成光滑的线，作出的直线或曲线应尽可能通过所有数据点，若不能完全通过则应尽量使曲线两边的数据点个数大致相等。若所作图形为直线，应使直线与横坐标的夹角在 45°左右。

(5) 写上数据曲线图的标题，并注明各曲线包含的相应内容和实验条件。

目前随着计算机的普及和广泛应用，可运用计算机的作图软件方便快捷地进行处理。但在利用计算机作图时，同样也要遵循以上规则。

4) 回归分析法

在分析化学中，经常使用标准工作曲线法来获得未知溶液的浓度。但由于测量仪器的精度、观察的误差以及其他不可预料的原因，造成最后的数据的不准确。因而各测量点对于如以比尔定律为基础所建立的直线，往往会有偏离。我们常常用最小二乘法来对数据进行校正，最简单的单一组分测定的线性校正常用一元线性回归分析的方法。

我们令理论的直线方程为：$T=ax+b$，而 n 个实验的数据点为$(x_i,T_i)(i=1,2,\cdots,n)$，由于有误差所以：$e_i=T_i-ax_i-b\neq0$，其中 e_i 就是用函数 $T=ax+b$ 来反映 x_i 与 T_i 的关系时所产生的偏差。我们当然希望选择适当的 a 与 b，使得这偏差越小越好。为此我们把所有的这些偏差的平方和叫做总偏差，记为 e，即

$$e=\sum_{i=1}^{n}e_i^2=\sum_{i=1}^{n}(T_i-ax_i-b)^2$$

它是 a 和 b 的函数 $e(a,b)$，所以显然我们需要确定 a 和 b，使得总偏差 $e(a,b)$达到最小值。由极值的必要条件，有

$$\begin{cases}\dfrac{\partial e}{\partial a}=-2(x_1T_1+\cdots+x_nT_n)+2a(x_1^2+\cdots+x_n^2)+2b(x_1+\cdots+x_n)=0\\\dfrac{\partial e}{\partial b}=-2(T_1+\cdots+T_n)+2a(x_1+\cdots+x_n)+2nb=0\end{cases}$$

解得：

$$\begin{cases}a=\dfrac{n\sum\limits_{i=1}^{n}x_iT_i-\left(\sum\limits_{i=1}^{n}x_i\right)\left(\sum\limits_{i=1}^{n}T_i\right)}{n\left(\sum\limits_{i=1}^{n}x_i^2\right)-\left(\sum\limits_{i=1}^{n}x_i\right)^2}\\b=\dfrac{\left(\sum\limits_{i=1}^{n}T_i\right)\left(\sum\limits_{i=1}^{n}x_i^2\right)-\left(\sum\limits_{i=1}^{n}x_i\right)\left(\sum\limits_{i=1}^{n}x_iT_i\right)}{n\left(\sum\limits_{i=1}^{n}x_i^2\right)-\left(\sum\limits_{i=1}^{n}x_i\right)^2}\end{cases}$$

当 a、b 的值确定后，一元线性回归方程也就确定了，a 为直线的斜率，b 为直线的截距。

当两个变量之间的直线关系不够严格时，我们也可以通过上面方法求得回归直线，但是，这条回归线实际上已无意义。所以我们在使用线性回归法之前，应该先判定这些变量是否有线性关系。而这种判定我们使用相关系数 r 来检验。

相关系数的定义为：

$$r=\frac{\left|\sum\limits_{i=1}^{n}(x_i-\overline{x})(T_i-\overline{T})\right|}{\sqrt{\sum\limits_{i=1}^{n}(x_i-\overline{x})^2\sum\limits_{i=1}^{n}(T_i-\overline{T})^2}}$$

根据数学的著名的柯西一布尼亚科夫斯基不等式，可以证明：当$(x_i,T_i)(i=1,\cdots,n)$所有的都在一条直线上时，$r=1$；而这些点完全不存在线性关系时，$r=0$。所以 r 的值越接近 1，线

性关系就越好。

回归方程和相关系数的计算比较繁琐，若仅以人工计算则费时费力。目前计算机的应用已相当普遍，有些应用软件包含了类似的计算，也可以用自己编制好相应的程序，将实验数据输入即可方便而快速地计算出回归方程和相关系数。具体可参阅第五章的有关讲述。

第五章　计算机应用基础

自第一台计算机 ENIAC 于 1946 年诞生以来，已有半个多世纪。计算机及其应用已渗透到人类社会生活的各个领域，从航天飞行到海洋开发，从产品设计到过程控制，从天气预报到地质勘探，从疾病诊断到生物工程，从自动售票到情报探索等，都应用了计算机。计算机正在改变着传统的工作、学习和生活方式，有力地推动了整个信息化社会的发展。

计算机在实验化学中的应用也非常广泛，特别是在分析化学或与测定有关的实验中，如许多常数、反应速率、活化能等测定中常常可以应用计算机进行有关的数据处理。因而，我们有必要首先对计算机及其软件的使用有一定的认识，然后了解计算机在这门实验课中的应用，以便在学习过程中能正确、灵活地使用计算机解决实验问题。

第一节　计算机基本知识及其应用基础

一、计算机及其系统

随着计算机技术的发展和应用的推动，尤其是微处理器的发展，计算机的类型越来越多样化。根据用途的不同，计算机可以分为通用机和专用机。通用机的特点是通用性强，具有很强的综合处理能力，能够解决各种类型的问题。专用机则功能单一，配有解决特定问题的软、硬件，但能够高速、可靠地解决特定的问题。根据计算机的运算速度、字长、存储容量、软件配置等多方面的综合性能指标可以将计算机分为：超级机、大型机、小型机、工作站、微型机等。其中，微型计算机又称个人计算机（Personal Computer，PC），自 IBM 公司于 1981 年采用 Intel 的微处理器推出 IBM PC 以来，微型计算机因其小、巧、轻、使用方便、价格便宜等优点而得到迅速的发展，成为计算机的主流。今天，微型计算机的应用已经遍及社会的各个领域，从工厂的生产控制到政府的办公自动化，从商店的数据处理到家庭的信息管理，几乎无所不在。

一个完整的计算机系统是由硬件系统和软件系统两部分组成的。硬件系统是组成计算机系统的各种物理设备的总称，是计算机系统的物质基础，如 CPU、存储器、输入设备、输出设备等。软件系统是为运行、管理和维护计算机而编制的各种程序、数据和文档的总称。下面对计算机的硬件系统和软件系统作简要介绍。

1）计算机硬件系统

计算机主要由五大部分组成：运算器、控制器、存储器、输入设备和输出设备。

计算机的最主要的工作是运算，大量的数据运算任务是在运算器中进行的。在计算机中，运算器主要通过算术运算和逻辑运算来进行。算术运算是指加、减、乘、除等基本运算，逻辑运算是指逻辑判断、逻辑比较以及其他的基本逻辑运算。但不管是算术运算还是逻辑运算，都只是基本运算，复杂的计算只能通过基本运算一步步实现。然而，运算器的运算速度却快得惊人，因而计算机才有高速的信息处理功能。

控制器是计算机的神经中枢，只有在它的控制之下整个计算机才能有条不紊地工作，自动执行程序。控制器的工作过程是:首先从内存中取出指令,并对指令进行分析,然后根据指令的功能向有关部件发出控制命令,控制它们执行这条指令规定的功能。当各部件执行完控制器发来的命令后,都会向控制器反馈执行的情况。这样逐一执行一系列指令,就使计算机能够按照由这一系列指令组成的程序的要求自动完成各项任务。

控制器和运算器一起组成中央处理单元,即 CPU(Central Processing Unit),它是计算机的核心。

存储器的主要功能是存放程序和数据。使用时,可以从存储器中取出信息,不破坏原有的内容,这种操作称为存储器的读操作;也可以把信息写入存储器,原来的内容被抹掉,这种操作称为存储器的写操作。存储器通常分为内存储器和外存储器。内存储器简称内存,是计算机中信息交流的中心。用户通过输入设备输入的程序和数据最初送入内存,控制器执行的指令和运算器处理的数据取自内存,运算的中间结果和最终结果保存在内存中,输出设备输出的信息来自内存,内存中的信息如要长期保存应送到外存储器中。外存储器设置在主机外部,简称外存,主要用来长期存放"暂时不用"的程序和数据。通常外存不和计算机的其他部件直接交换数据,只和内存交换数据,而且不是按单个数据进行存取,而是成批地进行数据交换。常用的外存有磁盘、光碟、磁带和 U 盘等。

输入设备用来接受用户输入的原始数据和程序,并将它们转变为计算机可以识别的形式(二进制)存放到内存中。常用的输入设备有键盘、鼠标、扫描仪、光笔、数字化仪、麦克风等。

输出设备用于将存放在内存中由计算机处理的结果转变为人们所能接受的形式。常用的输出设备有:显示器、打印机、绘图仪、音响等。

2) 计算机软件系统

在实际工作中,用户所面对的是经过若干层软件"包装"的计算机,计算机的功能不仅仅取决于硬件系统,而更大程度上是由所安装的软件系统所决定。

软件是指程序、程序运行所需要的数据以及开发、使用和维护这些程序所需要的文档的集合。计算机软件极为丰富,通常将软件分为系统软件和应用软件两大类。

系统软件是指控制计算机的运行,管理计算机的各种资源,并为应用软件提供支持和服务的一类软件。在系统软件的支持下,用户才能运行各种应用软件。系统软件通常包括操作系统、语言处理程序和各种实用程序。

操作系统的主要功能是管理和控制计算机系统的所有资源(包括硬件和软件)。它是最基本的系统软件,是现代计算机必配的软件,人们常用的 Windows 就是最广泛使用的操作系统软件,除此之外还有 UNIX、Linux 等主要应用于服务器系统上的操作系统。

实用程序完成一些与管理计算机系统资源及文件有关的任务。通常情况下,计算机能够正常地运行,但有时也会发生各种类型的问题,如硬盘损坏、病毒的感染、运行速度下降等。在这些问题严重或扩散之前解决是一些实用程序的作用之一。另外,有些实用程序是为了用户能更容易、更方便地使用计算机,如压缩磁盘上的文件,提高文件在 Intenet 上的传输速度。当今的操作系统都包含一些实用程序,如 Windows 中的备份、磁盘清理、磁盘碎片整理程序等,软件开发商也提供了一些独立的实用程序,如 Office、Visual Studio 工具软件等。

计算机语言是程序设计的最重要的工具,它是指计算机能够接受和处理的、具有一定格式的语言。从计算机诞生至今,计算机语言已经得到了很大的发展,计算机高级语言的种类繁多,如 FORTRAN、PASCAL、C/C++、Visual Basic 等。

利用计算机的软硬件资源为某一专门的应用目的而开发的软件称为应用软件。应用软件可以分为三大类：通用应用软件、用于专门行业的应用软件和定制的软件。通用应用软件支持最基本的应用，广泛地应用于几乎所有的专业领域，如办公软件包、浏览器、数据库管理系统、财务处理程序、工资管理程序等。有许多应用软件专门用于某一个专业领域，如牙科诊所、法律事务所、房地产事务所等。如果现成的应用软件不能满足有些企业较高的特殊需求，那么，这些企业需要研制和开发能满足他们特殊需求的定制软件。

综上所述，一个完整的计算机系统可如图 5.1 所示。

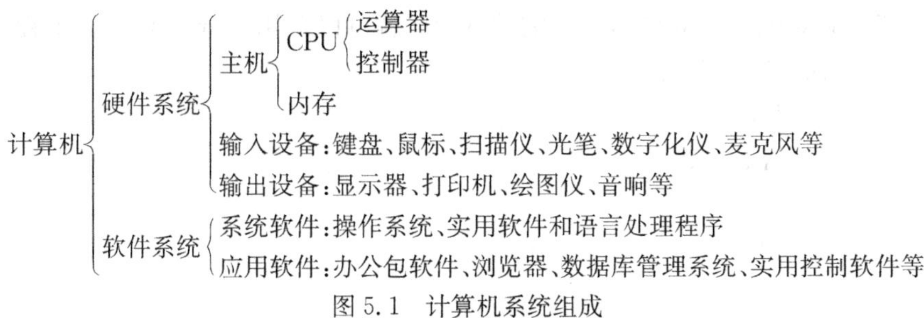

图 5.1　计算机系统组成

二、C/C++语言概述

C/C++语言是一种受到广泛重视并已在全世界得到普遍应用的计算机高级语言，也是国际上公认的最重要的少数几种通用程序设计语言之一，1990 年底已(通过)成为 ISO 标准通用语言。它适合于作为系统描述语言，既用来写系统软件，也可用来写应用软件。

1) C/C++语言的特点

C 语言有下列特点：

(1) 语言简洁、紧凑，使用方便、灵活。C 语言一共只有 32 个关键字，9 种控制语句，程序书写形式自由，主要用小写字母表示，压缩了一切不必要的成分，程序简练，源程序短，因此输入程序时工作量少。

(2) 运算符丰富。C 的运算符包含的范围很广泛，共有 34 种运算符。C 把括号、赋值、强制类型转换等都作为运算符处理。从而使 C 的运算类型极其丰富，表达式类型多样化，灵活使用各种运算符可以实现在其他高级语言中难以实现的运算。

(3) 数据结构丰富，具有现代化语言的各种数据结构。C 的数据类型有：整型、实型、字符型、数组类型、指针类型、结构体类型、共用体类型等。能用来实现各种复杂的数据结构(如链表、树、栈等)的运算。尤其是指针类型数据，使用起来更为灵活、多样。

(4) 具有结构化的控制语句(如 if … else 语句、while 语句、do…while 语句、switch 语句、for 语句)。用函数作为程序模块以实现程序的模块化。是结构化的理想语言，符合现代编程风格要求。

(5) 生成目标代码质量高，程序执行效率高。一般只比汇编程序生成的目标代码效率低 10%～20%。

(6) 用 C 语言写的程序可移植性好，基本上不作修改就能用于各种型号的计算机和各种操作系统。

C++是在 C 的基础上开发出来的，是 C 语言的超集。它保留了 C 的特点，并从许多方面对 C 作了扩充，并增加了类的封装、继承、重载和更好的代码重用性等面向对象的特性，使得程序的开发更简单和快捷，如原来用C要写很长的代码用C++中的STL只要短短几行就可以完成了。

2) C/C++程序的上机步骤

在了解了上述C/C++语言的初步知识后，读者如有条件可以上机运行一个C/C++程序，以增加对C/C++的认识。在编好一个C/C++源程序后，如何上机运行呢？下面就作一简单介绍。

用Turbo C/C++运行C/C++程序的步骤：

在安装Turbo C/C++的机器上只需输入：tc，就可以调用Turbo C/C++程序，此时屏幕顶部出现一排“命令”行菜单：

Load　　F3
Pick　　Alt—F3
New
Savt　　F2
Write to
Directory
Change dir
Os shell
Quit　　Alt—x

用键盘上的“←”和“→”键来移动屏幕上的光标，光标指到哪一个命令字时，按回车键就表示执行该命令。开始时，光标指向“FILE”，表示对文件进行输入输出。按回车键，屏幕上“FILE”下面出现一个窗口。它是一个子菜单，提供多项选择。用“↓”键将光标移到“LOAD”或“New"处，按回车键，表示要输入源程序。屏幕又出现一个小窗口，要你指定文件名。如可输入：

f..cpp

如果原来不存在此文件名，则表示建立一个新文件。如果已存在此文件，则将此文件调入并显示在屏幕上。此时自动转为编辑(EDIT)状态。

编辑源文件。根据需要输入或修改源程序。

编译源程序。按“F9”键即可进行编译、联接，并在屏幕上显示有无错误和有几个错误。当按任何一个键后，屏幕显示源程序，光标停留在出错之处。在屏幕的下半部分显示出有错误的行和错误原因。根据此信息修改源程序。再按“F9”编译，如此反复进行到不出现错误为止。

执行程序。按“F10"键，屏幕又出现命令行：

FILE　EDIT　RUN　COMPLIER　PROJECT　OPTIONS　DEBUG

用“→”键将光标移到“RUN”，按回车键，使执行已编译好的目标文件。此时，屏幕上会显示出程序应输出的运行结果。如果程序需要输入数据，则应在此时输入所需数据，然后接着执行程序，输出结果。

如果发现运行结果不对，要重新修改源程序，可以再按“F10”键，并用“←’使光标指到“EDIT”处，按回车键，即进入编辑状态，可以根据需要修改源程序，并重复上述步骤到得到正确结果为止。

可以用“Alt”和“x”键(同时按此两键),使退出 Turbo C/C＋＋,回到操作命令状态,此时,可以用系统命令显示源程序和运行程序:

c:＞TYPEf. cpp/(列出源程序清单)

c＞f. exe(执行目标程序)

如果想再修改源程序,可以重新执行前面步骤,并输入源程序文件名即可。

以上步骤只需上机试一下即可明白。

第二节　计算机在分析化学实验中的应用

计算机的功能是多方面的,一般可分两大类,一类是数值计算,如计算、模拟、拟合等功能,另一类是非数值计算,如制图、绘表、检索、设计、选择、判别、存贮等功能。在分析化学实验中使用微型计算机,一种方式是将测量得到的数据,由计算机键盘输入,进行各种处理,包括数值计算或非数值计算,即为脱机计算机系统方式。另一种方式是把微型计算机与分析仪器相联接,用以存贮测量信息,对测量结果进行计算、分析、综合及各种处理,实现分析测量的自动化,即为联机计算机系统方式。在基础化学实验中,联机计算机系统方式相对应用较少,所以,在此主要介绍脱机计算机系统方式在分析化学实验中的一些具体的应用。

一、实验数据的回归分析处理

在分析化学实验中,许多方法的测量值与浓度之间存在着线性关系,如分光光度法中吸光度与浓度的关系。有些方法测量值与浓度之间虽然不存在线性关系,但经过适当的转换,仍可用线性关系来处理,如电位分析法中电位与浓度的对数存在着线性关系。这就需要通过处理两组相关的实验数据,拟合出直线方程式,由方程式解出被测组分的浓度。拟合方程式的方法以最小二乘法原理求解回归方程最为准确,它是目前科学实验数据处理中普遍采用的方法。其原理可参阅第四章中的有关讲述。然而,回归分析的计算比较繁琐,若有编制好的相应的程序,则可方便而快捷地完成数据处理。下面便是用 C＋＋语言编制的用线性回归法计算回归方程和相关系数的程序:

```
//头文件
#include <iostream>
#include <vector>
#include <math.h>
using namespace std;

//实验数据点的结构
struct DataPoint
{
  double x;
  double y;
};
```

```
int main(void)
{
  int nTime;
  DataPoint stValue;
  vector<DataPoint> DataValues;
  cout<<"请输入实验的次数 n=?";
  cin>>nTime;
  for(int i=0;i<nTime;i++)
  {
    cout<<"请输入第"<<i+1<<"次实验数据 x y=?";
    cin>>stValue.x>>stValue.y;
    DataValues.push_back(stValue);
  }
  //计算相关系数
  double d1=0.0,d2=0.0,d3=0.0,d4=0.0,d5,d6,d7=0.0;
  vector<DataPoint>::iterator e;
  for(e=DataValues.begin();e!=DataValues.end();++e)
  {
    d5=(*e).x;
    d6=(*e).y;
    d1+=d5;
    d2+=d6;
  }
  d1/=nTime;
  d2/=nTime;
  for(e=DataValues.begin();e!=DataValues.end();++e)
  {
    d5=(*e).x;
    d6=(*e).y;
    d3+=((d5-d1)*(d6-d2));
    d4+=((d5-d1)*(d5-d1));
    d7+=((d6-d2)*(d6-d2));
  }
  d4=sqrt(d4);
  d7=sqrt(d7);
  d3=fabs(d3);
  //输出相关系数
  cout<<"实验数据的相关系数 r="<<d3/(d4*d7)<<endl;
```

```
    //计算回归方程的系数
    d1=0.0;
    d2=0.0;
    d3=0.0;
    d4=0.0;
    for(e=DataValues.begin();e!=DataValues.end();++e)
    {
      d5=(*e).x;
      d6=(*e).y;
      d1+=d5;
      d2+=d6;
      d3+=(d5*d5);
      d4+=(d5*d6);
    //输出结果方程式
    double a,b;
    a=(nTime*d4-d1*d2)/(nTime*d3-d1*d1);
    b=(d2*d3-d1*d4)/(nTime*d3-d1*d1);
    if(b>0.0)
      cout<<"回归方程是:y="<<a<<"x+"<<b<<endl;
    else
      cout<<"回归方程是:y="<<a<<"x"<<b<<endl;
    return 0;
}
```

对于未知试样的测定，通过测量未知试样的物理量 y 值，然后由回归方程求出 x 值，再计算未知试样中被测组分的含量。

二、二次微商法确定电位滴定终点

在滴定分析中，滴定终点可以通过图解法从滴定曲线上确定。但对滴定曲线不对称，且突跃又不陡直的情况，以二次微商等于零的一点作为滴定终点就更为准确。用计算机进行处理是常用而简便的方法。编制的程序如下：

```
//头文件
#include <iostream>
#include <vector>
#include <math.h>

using namespace std;
```

```
struct DataPoint
{
  double dV;//体积
  double dE;//电位读数
  double dDV; //体积的一次微商
  double dDE; //电位读数的一次微商
  double dDDE;//电位读数的二次微商
};

int main(void)
{
  //输入数据
  cout<<"请输入标准硝酸银溶液的浓度 CS(mol/L)=?";
  double dCS;
  cin>>dCS;
  cout<<"请输入氯化钠样品溶液的体积 VS(ml)=?";
  double dVS;
  cin>>dVS;
  cout<<"请输入滴定数据的组数 N=?";
  int nTimes,i;
  cin>>nTimes;
  vector<DataPoint> DataValues;
  DataPoint stTempData;
  for(i=0;i<nTimes;i++)
  {
    double d1,d2;
    cout<<"请输入第"<<i+1<<"次的滴定数据 V(ml) E(mv)=?";
    cin>>d1>>d2;
    stTempData.dV=d1;
    stTempData.dE=d2;
    DataValues.push_back(stTempData);
  }
  //计算一次微商
  for(i=0;i<nTimes-1;i++)
  {
    stTempData=DataValues[i];
    stTempData.dDV=DataValues[i+1].dV-stTempData.dV;
    stTempData.dDE=(DataValues[i+1].dE-stTempData.dE)/stTempData.dDV;
    DataValues[i]=stTempData;
```

```
    }
    //计算二次微商
    for(i=0;i<nTimes-2;i++)
    {
      DataValues[i].dDDE=2.0*(DataValues[i+1].dDE-DataValues[i].dDE)
                /(DataValues[i+1].dDV+DataValues[i].dDV);
      if(DataValues[i].dDDE<=fabs(0.0000000001))
        break;
    }
    //计算滴定体积
    double dVX;
    if(DataValues[i].dDDE<=fabs(0.0000000001) && DataValues[i].dDDE>=0.0)
    {
      dVX=DataValues[i+1].dV;
    }
    else
    {
      double v=DataValues[i-1].dDDE*(DataValues[i+2].dV-DataValues[i+1].dV)
              /(DataValues[i-1].dDDE+fabs(DataValues[i].dDDE));
      dVX=v+DataValues[i].dV;
    }
    //计算氯化钠样品溶液的浓度
    double dCX=dCS*dVS*58.5/dVX;
    //输出结果
    cout<<"滴定体积 VX(ml)="<<dVX<<endl;
    cout<<"氯化钠样品溶液的浓度 CX(mg/l)="<<dCX<<endl;
    return 0;
  }
```

在电位滴定法测定氯化钠溶液的实验中，对用 $AgNO_3$ 标准溶液滴定样品溶液的测量数据中，选取电位突跃范围内的若干组数据，输入程序，计算机即进行自动处理。若对程序作相应地修改，也可用于处理其他样品的电位滴定法的处理结果。

第三节　Origin 软件在分析化学实验数据处理中的应用

在化学实验数据处理中，如果使用手工作图，同一组实验数据，不同的操作者处理，得到的结果很可能不同；即使同一操作者在不同的时间处理，结果也不完全一致。而且，有些实验数据处理起来非常繁琐，手工作图往往耗费几个小时的时间，处理过程中稍有不慎，就会导致整个结果错误。Origin 软件可以准确地完成化学实验中不同类型的数据处理，结果精确度高，绘出的图形细致、美观，而且使用方便，无需编程，整个处理过程简单、直观。

一、Origin 软件的使用方法

Origin 是美国 OriginLab 公司推出的一个在 Windows 操作平台下用于数据分析和绘图的工具软件。Origin 软件目前最新版本为 Origin 8.6，版本不同，功能略有不同，但基本功能是相似的，本文介绍的为通用使用方法。使用 Origin 软件制图一般步骤如下：

1）数据输入

当 Origin 启动或新建一个文件时，默认设置是一个工作表（WorkSheet）窗口，该窗口缺省为 A(X)、B(Y)两列，分别代表自变量和因变量。实验数据可以手动输入到工作表中，也可以从其他文件导入到工作表中。

2）制图

在工作表窗口中选定用来作图的数据列或数据范围，点击“绘图（Plot）”菜单中的预制图形模式，如绘制吸收曲线则应选择折线图（Line）；绘制标准曲线，则应选择散点图（Scatter），之后再做线性拟合。

3）图形编辑

通过前面得到的图形存在很多缺陷，如坐标轴刻度不美观、无坐标说明等，需要进一步对其进行格式的编辑。对坐标轴的编辑基本可以通过打开坐标轴对话框来实现：双击坐标轴，或右击坐标轴，选择快捷菜单命令 Scale → Tick Labels 或 Properties。对坐标说明文本的编辑可以通过双击坐标说明文本框直接进行修改或右击坐标说明文本框，选择快捷菜单命令 Properties，打开坐标说明文本对话框来实现。图形标题、实验条件描述等内容可以通过添加文本框的方式标注在图形上：左击左边工具栏中 T 图标，然后在要添加标注的地方点击，输入文字。曲线编辑可在“绘图细节（Plot Details）”对话框中进行：双击要编辑的数据曲线或图例中的曲线标志；或在图形区域右键选择快捷菜单命令“绘图细节（Plot Details）”。

4）图形输出利用

在图形窗口激活状态下，点击“编辑（Edit）”菜单，选择“复制页面（Copy Page）”，将当前绘图窗口中绘制的整个页面拷贝至 Windows 系统的剪贴板，这样就可以在其它应用程序如 Word 中进行粘贴等操作。

二、Origin 软件用于分析化学实验数据处理

1）线性拟合

分析化学实验经常采用标准曲线法对未知试样溶液浓度进行分析，“线性拟合”是经常用到的数据图形处理手段。方法如下：在工作表窗口中输入实验测得的数据，选定用来作图的数据列或数据范围，点击“绘图（Plot）”菜单中的“散点图（Scatter）”，得到数据图形。此时若发现个别数据点偏离严重或有的数据不希望参与拟合统计，这些数据最好也不要删除，可采用掩蔽的方式将其排除在拟合统计的范围之外。掩蔽法既可以有效的保证原始数据的完整性，又不影响数据的统计分析。数据点掩蔽方法如下：在绘图窗口中单击右键，从跳出的下拉菜单中选择“掩蔽（Mast）”→“点（Point by Point）”，此时鼠标箭头变成方形数据点选择模式，双击预掩蔽的数据点会发现数据点的原有颜色发生了变化，表明掩蔽成功。在“工具（Tools）”菜单下选择“线性拟合（Linear Fit）”，在弹出的工具箱上设置好各个选项（或用缺省值），然后点击“拟合

(Fit)”键，在绘图窗口中就会给出拟合出来的直线。从“视图(View)”中选择“结果日志(Results Log)”，弹出的窗口中可查看拟合参数，如回归系数、直线的斜率和截距等。在线性拟合工具箱下端“Find Y”中输入 Y 值，点击“Find X”，即可以内插法确定相应的 X 值。

2) 在同一张图上绘制多条线

在分析化学实验中，经常遇到需要将多组数据呈现在一幅图上的情况，例如邻苯二甲酸存在下的蒽醌含量的测定、双波长分光光度法都需要在同一张图上绘制多条吸收曲线，以便排除干扰选取合适的入射波长。下面以邻苯二甲酸存在下的蒽醌含量的测定为例，讲述如何在同一张图上绘制多条线。

打开 Origin 7.5，将蒽醌和邻苯二甲酸酐的吸收曲线数据分别输入到工作表中的 A(X)、B(Y1)、C(Y2)、D(Y3)列中。双击 C 列标签，在弹出的数据表格式化窗口中修改列标识(Plot Designation)为 X，点击“确定(OK)”返回数据表，此时整个数据表的列名称变为 A(X1)，B(Y1)，C(X2)，D(Y2)。按住鼠标左键拖动选定工作表中的 A、B、C 和 D 列，点击工具栏上“绘图(Plot)”→“折线图(Line)”，蒽醌和邻苯二甲酸酐的吸收曲线就被同时绘制在同一张图上。双击图线打开“绘图细节(Plot Details)”对话框，对曲线进行适当编辑，如：改变“数据点连接线类型”让曲线变得平滑美观；改变“线型风格”让多组数据线区别开来，改变“线宽”让图线粗细更符合要求。另外，改变图例说明或添加文本对两条曲线加以说明。同时对坐标轴、坐标说明文本进行必要的编辑以使图形更规范，以便后期输出利用。最后，点击左侧工具栏中的屏幕读取工具 + ，读出邻苯二甲酸酐存在下蒽醌含量测定的适宜入射波长。

3) 二次微商法确定电位滴定终点

在分析化学所有实验数据处理方法中，最为繁琐的是电位滴定分析中的二次微商法确定电位滴定终点。若按传统的手工计算及作图方法，均难以避免计算繁琐、容易出错及手工绘图麻烦等缺点。利用 Origin 强大的计算绘图功能，可以将实验结果轻松处理。下面以 AgNO3 标准溶液滴定 NaCl 和 NaI 混合溶液为例，讲述如何利用二次微商法确定电位滴定终点。

打开 Origin 7.5 ，在工作表中输入实验所得数据，选中所要绘图的数据，点击工具栏上“绘图(Plot)”→“折线图(Line)”，即可绘制出一条滴定曲线。点击工具栏上的“分析(Analysis)”→“微积分(Calculus)”→“微分(Differentiate)”可以对滴定曲线进行微商处理，点击一次为一次微商，再点击一次为二次微商。利用工具栏上的屏幕读数工具 + ，读出二次微商曲线上 Y = 0 时对应的 X 值即为滴定终点的体积。

第二部分

实验内容

第六章　无机离子定性分析

实验一　第一组(银组)阳离子的分析

一、实验目的

(1) 掌握本组离子的分析特性及分离的条件。
(2) 掌握本组离子的鉴定反应。
(3) 掌握沉淀、分离、洗涤等定性分析基本操作。

二、实验内容

(一) 本组离子的鉴定反应

1. Ag^+ 的鉴定反应

1) 与 HCl 反应

在离心试管中加 2 滴 Ag^+ 练习液,加 2 滴 $2mol \cdot L^{-1}$ HCl,搅拌,离心沉降,弃去离心液。加 2 滴 $6mol \cdot L^{-1}$ 氨水,沉淀溶解,再以 $6mol \cdot L^{-1}$ HNO_3 酸化,又得白色沉淀,继续加 2 滴 KI 试剂,有黄色 AgI 沉淀生成。

2) K_2CrO_4 试剂

在离心试管中加入 Ag^+ 练习液和 K_2CrO_4 试剂各 1 滴,即生成砖红色 Ag_2CrO_4 沉淀。沉淀溶于 $2mol \cdot L^{-1}$ HNO_3 及 $2mol \cdot L^{-1}$ $NH_3 \cdot H_2O$。

反应条件:

①反应需在中性溶液中进行。

②Pb^{2+}、Ba^{2+}、Hg^{2+}、$Hg_2{}^{2+}$ 和 Bi^{3+} 等离子有干扰。

2. $Hg_2{}^{2+}$ 的鉴定反应

1) 与 HCl 反应

取 2 滴 $Hg_2{}^{2+}$ 练习液,加 2 滴 $2mol \cdot L^{-1}$ HCl,若有白色沉淀,加 2 滴 $6mol \cdot L^{-1}$ 氨水后沉淀由白变灰变黑。

2) $NaNO_2$ 试剂

在点滴板上加 1 滴饱和 $NaNO_2$ 溶液及 1 滴 $AgNO_3$ 溶液,生成白色 $AgNO_3$ 沉淀,然后加 1 滴 $Hg_2{}^{2+}$ 练习液,立即有黑色沉淀产生。

反应条件:

①需有 Ag^+ 作催化剂。

②Hg^{2+} 不干扰 $Hg_2{}^{2+}$ 的鉴定。

3. Pb^{2+}的鉴定反应

K_2CrO_4 试剂:在离心试管中加 1 滴 Pb^{2+} 练习液、1 滴 K_2CrO_4 试剂,生成黄色 $PbCrO_4$ 沉淀,加 2mol・L^{-1}NaOH 后,沉淀溶解。

反应条件:

①反应需在中性或弱酸性溶液中进行;

②Ag^+、Ba^{2+}、Bi^{3+}、Hg^{2+}、$Hg_2{}^{2+}$等离子有干扰。

(二)本组离子混合物分析

1. 本组离子的分析(简表见图 6.1)

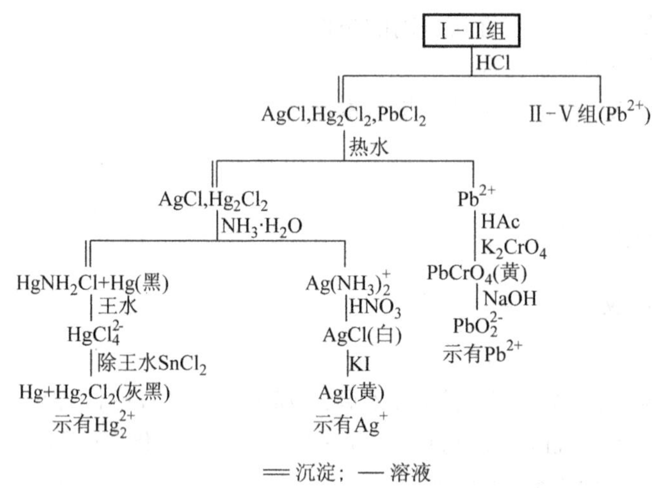

图 6.1 本组离子的分析简表

2. 分析过程

1) 本组离子的氯化物沉淀

取本组离子的混合液 10 滴(混合液中含 Ag^+、$Hg_2{}^{2+}$ 各 2.5mg・mL^{-1},Pb^{2+} 5mg・mL^{-1}),加 5 滴 2mol・L^{-1}HCl,充分搅拌,加热 2 分钟,冷却并充分搅拌。离心沉降,用 1 滴 2mol・L^{-1} HCl 检验沉淀否完全,若有沉淀,补加 2 滴 1mol・L^{-1} HCl 至沉淀完全。离心分离,离心液检验有无 Pb^{2+}。沉淀用 1mol・L^{-1}HCl 洗涤 2 次,每次 3 滴。弃去洗液,沉淀按 2)分析。

2) Pb^{2+} 分离和鉴定

向 1)所得的氯化物沉淀上加 10 滴水,加热 2min,同时搅拌,趁热离心分离,向离心液中加 6mol・L^{-1}HAc、K_2CrO_4 各 1 滴,如有黄色 $PbCrO_4$ 沉淀生成,再滴加 2mol・L^{-1}NaOH 后。黄色沉淀溶解,示有 Pb^{2+}。

所得的沉淀以热水洗 2 次,每次 5 滴,弃去洗液,沉淀按 3)分析。

3) $Hg_2{}^{2+}$ 分离和鉴定

向 2)所得的沉淀上加 5 滴 6mol・$L^{-1}$$NH_3$・$H_2O$,搅拌,如沉淀变黑,表示 $Hg_2{}^{2+}$ 存在。吸出离心液,按 4)分析。

在黑色沉淀上,加 6 滴浓 HCl 和 2 滴浓 HNO_3 搅拌,加热溶解沉淀。将溶液转移到微烧

杯中，在石棉网上用小火加热，蒸至近干，冷却，加 5 滴水，再蒸至近干。然后加 5 滴水，搅拌并转移到离心试管中，离心分离，若有沉淀按 4）分析。离心液中加 2 滴 $SnCl_2$ 试剂，有白色沉淀出现，并逐渐变灰变黑，进一步证实 Hg_2^{2+} 存在。

4）Ag^+ 的鉴定

向 3）所得离心液中加 2 滴 $6mol \cdot L^{-1}$ HNO_3，若有白色 AgCl 沉淀出现，再加 2 滴 KI 试剂，白色沉淀变为黄色 AgI 沉淀则有 Ag^+。

三、思考题

（1）进行分组沉淀时，为什么必须检查沉淀是否完全？
（2）试述第一组阳离子的沉淀条件。
（3）写出本组离子的鉴定反应方程式。

实验二　第二组（铜、锡组）阳离子的分析

一、实验目的

（1）掌握本组离子的分析特性及鉴定方法。
（2）掌握本组离子的分离及铜、锡组分离的依据及沉淀条件。
（3）掌握酸度调节的操作技术。

二、实验内容

（一）本组离子的鉴定反应

1. Bi^{3+} 的鉴定反应

1）Na_2SnO_2 试剂

在点滴板上加 1 滴 $SnCl_2$ 及 2 滴 $6mol \cdot L^{-1}$ NaOH 搅拌，然后加 1 滴 Bi^{3+} 练习液，立即生成黑色沉淀。

反应条件：
①反应需在强碱性溶液中进行。
②反应时不可加热。

2）KI 试剂

取 3 滴 Bi^{3+} 练习液于离心试管中，逐滴加 KI 试剂，先生成棕黑色 BiI_3 沉淀，继续滴加 KI 试剂，BiI_3 溶解生成橘黄色 $KBiI_4$ 溶液。

反应条件：
①反应需在酸性溶液中进行。
②试液中应不存在强氧化剂。

2. Cu^{2+} 的鉴定反应

1）与氨反应

取 3 滴 Cu^{2+} 练习液于离心试管，逐滴加入 $6mol \cdot L^{-1}$ $HN_3 \cdot H_2O$ 生成沉淀溶解，溶液变

为深蓝色。

2) $K_4[Fe(CN)_6]$试剂

在点滴板上加1滴Cu^{2+}练习液及$6mol \cdot L^{-1}$ HAc,$K_4[Fe(CN)_6]$各1滴,搅拌,立即有红棕色$Cu_2[Fe(CN)_6]$沉淀生成。

反应条件:反应需在中性或弱酸性溶液中进行。

3. Cd^{2+}鉴定反应

取2滴Cd^{2+}练习液,加3滴Na_2S溶液,加热,即有黄色CdS沉淀生成。

4. Hg^{2+}的鉴定反应

1) $SnCl_2$试剂

在点滴板上加1滴Hg^{2+}练习液,2滴$SnCl_2$试剂,生成的白色沉淀,立即变灰变黑。

反应条件:

①反应需在酸性溶液中进行。

②试液中应无强氧化剂。

③Ag^+、Hg_2^{2+},Pb^{2+}等离子有干扰。

2) KI试剂

取4滴Hg^{2+}练习液,逐滴加入KI试剂,先生成桔红色的HgI_2沉淀,随后沉淀溶解,得无色溶液。

反应条件:

①反应需在酸性溶液中进行。

②试剂应逐滴加入,否则HgI_2沉淀观察不到。

③Ag^+、Cu^{2+}、Bi^{3+}、Pb^{2+}等离子有干扰。

5. 砷的鉴定反应

1) $AgNO_3$试剂

在2支离心试管中分别加As(Ⅲ)、As(Ⅴ)练习液3滴(如溶液呈过强的酸性或碱性需用$2mol \cdot L^{-1} NH_3 \cdot H_2O$或$2mol \cdot L^{-1}$ HAc调至弱酸性),加3滴$AgNO_3$试剂,生成黄色的Ag_3AsO_3和棕褐色的Ag_3AsO_4沉淀。两种沉淀均溶于氨水和硝酸。

反应条件:反应需在弱酸性溶液中进行。

2) $(NH_4)_2MoO_4$试剂

取3滴As(Ⅴ)练习液,加4滴NH_4NO_3,3滴浓HNO_3,5滴$(NH_4)_2MoO_4$试剂,加热至60~70℃,有黄色砷钼酸铵沉淀生成。

反应条件:

①反应需在$pH<1$的硝酸溶液中进行。

②应有过量的钼酸铵试剂存在。

③溶液中应无强还原剂。

6. 锑的鉴定反应

1) 锡片还原法

在一锡片上滴1滴Sb(Ⅲ)或Sb(Ⅴ)的练习液,放置后,有金属锑的黑色斑点生成。

2) 罗丹明 B 试剂

取 Sb(Ⅲ)、Sb(Ⅴ)练习液各 2 滴于 2 支离心试管中，加 3 滴浓 HCl，1 滴 KNO_2，此时有棕色气体产生，充分摇动，加 1 滴尿素饱和溶液(如锑为五价，不加 KNO_2 和尿素)，然后加入 2 滴罗丹明 B 试剂，5 滴苯，苯层显紫红色。

7. 锡的鉴定反应

1) $HgCl_2$ 试剂

取 2 滴 Sn(Ⅱ)，Sn(Ⅳ)练习液于 2 支离心试管(在 Sn(Ⅳ)中投入镁片，将 Sn(Ⅳ) 还原为 Sn(Ⅱ))，加 $HgCl_2$ 2 滴，有白色沉淀生成，并逐渐变灰色或黑色。

反应条件：见 $SnCl_2$ 试剂鉴定 Hg^{2+}。

2) 亚甲基蓝试剂

取 3 滴 Sn^{2+} 练习液，加 1 滴浓 HCl，然后加入 2 滴亚甲基蓝试剂，可见亚甲基蓝试剂的蓝色褪去。

反应条件：

①反应需在强酸中进行。

②Sb(Ⅲ、Ⅴ)不干扰锡的鉴定。

(二) 本组离子混合液分析

1. 本组离子的分析(简表见图 6.2、图 6.3)

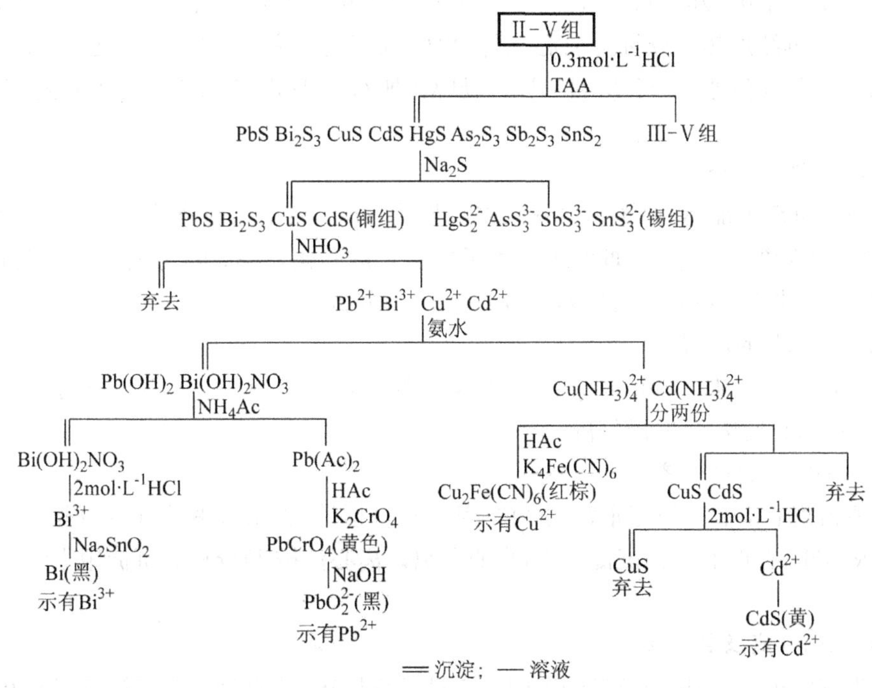

图 6.2　本组离子的分析简表(铜组)

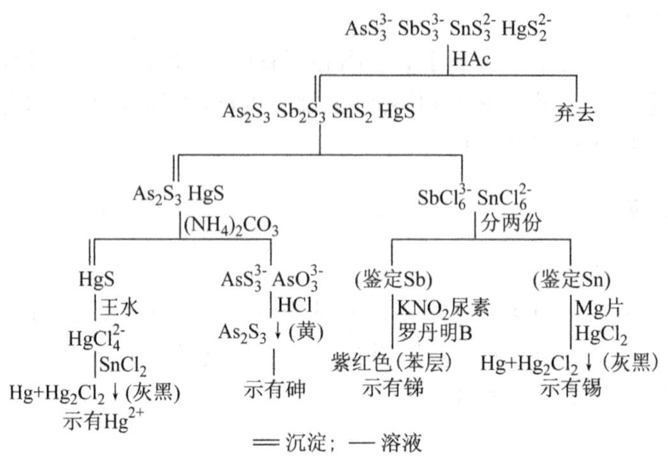

图 6.3 本组离子的分析简表(锡组)

2. 分析过程

1) 本组离子的硫化物沉淀

①酸度调节 取本组离子混合液 l0 滴(含本组各离子浓度为 5mg・mL^{-1},包括 Pb^{2+},若混合液中有沉淀,应混匀后吸取),滴加浓氨水至弱碱性(红色石蕊试纸变蓝),每加 1 滴氨水都要充分搅拌。然后用 2mol・L^{-1} HCl 调节至蓝色石蕊试纸变红,刚果红试纸不变蓝,加溶液体积 1/6 的 2mol・L^{-1}HCl,所得溶液的$[H^+]$约为 0.3mol・L^{-1}。

②加 TAA 溶解酸度调好后,加 25 滴 TAA,搅拌,沸水浴中加热 10min,再加等体积水和 10 滴 TAA,继续加热 5 分钟。离心沉降,检验沉淀是否完全。冷却,离心分离,弃去离心液。沉淀以 NH_4Cl 洗水(2 滴 2mol・L^{-1} NH_4Cl 加水至 1mL)洗 2 次,每次 6 滴,沉淀按 2)分析。

2) 铜组与锡组的分离

向 1)所得沉淀上加 Na_2S 溶液 8 滴,搅拌,加热 5min,吸出离心液,沉淀用 Na_2S 溶液 8 滴再处理一次,两次离心液合并,即为锡组离子的硫代酸盐溶液,按 9)分析。沉淀为铜组硫化物,用 NH_4Cl 洗水洗 2 次,弃去洗液,沉淀按 3)进行分析。

3) 铜组硫化物的溶解

向 2)所得沉淀上加 10 滴 6mol・L^{-1} HNO_3 搅拌,加热 3min。沉淀溶解时,有不溶物析出,离心弃去,离心液按 4)进行分析。

4) 铅、铋与铜、镉的分离

向 3)所得离心液滴加浓氨水每加 1 滴,都要充分搅拌,直至溶液使红色石蕊试纸变蓝,并过量 3 滴浓 NH_3,此时有白色沉淀产生,离心分离。离心液按 7)分析。沉淀用水洗 2 次,按 5)分析。

5) 铅、铋的分离及铅的鉴定

向 4)得到的沉淀上加 10 滴 3mol・L^{-1} NH_4Ac,加热,离心分离。沉淀为 $Bi(OH)_2NO_3$,按 6)分析。在离心液中加 6mol・L^{-1}HAc 和 K_2CrO_4 各 1 滴,若有 $PbCrO_4$ 黄色沉淀生成,并溶于 2mol・L^{-1}NaOH 中,示有 Pb^{2+}。

6）铋的鉴定

向5)所得沉淀用水洗2次，每次3滴，弃去洗液，然后加3滴2mol·L^{-1} HCl，搅拌，使沉淀溶解。用Na_2SnO_2试剂鉴定Bi^{3+}，若有黑色沉淀生成，示有Bi^{3+}。

7）铜的鉴定

由4)所得的离心液若呈深蓝色，表示有Cu^{2+}，或取2滴离心液，加6mol·L^{-1} HAc、$K_4[Fe(CN)_6]$各1滴，生成红棕色沉淀，进一步证实Cu^{2+}的存在。

8）铜和镉的分离，镉的鉴定

向4)所得离心液中加10滴TAA，加热5min，离心分离，弃去离心液。沉淀为CuS、CdS，在沉淀上加10滴2mol·L^{-1} HCl，充分搅拌，此时CdS溶解，弃去CuS沉淀。离心液以6mol·L^{-1} NaOH碱化并加热，若有黄色CdS沉淀出现，示有Cd^{2+}。

9）锡组的沉淀

向2)得到的硫代酸盐溶液中，滴加6mol·L^{-1} HCl及6mol·L^{-1} HAc至溶液使刚果红试纸变蓝色，过量1滴6mol·L^{-1} HAc，加热2分钟。离心分离，弃去离心液，沉淀以NH_4Cl洗水洗2次，每次4滴。沉淀按10)继续分析。

10）汞、砷与锑、锡的分离

在10)所得沉淀上加10滴浓HCl，70℃加热3min。离心分离，离心液按13)分析。沉淀用2mol·L^{-1} HCl洗2次，按11)继续分析。

11）汞与砷的分离，砷的鉴定

向10)所得的沉淀上，加6滴$(NH_4)_2CO_3$，微热。离心分离，再用$(NH_4)_2CO_3$处理一次，两次离心液合并，小心用2mol·L^{-1} HCl酸化，若有黄色As_2S_3沉淀产生，示有砷存在。

将所得的沉淀用6mol·L^{-1} HCl洗涤2次，按12)处理。

12）汞的鉴定

向11)的沉淀上加王水使其溶解，然后除尽王水，用$SnCl_2$试剂检验Hg^{2+}是否存在。

13）锑的鉴定

取由10)得到的离心液1/2于离心试管加2滴浓HCl、1滴KNO_2有棕色气体产生，摇匀，再加1滴尿素饱和溶液，摇匀。加2滴罗丹明B，5滴苯，若苯层呈紫红色，示有锑。

14）锡的鉴定

取10)得到离心液，加2滴浓HCl及镁片，待反应完后，在所得清液中加2滴$HgCl_2$，若有白色沉淀生成，逐渐变灰或黑色沉淀，示有锡。同时用亚甲基蓝试剂进一步证实锡的存在。

三、思考题

(1) 本组离子分离依据和条件是什么？

(2) 铜、锡组分离依据和条件是什么？

实验三　第三组阳离子的分析

一、实验目的

(1) 掌握本组离子的分析特性、鉴定方法和干扰离子消除方法。

(2) 掌握本组离子的分离依据、沉淀条件及氢氧化钠—过氧化氢分析法。

(3) 掌握显微结晶反应和纸上点滴反应的操作技术。

二、实验内容

(一) 本组离子的鉴定反应

1. Fe^{3+} 的鉴定反应

1) $K_4[Fe(CN)_6]$试剂

取1滴 Fe^{3+} 练习液于点滴板,加 $K_4[Fe(CN)_6]$试剂1滴,生成深蓝色沉淀。

反应条件:

①反应需在酸性溶液中进行。

②Fe^{2+} 不干扰反应。.

2) KSCN 试剂

在点滴板上加1滴 Fe^{3+} 练习液,1滴 KSCN 溶液,溶液立即呈血红色。

反应条件:

①反应需在酸性溶液中进行。

②试液中无强氧化剂存在。

2. Fe^{2+} 的鉴定

1) $K_3[Fe(CN)_6]$试剂

取1滴 Fe^{2+} 练习液于点滴板上,加1滴 $K_3[Fe(CN)_6]$试剂,有深蓝色沉淀生成。

2) 邻二氮菲试液

取1滴 Fe^{2+} 练习液于离心试管中,加1滴邻二氮菲试剂,溶液呈红色。

3. Mn^{2+} 的鉴定的反应

$NaBiO_3$ 试剂:在离心试管中加1滴 Mn^{2+} 练习液,2滴 $6mol\cdot L^{-1}$ HNO_3,$NaBiO_3$ 固体少许,搅拌,溶液呈紫红色。

反应条件:

①反应在 HNO_3 介质中进行。

②应无 Cl^-、H_2O_2 等还原剂存在。

4. Co^{2+} 的鉴定反应

NH_4SCN 试剂:在点滴板上加1滴 Co^{2+} 练习液及少许 NH_4SCN 固体,然后加2滴丙酮,则有天蓝色溶液出现。

反应条件:

①反应在弱酸性溶液中进行。

②Fe^{3+} 干扰 Co^{2+} 鉴定,可加入 NaF 将 Fe^{3+} 掩蔽。

5. Ni^{2+}的鉴定反应

丁二酮肟试剂：在点滴板上加 1 滴 Ni^{2+} 练习液及 1 滴 $6mol \cdot L^{-1} NH_3 \cdot H_2O$，然后加 1 滴丁二酮肟试剂，生成鲜红色沉淀。

反应条件：

①反应在有氨的弱碱性溶液中进行。

②Fe^{3+} 有干扰可加 NaF 掩蔽。

6. Al^{3+}的鉴定反应

1）铝试剂

在离心试管中加 2 滴 Al^{3+} 练习液，加 2 滴 $6mol \cdot L^{-1}$ HAc 及 4 滴铝试剂，再以 $6mol \cdot L^{-1}$ 氨水碱化，使石蕊试纸变蓝。70℃加热，有红色絮状沉淀生成，再加 3 滴 $(NH_4)_2CO_3$，沉淀不溶解。

反应条件：反应需在弱碱性介质中进行。

2）茜素试剂

在滤纸上，用毛细滴管滴加茜素试剂及 Al^{3+} 练习液各 1 滴，使两斑点相交，然后在氨水瓶口熏 1～2 分钟，茜素试剂的斑点呈紫色，铝盐溶液斑点无色，相交处为红色，将纸在小火旁烘，使氨挥发，此时，茜素斑点的紫色褪去，而相交处红色不褪。

反应条件：

①反应条件需在弱碱性条件下进行，但生成的红色络合物不溶于醋酸。

②Bi^{3+}、Fe^{3+}、Cu^{2+} 离子干扰 Al^{3+} 离子的鉴定。

7. Cr^{3+}的鉴定反应

取 Cr^{3+} 练习液 4 滴于离心试管中，滴加 $6mol \cdot L^{-1}$ NaOH 至生成的沉淀溶解后，加 3 滴 H_2O_2，搅拌，水浴除去过量的 H_2O_2，溶液变为 $CrO_4{}^{2-}$ 的黄色，初步表示有 Cr^{3+}。然后按以下方法进一步鉴定。

过铬酸法：

在上面制得的 $CrO_4{}^{2-}$ 离心试管中加入 10 滴乙醚，2 滴 3% H_2O_2，滴加 $1mol \cdot L^{-1}$ H_2SO_4，每加 1 滴 H_2SO_4。必须充分摇动离心试管，直至乙醚层呈蓝色。

反应条件：反应需在 pH 为 2～3 的酸性溶液中进行。

8. Zn^{2+}的鉴定的反应

1）$(NH_4)_2[Hg(SCN)_4]$+0.02% $CoCl_2$ 混合溶液①

在点滴板上加 1 滴 0.02% $CoCl_2$ 及 1 滴 $(NH_4)_2[Hg(SCN)_4]$ 试剂，混匀，并无沉淀生成然后加 1 滴 Zn^{2+} 练习液，有天蓝色沉淀产生。

反应条件：反应需在弱酸性溶液中进行。

---

① Co^{2+} 与 $(NH_4)_2[Hg(SCN)_4]$ 试剂反应的灵敏度较差，但 Zn^{2+} 的存在能促使反应进行生成蓝色沉淀，借此鉴定 Zn^{2+} 的存在。

2）$(NH_4)_2[Hg(SCN)_4]$试剂（显微结晶反应）

在载片上分别滴加 1 滴 Zn^{2+} 练习液，1 滴 6mol・L^{-1} HAc 及 1 滴 $(NH_4)_2[Hg(SCN)_4]$试剂，有白色沉淀生成。在显微镜下可见羽状十字形晶形。

反应条件：反应需在弱酸或中性溶液中进行。

（二）本组离子混合液分析

1. 本组离子分析（简表见图 6.4）

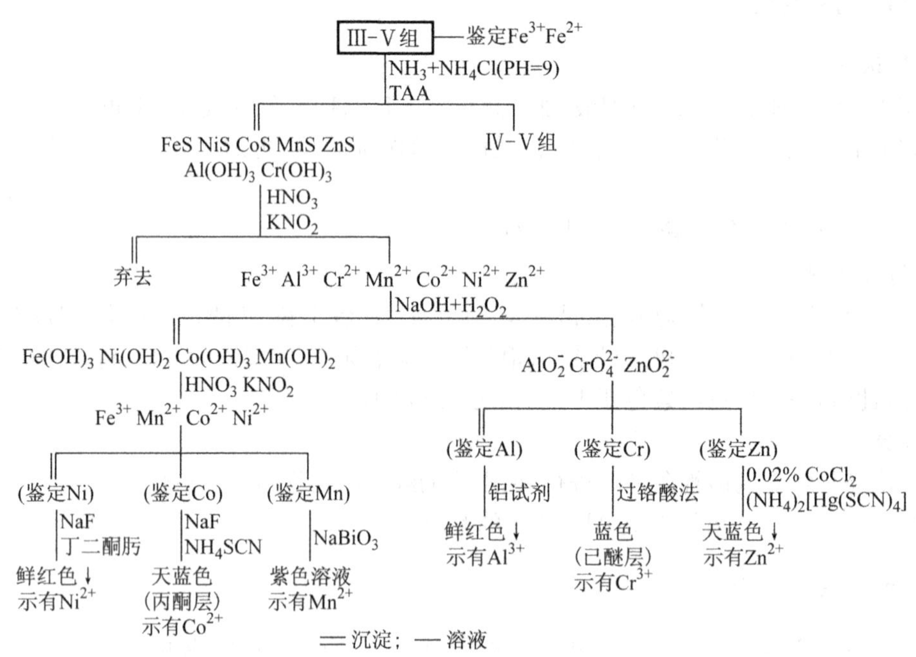

图 6.4　第三组阳离子分析简表

2. 分析过程

1）Fe^{3+} 的鉴定

取本组离子混合液 1 滴，用 $K_4[Fe(CN)_6]$试剂鉴定 Fe^{3+} 的存在情况。

2）Fe^{2+} 的鉴定

取本组离子混合液 1 滴，用 $K_3[Fe(CN)_6]$试剂鉴定 Fe^{2+} 的存在情况。

3）本组离子的沉淀

取本组离子混合液 10 滴（含本组离子浓度为 Zn^{2+} 5mg・mL^{-1}，其余各离子均为 2.5mg・mL^{-1}）①，加 8 滴 NH_4Cl，用 6mol・L^{-1} 氨水和 2mol・L^{-1} 氨水调至碱性（pH＝9），加 20 滴 TAA，加热 10min。离心沉降，检验沉淀是否完全。冷却后分离。沉淀为本组离子的硫化物

---

① 在 1～5 组阳离子系统分析中，应取第二组阳离子沉淀后的Ⅲ～Ⅴ组离心液进行分析。由于体积较大必须进行蒸发浓缩。方法：将Ⅲ～Ⅴ组离心液转入微烧杯中，加热蒸发至体积约 10 滴，然后移入离心试管，用 4 滴水洗微烧杯，并入离心试管离心弃去残渣。

或氢氧化物。用 NH_4NO_3 洗水洗 3 次，每次 5 滴，弃去洗液，沉淀按 4）分析。

4）沉淀的溶解

向 3）所得的沉淀上加 10 滴 6mol・L^{-1} HNO_3，2 滴 KNO_2，搅拌，加热 3min。弃去不溶物，离心液按 5）分析。

5）铁、镍、钴、锰与铝、铬、锌分离

向 4）的离心液中滴加 6mol・L^{-1}NaOH 至碱性，过量 3 滴，再加 5 滴 3%H_2O_2 搅拌，加热 5min，除去过量的 H_2O_2，冷却，离心分离。离心液分三份按 10）、11）、12）鉴定 Al^{3+}、Cr^{3+}、Zn^{2+}。沉淀用热水洗 2 次后按 6）分析。

6）铁、镍、钴、锰沉淀物的溶解

向 5）所得的沉淀上加 5 滴 6mol・L^{-1} HNO_3，2 滴 KNO_2，搅拌，加热 3min 沉淀溶解后，溶液分三份鉴定 Ni^{2+}、Co^{2+}、Mn^{2+}。

7）Ni^{2+} 的鉴定

取一份由 6）得到的溶液，加入 NaF 固体少许，1 滴 6mol・L^{-1}氨水，1 滴丁二酮肟，若出现鲜红色沉淀，示有 Ni^{2+}。

8）Co^{2+} 的鉴定

取一份由 6）得到的溶液于点滴板上，加 NaF 固体少许，然后加 NH_4SCN 固体少许，2 滴丙酮，有天蓝色出现，则有 Co^{2+} 存在。

9）Mn^{2+} 的鉴定

取一份由 6）得到的溶液，加 2 滴 6mol・L^{-1} HNO_3，$NaBiO_3$ 固体少许，搅拌，溶液呈紫红色，示有 Mn^{2+}。

10）Al^{3+} 的鉴定

取一份由 5）得到的离心液，用铝试剂鉴定，若有鲜红色沉淀出现，示有 Al^{3+}。

11）Cr^{3+} 的鉴定

取一份由 5）得到的离心液若呈 $CrO_4{}^{2-}$ 黄色，表示 Cr^{3+} 存在。或取一份 5）的离心液，用过铬酸法鉴定，若乙醚层呈蓝色，证实 Cr^{3+} 存在。

12）Zn^{2+} 的鉴定

将 5）剩余的溶液，用 6mol・L^{-1} HCl 酸化，分两份，分别用[$(NH_4)_2[Hg(SCN)_4]$＋0.02%$CoCl_2$]混合溶液、$(NH_4)_2[Hg(SCN)_4]$试剂显微结晶反应鉴定 Zn^{2+}。

三、思考题

（1）本组离子沉淀的条件是什么？为什么有的离子生成硫化物，而有的生成氢氧化物沉淀？

（2）试比较本组离子系统分析时的氨法和（NaOH＋H_2O_2）法的优缺点。

实验四　第四、五组阳离子混合液的分析

一、实验目的

（1）掌握第四、五组阳离子的分析特性及鉴定方法。

(2) 掌握第四、五组阳离子的分离依据及第四组阳离子的沉淀条件。

(3) 学会焰色反应技术,巩固显微结晶反应的操作技术。

二、实验内容

(一) 第四、五组阳离子的鉴定反应

1. Ba^{2+}鉴定反应

1) K_2CrO_4 试剂

取1滴 Ba^{2+} 练习液于离心试管中,加1滴 K_2CrO_4,有黄色 $BaCrO_4$ 沉淀生成。

2) 焰色反应①

以铂丝蘸取 $BaCrO_4$ 沉淀及浓 HCl,在氧化焰上灼烧,火焰呈黄绿色,证实 Ba^{2+} 存在。

2. Sr^{2+}的鉴定反应。

以铂丝蘸取 Sr^{2+} 练习液,在氧化焰上灼烧,火焰呈猩红色。

3. Ca^{2+}鉴定反应

1) H_2SO_4 试剂(显微结晶反应)

在载片上加1滴 Ca^{2+} 练习液,1滴 $3mol \cdot L^{-1}$ H_2SO_4 小火蒸发至液滴边缘出现白色固体薄层。冷却,在显微镜下观察,可见针状晶形。

2) $(NH_4)_2C_2O_4$ 试剂

在离心试管中加2滴 Ca^{2+} 练习液,2滴 $(NH_4)_2C_2O_4$ 试剂,加热,即生成白色 CaC_2O_4 沉淀。

3) 焰色反应

以铂丝蘸取 CaC_2O_4 沉淀及浓 HCl,在氧化焰上灼烧,火焰呈砖红色。

4. K^+的鉴定反应

1) $Na_3[Co(NO_2)_6]$试剂

取2滴 K^+ 练习液于离心试管中,分别加1滴 $6mol \cdot L^{-1}$ HAc 及2滴 $Na_3[Co(NO_2)_6]$试剂,混匀后,有黄色晶形沉淀产生。

反应条件:

①反应需在中性或弱酸性溶液中进行。

② NH_4^+ 有干扰。

2) $Na_2PbCu(NO_2)_6$ 试剂(显微结晶反应)

取1滴 K^+ 练习液于载片上,小火蒸至近干,冷却,用1滴 $Na_2PbCu(NO_2)_6$ 试剂润湿,

---

① 焰色反应用的铂丝,使用前预先处理干净。方法:将铂丝蘸取浓 HCl 在氧化焰上灼烧几秒,若火焰呈特殊颜色,再蘸取浓 HCl 灼烧,直至火焰无特殊颜色为止。焰色反应结束后,铂丝须用上面的方法处理干净。另外,铂丝不能在还原焰中灼烧,因为在还原焰中易生成碳化铂,使铂丝变脆。

1min 后,在显微镜下观察,可见黑色或棕色立方体晶形。

反应条件:

①反应加热时晶体溶解,冷却后晶形析出。

②NH_4^+有干扰。

3) 焰色反应

用铂丝蘸取 K^+练习液,在氧化焰上灼烧,通过钴玻璃可见紫色火焰。

5. Na^+的鉴定反应

1) 醋酸铀酰锌试剂[$Zn(UO_2)_3(C_2H_3O_2)_8$]

取 2 滴 Na^+练习液,加 8 滴醋酸铀酰锌试剂,5 滴乙醇,混匀,有黄色沉淀生成。

反应条件:反应需在中性或弱酸性溶液中进行。

2) 焰色反应

Na^+火焰颜色呈亮黄色。

6. Mg^{2+}的鉴定反应

镁试剂:在点滴板上加 1 滴 Mg^{2+}练习液,$6mol \cdot L^{-1}$ NaOH 及镁试剂各 1 滴,搅拌,有蓝色沉淀生成。

反应条件:

①反应需在碱性介质中进行。

②NH_4^+存在,要影响 Mg^{2+}鉴定的灵敏度。

7. NH_4^+的鉴定反应

1) 奈氏试剂

在点滴板上加 1 滴 NH_4^+练习液,2 液奈氏试剂,有红棕色沉淀生成。

反应条件:

①反应需在强碱性中进行;

②许多重金属离子在碱性溶液中生成沉淀,干扰 NH_4^+的鉴定。

2) 气室法

取 2 滴 NH_4^+练习液于一表面皿上,加 2 滴 $2mol \cdot L^{-1}$ NaOH,立即盖上贴有湿润的红色石蕊试纸的表面皿组成气室。在水浴上放置片刻,可见的红色石蕊试纸变蓝。

(二) 第四、五组阳离子混合液的分析

1. 第四、五组阳离子(分析简表见图 6.5)

2. 分析过程

1) NH_4^+鉴定

取 2 滴混合液(含各离子浓度为 $5mg \cdot L^{-1}$)用气室法鉴定,若红色石蕊试纸变蓝,示 NH_4^+存在。

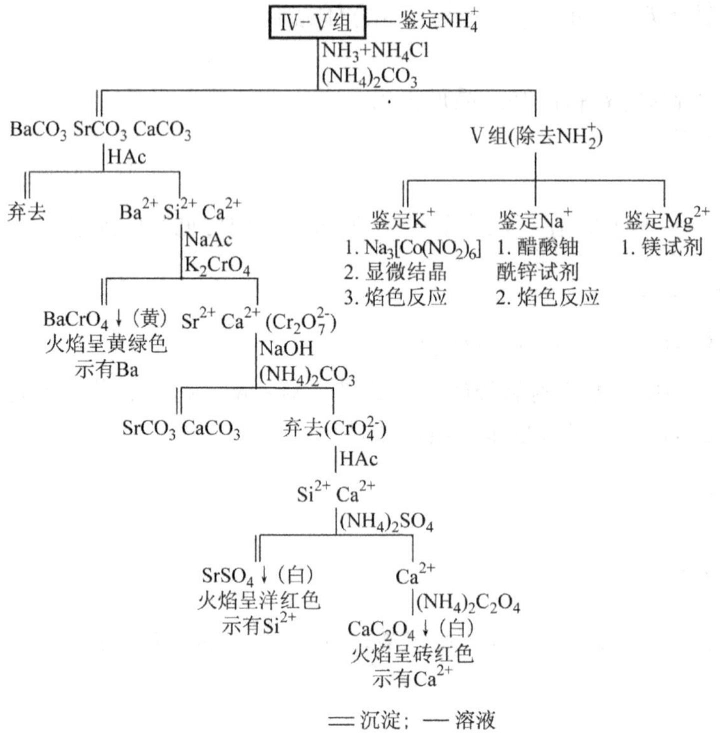

图 6.5 第四、五组阳离子分析简表

2) 第四组阳离子与第五组阳离子的分离

取第四、五组阳离子混合液 10 滴①，加 5 滴 NH_4Cl，用 2mol·L^{-1}氨水调至碱性，并过量 2 滴，加热至 60～70℃，然后加 6 滴$(NH_4)_2CO_3$，搅拌，继续 70℃加热 3min。离心沉降，检验沉淀是否完全。冷却、分离，离心液为第五组阳离子，按 8)分析。沉淀为第四组阳离子的碳酸盐，用热水洗 2 次，每次 4 滴，洗液弃去，沉淀按 3)进行分析。

3) 第四组沉淀的溶解

向 2)所得沉淀中加 5 滴 6mol·L^{-1} HAc，搅拌，加热。若沉淀不溶，补加 1～2 滴 HAc，弃去沉淀，离心液按 4)分析。

4) 钡与锶、钙的分离及钡的鉴定

向 3)所得的离心液中加 5 滴 NaAc，加热近沸，滴加 4 滴 K_2CrO_4，离心沉降，检验沉淀是否完全，分离，离心液按 5)分析。

若此时所得沉淀为黄色，初步证明有 Ba^{2+} 存在。用热水洗沉淀 2 次，以焰色反应进一步证实 Ba^{2+} 的存在。

5) 锶与钙的沉淀和溶解

将 4)的离心液用 6mol·L^{-1}氨水调至碱性，过量 1 滴，加 6 滴$(NH_4)_2CO_3$，70℃加热 3 分

① 在系统分析中，应将沉淀第三组阳离子后的第四、五组阳离子的离心液，立即用 6mol·L^{-1} HAc 酸化，并除去 H_2S。方法：将第四、五组离心液转入微烧杯，用 6mol·L^{-1} HAc 酸化后，小火蒸发除 H_2S，用 $Pb(AC)_2$ 试纸检验有无 H_2S。冷却后，加 2 滴 6mol·L^{-1} HCl 及 5 滴水。温热，搅拌，转入离心试管，微烧杯用 3 滴水洗后，并入离心试管，弃去不溶物。

钟。弃去离心液。沉淀用热水洗 2 次，加 4 滴 2mol・L^{-1}HAc，加热煮沸 1min，沉淀溶解后按 6)分析。

6) 锶与钙的分离及锶的鉴定

向 5)所得的溶液中，加 4 滴饱和$(NH_4)_2SO_4$ 溶液，加热 5min，此时白色沉淀产生，离心分离，离心液按 7)分析。

沉淀用热水洗 2 次后，以焰色反应鉴定 Sr^{2+}的存在。

7) 钙的鉴定

向 6)的离心液中加 5 滴$(NH_4)_2C_2O_4$ 有白色沉淀生成，初步证明 Ca^{2+}的存在。然后用焰色反应证实 Ca^{2+}的存在。

8) NH_4^+的除去①

将 2)所得的第五组离心液转入微烧杯中，小火蒸发至干，冷却，加 10 滴 6mol・L^{-1} HNO_3，再用小火蒸发至干，不再冒白烟，冷却。加 3 滴 6mol・L^{-1}HAc，6 滴水溶解。若有沉淀，离心弃去。取 1 滴所得的溶液，加 2 滴奈氏试剂，观察有无红棕色沉淀，若无，表明 NH_4^+已除尽。否则，需用上述方法再除 NH_4^+，直至除尽 NH_4^+。溶液作以下鉴定。

9) K^+的鉴定

①亚硝酸钴钠试剂：取 2 滴由 8)所得的溶液，加 1 滴 6mol・L^{-1}HAc，2 滴亚硝酸钴钠试剂，混匀，有黄色沉淀生成，示 K^+存在。

②显微结晶反应：取 1 滴由 8)得到的溶液于载片上，小火蒸近干，冷却，用 $Na_2PbCu(NO_2)_6$ 试剂 1 滴湿润，1min 后，在显微镜下观察，若有黑色或棕色立方体晶形，进一步证实 K^+的存在。

10) Na^+的鉴定

取 2 滴由 8)得到的离心液，加 8 滴醋酸铀酰锌试剂，5 滴乙醇，有黄色沉淀生成，示有 Na^+存在。

11) Mg^{2+}的鉴定

取 1 滴由 8)得到的离心液于点滴板上，加 1 滴 6mol・L^{-1}NaOH，1 滴镁试剂，若有蓝色沉淀出现，示 Mg^{2+}存在。

12) K^+、Na^+的焰色反应

将 8)剩余的溶液进行焰色反应，观察火焰的颜色，进一步证实 K^+、Na^+的存在。

三、思考题

(1) 在系统分析中，引起第四组阳离子丢失的原因有哪些？

(2) 在第五组阳离子鉴定时，为什么须先除去 NH_4^+？

(3) 能否用 Na_2CO_3 代替$(NH_4)_2CO_3$ 沉淀第四组阳离子？

---

① NH_4^+会干扰 K^+、Mg^{2+}的鉴定，应除去。

实验五　第一至五组未知阳离子混合液的分析

一、实验目的

检查学生对理论知识和实验操作技术的掌握情况。

二、实验内容

(1) 向教师领取未知液 2mL，取 0.5mL 根据自己设计的方案分析。

(2) 根据初步观察，试验的现象，综合起来考虑，得出初步分析结果，然后用剩余的未知液进一步验证，最后作出正确结果。

实验六　阴离子混合溶液的分析

一、实验目的

(1) 掌握 SO_4^{2-}、CO_3^{2-}、PO_4^{3-}，SO_3^{2-}、$S_2O_3^{2-}$、S^{2-}、NO_2^-、NO_3^-、Ac^-、Cl^-、Br^-、I^- 的鉴定方法。

(2) 掌握 S^{2-}、$S_2O_3^{2-}$、SO_3^{2-} 混合溶液的分析。

(3) 掌握 Cl^-、Br^-、I^- 混合溶液的分析。

二、实验内容

(一) 阴离子的鉴定反应

1. SO_4^{2-} 的鉴定反应

取 2 滴 SO_4^{2-} 试液于离心试管中，用 2～3 滴 6mol・L^{-1} HCl 酸化，然后加 2 滴 0.5mol・L^{-1} $BaCl_2$ 溶液。如有白色沉淀生成，示有 SO_4^{2-}。

2. CO_3^{2-} 的鉴定反应

取 4～6 滴 CO_3^{2-} 试液(固体更好)于验气装置内加稀 H_2SO_4 立即密封，若验气装置内悬挂的 $Ba(OH)_2$ 溶液变浑，示有 CO_3^{2-}。

3. PO_4^{3-} 的鉴定反应

(1) 取 2 滴 PO_4^{3-} 试液于离心试管中. 加 3 滴浓 HNO_3，再加 8 滴 3%钼酸铵试剂，在水浴上温热数分钟，产生黄色沉淀，示有 PO_4^{3-}。

(2) 取 2 滴 PO_4^{3-} 试液于离心试管中，加 2 滴镁混合剂，搅拌，生成白色沉淀，示有 PO_4^{3-}。

4. SO_3^{2-} 的鉴定反应

取试液 2 滴于离心试管中，加 1 滴 2mol・L^{-1} H_2SO_4 和 1 滴 I_2-淀粉溶液，蓝色消失，示

有 SO_3^{2-}。

5. $S_2O_3^{2-}$的鉴定反应

取 $S_2O_3^{2-}$ 试液 2 滴于离心试管中，加入 2～3 滴 0.3mol・L^{-1} $AgNO_3$ 试剂，搅拌，生成白色沉淀，并且沉淀迅速变黄、变棕、最后变为黑色，示有 $S_2O_3^{2-}$。

6. S^{2-}的鉴定反应

取 1 滴 S^{2-} 试液于点滴板上，加 1 滴 2mol・L^{-1} NaOH 和 1 滴 1％亚硝酰铁氰化钠，溶液出现紫红色，示有 S^{2-}。

7. NO_2^-的鉴定反应

取 1 滴 NO_2^- 试液于点滴板上，用 6mol・L^{-1} HAc 酸化，然后再加入氨基磺酸和 α-萘胺各 1 滴，立刻有红色出现，示有 NO_2^-。

8. NO_3^-的鉴定反应

1）NO_2^- 不存在时

取 2 滴 NO_3^- 试液于离心试管中，加 $FeSO_4$ 结晶少许，混合后将试管斜持手中，小心沿管壁加入 5 滴浓 H_2SO_4，静止片刻，在两液层接界处出现棕色环，示有 NO_3^- 存在。

2）NO_2^- 存在时

干扰 NO_3^- 的鉴定，应先除去 NO_2^-，取试液 5 滴于离心试管中，加约 0.1g 尿素，在不断搅拌下，逐滴加入 2mol・L^{-1} H_2SO_4，每加 1 滴，即有剧烈反应发生，应待反应中止，再加第 2 滴，至不再反应为止。放置数分钟，取 1 滴试液，再加 1 滴 I_2 淀粉溶液检查 NO_2^- 是否除尽，若未除尽溶液呈现蓝色，应重复上述操作，直至除尽为止。然后用鉴定 NO_3^- 方法进行鉴定。

9. Ac^-的鉴定反应

(1) 在离心试管中加 5 滴试液，戊醇 5 滴，浓 H_2SO_4 20 滴，微热，出现乙酸戊酯的香气示有 Ac^-。如戊醉味浓，可将离心试管的内容物制在一个装有水的小烧杯中，因酯类浮在上面，其香气更易于辨别。

(2) 取 10 滴 Ac^- 试液于离心试管中，加入 Fe^{3+} 试液（10mg・mL^{-1}），溶液出现红色，再置于沸水浴中加热，生成红棕色沉淀，示有 Ac^-。

10. Cl^-的鉴定反应

取 2 滴 Cl^- 试液于离心试管中，用 2 滴 2mol・L^{-1} HNO_3，酸化，再加入 1 滴 0.2mol・L^{-1} $AgNO_3$，生成白色沉淀，离心分离，于沉淀上加 6mol・L^{-1} NH_3・H_2O，沉淀溶解，用 6mol・L^{-1} HNO_3，酸化，白色沉淀又析出，示有 Cl^-。

11. Br^-的鉴定反应

取 2 滴 Br^- 试液于离心试管中，加 2 滴 2mol・L^{-1} H_2SO_4 酸化，加入 5 滴 CCl_4，然后逐滴

加入 NaClO，搅拌，如 CCl_4 层出现红棕色示有 Br^-。

12. I^- 的鉴定反应

取 2 滴 I^- 试液于离心试管中，用 2 滴 $2mol \cdot L^{-1} H_2SO_4$ 酸化，加入 5 滴 CCl_4 然后逐滴加入新鲜 NaClO，并剧烈搅拌。如 CCl_4 层出现紫红色，示有 I^-。继续滴加 NaClO 紫红色褪去。

（二）S^{2-}、$S_2O_3^{2-}$、SO_3^{2-} 混合溶液的分析

取上述试液各 3 滴于离心试管中，配成混合溶液。

1. S^{2-} 的鉴定

取 1 滴混合液，加 1 滴亚硝酰铁氰化钠，若有紫红色出现，示有 S^{2-}。

2. $S_2O_3^{2-}$、SO_3^{2-} 分离

1）S^{2-} 的除去

在余下的混合试液中加几毫克 $CdCO_3$，弃分搅拌，离心分离，并检验 S^{2-} 是否除尽。离心液按 2)进行 $S_2O_3^{2-}$、SO_3^{2-} 的分离。

2）$S_2O_3^{2-}$、SO_3^{2-} 分离

将除尽 S^{2-} 的试液中，滴加 $0.1mol \cdot L^{-1} Sr(NO_3)_2$ 至 $SrSO_4$ 沉淀完全，水浴加热 2 分钟，冷却，离心分离。沉淀用水洗 2～3 次后，按 3 分析，离心液按 4 分析。

3. SO_3^{2-} 的鉴定

将上面所得沉淀用 $2mol \cdot L^{-1} HCl$ 溶解后，加 1 滴 I_2 淀粉溶液。蓝色消失，示有 SO_3^{2-}。

4. $S_2O_3^{2-}$ 的鉴定

取上面所得离心液，按 $S_2O_3^{2-}$ 的鉴定方法鉴定的存在。

（三）Cl^-、Br^-、I^- 混合溶液的分析

取 Cl^-、Br^-、I^- 三种试液各 2 滴于离心试管中，配成混合液。

1. 生成卤化银沉淀

将上述混合液用 $6mol \cdot L^{-1} HNO_3$ 酸化，酸化后，滴入 $AgNO_3$ 溶液使其沉淀完全，离心分离，弃去离心液，沉淀用含 KNO_3 的水洗 2 次，并按下述步骤分离和鉴定。

2. AgCl 的溶解及的 Cl^- 鉴定

(1) 将上述卤化银沉淀，加 $2mol \cdot L^{-1} (NH_4)_2CO_3$，溶液 10 滴，充分搅拌，离心沉降，离心液用以鉴定 Cl^-，沉淀 AgBr，AgI 留作鉴定 Br^-、I^-。

(2) Cl^- 的鉴定：将上述离心液用 $6mol \cdot L^{-1} HNO_3$ 酸化，若白色沉淀出现，示 Cl^- 存在。

3. AgBr，AgI 的溶解

在 AgBr，AgI 沉淀上加水 5 滴及少许锌粉搅拌 1min，微热，离心分离，离心液用于鉴定

Br^-、I^-。

4. Br^-、I^-的鉴定

将 3 得到的离心液用 $2mol \cdot L^{-1}$ H_2SO_4 酸化，加 CCl_4 5 滴然后滴加次氯酸钠，边加边振荡，观察 CCl_4 层的颜色，若出现红紫色，示 I^-。继续滴加次氯酸钠，振荡，若 CCl_4 层由红紫色→无色→红棕色→浅黄色，示有 Br^-。

三、思考题

(1) 用 $AgNO_3$ 法鉴定 $S_2O_3^{2-}$ 时，应在什么条件下进行？为什么？

(2) 利用 S^{2-} 的什么性质与 $S_2O_3^{2-}$、SO_3^{2-} 进行分离？怎样知道已经分离完全？

(3) 本实验利用 Cl^-、Br^-、I^- 的什么性质，将它们进行分离和鉴定的？实验中应特别注意什么问题？

(4) 要做好棕色环试验应注意什么问题？

第七章　有机定性分析

实验七　初步试验

一、实验目的

（1）掌握初步审查和灼烧试验的方法。
（2）学会区分有机物和无机物，初步推测化合物可能的类型。

二、仪器与试剂

（1）仪器：小试管、表面皿、坩埚盖、坩埚钳、煤气灯等。
（2）试剂及材料：5%稀盐酸、石蕊试纸等。

三、实验内容

1. 初步审察

1）物理状态的审察

记录样品在常温下是固体还是液体，若样品是固体，注意它是无定形还是结晶形。在显微镜下观察晶形，看看样品中是否有不同形状的晶体存在。以初步判断样品的纯度，如有两种或几种不同结晶形状，则样品可能不是纯物质。如果样品是液体，则将样品放在干燥洁净的试管中。观察其中是否有固体悬浮或有互不相混的其他液相存在，黏度的大小。

2）颜色审察

大多数有机化合物在日光下是无色的。一些化合物具有颜色，往往能对它的本性的了解获得一些启示，分子中某些特征结构的存在，使化合物呈现颜色。

先记下样品的颜色，再注意观察在测定熔点或沸点时颜色的变化。物质颜色与水、有机液体、酸及碱等接触时的变化。化合物在日光下是否发生荧光。注意有色杂质的掺入或氧化，会使某些化合物显出颜色。

3）气味审察

至今尚未找出化合物的气味与其分子结构间的可靠规律。一般只能根据经验从气味粗略推测可能属何种类型化合物。

取少量样品于小表面皿中，以手招扇，嗅它的气味。在记录时，有些气味难以用言语文字表达，可以记臭、香以及像什么味等。

2. 灼烧试验

取 1～2mg 物质放在一坩埚盖边缘上，用小火火焰直接加热，有时将火焰直接对着试样上部使其在气化前即被灼烧。如果物质炭化，那么加大火焰，最后将试样强烈灼烧。如果有残渣余留，应该将它灼烧到几乎白色。如果在加热的初期阶段，也就是燃烧以前，有气体放出，那么用石蕊试纸检验放出的气体酸碱性。于灼烧所余下的残渣中加入 1 滴水，用试纸检验这水液的酸碱性，向其中加入 1 滴稀盐酸观察是否有气体放出。

注意观察燃烧时火焰的颜色，若为固体，在加热的初期阶段是否熔化？是否升华？是否发生劈劈啪啪的爆裂？是否爆炸或放出气体？灼烧后有否残渣？若有残渣，冷却后加 1 滴水，用石蕊试纸查其酸碱性。详细记录各种现象。

将实验结果记录于表 7.1。

四、思考题

(1) 哪些类型的有机化合物是有颜色的？

(2) 初步试验的结果为未知物的下一步分析鉴定提供了哪些信息？

表 7.1　初步试验实验记录格式

实验项目	试样名称								
	苯	苯胺	乙酸乙酯	乙醇	萘	醋酸钠	蔗糖	氯化铵	硫酸铜
结构式									
物态									
颜色									
气味									
燃烧									
火焰浓淡及颜色									
烟的酸碱性									
爆鸣声									
升华									
分解									
残渣颜色									
残渣水溶性及酸碱性									
残渣可能物									

实验八　有机物物性常数的测定

(Ⅰ) 熔点的测定

一、实验目的

掌握毛细管法测定有机物熔点的操作。

二、仪器与试剂

(1) 仪器:高型烧杯、水银温度计、表面皿、毛细管等。
(2) 试剂:液体石蜡。

三、实验内容

1. 毛细管的制备与填装

取一根洁净的,直径为 0.8~1cm 粗细玻璃管。在煤气灯或酒精喷灯火焰上加热,不断转动,火焰由小到大,直至玻璃管呈红黄色并且软化,立即将玻璃管离开火焰,两手水平地拉开,边拉边来回转动,拉成内径约为 1~1.2mm,管壁厚度约为 0.1mm 的毛细管。冷却后,截成 150~200mm 长的小段,并将一端在酒精灯的火焰边缘转动加热一会,使封口即成。用时将毛细管从中央切断,就得到两根熔点管。

然后取少量干燥的样品放在一洁净的表面皿上,用玻棒将它捣细研细。将毛细管开口一端插入已研细的晶粉中,然后以封闭底端在桌面上振敲,或取一高约 800mm 的干燥玻璃管直立于瓷板或玻璃板上,将装有样品的毛细管经玻璃管内反复投掷,直至毛细管内样品紧缩至 2~3mm 高。

2. 加热测定

将装有样品的毛细管附于温度计上,使样品底层面与温度计水银球的中部在同一高度,然后把附有毛细管的温度计固定于油浴中,不可碰到杯壁或杯底。

先以较快的速度加热测出样品的粗略熔点,然后使油浴冷至熔点 20℃以下,取出温度计,用手持着一直到温度降至室温。粘上另外一根新的、装有样品的毛细管,再将温度计连同毛细管一起重新插入油浴中,继续加热熔点浴,直到温度上升达到熔点之下 10~15℃,这时移去火焰一直到温度开始下降,然后按温度上升 2~3℃/min 的速度继续加热,,当温度临近熔点之下 2~4℃时,最好控制加热速度使温度上升 1℃/min。熔点以下的这最后 1℃的加热上升时间控制为 2~3min。注意观察物质开始液化(出现明显液滴)时的温度作为初熔点,试样刚好完全熔化的温度作为终熔点。并记录被测物的熔点范围。

四、思考题

在测定过程中,为什么温度接近熔点,升温速度要慢?

(Ⅱ) 沸点的测定——毛细管法

一、实验目的

掌握毛细管法测定有机物沸点的操作。

二、仪器与试剂

(1) 仪器:高型烧杯、水银温度计、沸点管(见图 7.1)等。

(2) 试剂:液体石蜡。

三、实验内容

液体试样用滴管滴入沸点管中,用手摇甩沸点管,使液体全部沉积到管底,液柱高约 6～8mm。再取一支毛细管,其外径约 1mm,长约 80～100mm,将一端封住,然后将它插入沸点管中,使开口一端浸入液体中。将装有样品的沸点管附于温度计上,使沸点管底层面与温度计水银球的中部在同一高度,然后把附有沸点管的温度计固定于油浴中,不可碰到杯壁或杯底。先缓缓加热,这时即见有空气泡自毛细管中逸出,当气泡逸出速度变快时,继续加热,直到有连续不断的气泡流自毛细管中逸出时,停止加热,直到气泡停止逸出,而液体刚好进入毛细管时,立即记下温度计的示度。这一温度读数就是液体的沸点温度。

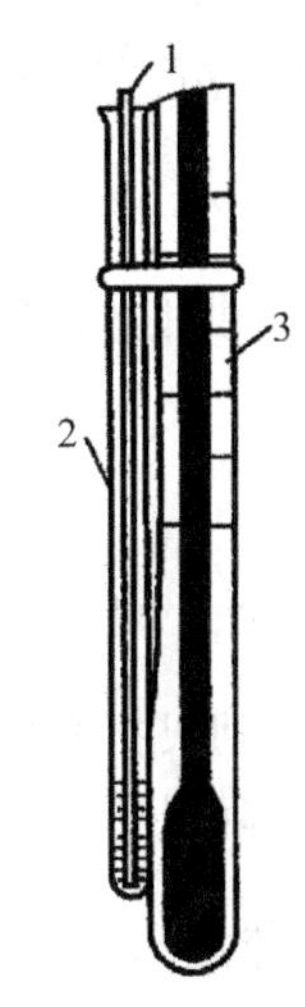

图 7.1 附于温度计上的沸点管
1. 沸点管内管;2. 沸点管外管;3. 温度计

四、思考题

测定沸点时,升温速度的快慢对结果有无影响?

(Ⅲ) 密度的测定——密度瓶法

一、实验目的

掌握密度瓶法测定液体有机物密度的操作。

二、仪器与试剂

(1) 仪器:密度瓶(见图 7.2)、恒温水浴。
(2) 试剂:乙醇,乙醚。

三、实验内容

测定时先将清洁干燥的密度瓶在分析天平上称重,然后在瓶中注满新煮沸并冷却的蒸馏水,瓶中应无气泡。浸入 20℃水浴中约 10～15min。使密度瓶内水温达到水浴温度,取出,立即盖上瓶塞,用滤纸除去溢出水,擦干后称重。两次称重之差为 20℃时水的质量。

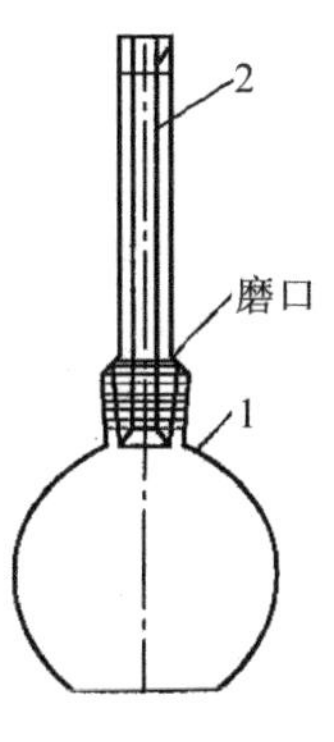

图 7.2 密度瓶
1. 密度瓶主体;
2. 毛细管

将密度瓶中的水倒出,先用乙醇,再用乙醚洗涤数次,吹干(或水倒出后将瓶烘干)。以样品代替蒸馏水,按上法同样操作,即得 20℃时样品的质量。

密度计算:

$$\rho_{20}^{20}=\frac{G_2-G}{G_1-G}$$

$$\rho_4^{20}=\rho_{20}^{20}\times 0.99823$$

式中，G 为密度瓶之质量(g)；G_1 为密度瓶及水之质量(g)；G_2 为密度瓶及样品质量(g)；0.998 23 为将 ρ_{20}^{20} 换算为 ρ_4^{20} 的系数。

四、思考题

此方法能否用来测定乙醚的密度？

(Ⅳ) 折光率的测定

一、实验目的

(1) 掌握阿贝折光仪测定有机物折射率的操作。

(2) 了解阿贝折光仪的维护与保养方法。

二、仪器与试剂

(1) 仪器：阿贝折光仪(见图 7.3)。

(2) 试剂：95%乙醇，乙醚，擦镜纸，医用棉。

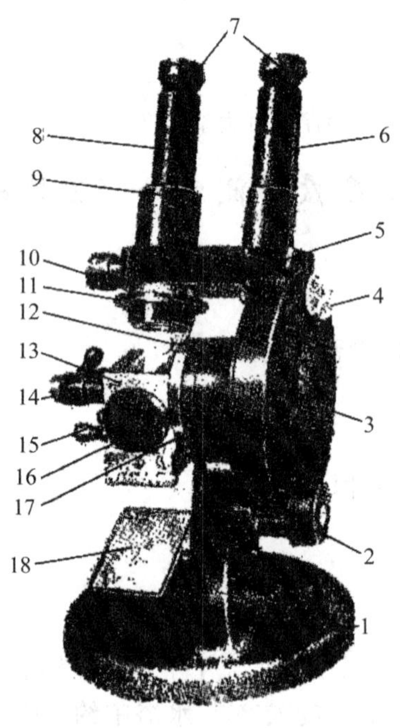

图 7.3 阿贝折光仪

1. 底座；2. 棱镜转动手轮；3. 圆盘组；4. 小反射镜；5. 支架；6. 读数镜筒；7. 目镜；8. 望远镜筒；9. 示值调节螺钉；10. 阿米西棱镜手轮；11. 色散值刻度盘；12. 棱镜锁紧扳手；13. 棱镜组；14. 温度计座；15. 恒温器接头；16. 保护罩；17. 主轴；18. 反光镜

三、实验内容

1. 清洗折光仪棱镜表面

放置折光仪于光线充足的位置，分开两面棱镜，用数滴95%乙醇清洗棱镜表面，再用镜头纸将乙醇吸干。

2. 校正

用滴管向棱镜表面注入1～2滴纯水，立即闭合棱镜并旋转，调节棱镜转动手轮至读数盘读数为1.3333，观察视场明暗分界线是否在十字线上(若视场有彩虹则转动补偿器旋钮消除)，如视场明暗分界线不在十字线上，则调节示值调节螺钉使明暗分界线在十字线上(见图7.4)。

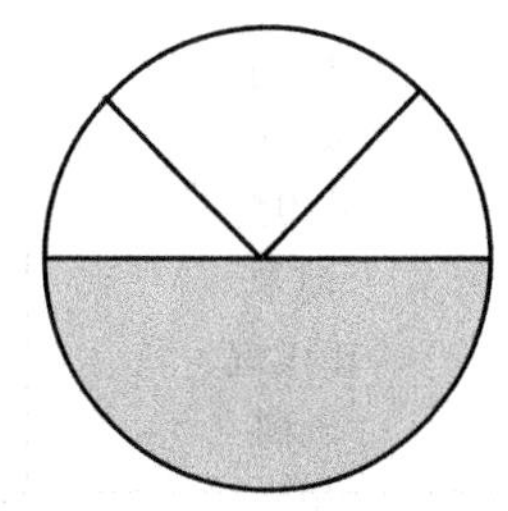

图7.4　视场明暗分界线

温度校正：若测定折射率时，其温度不在20℃指定温度时，则可用下列公式折算或参考表7.2、表7.3：

$$R_1 = R_2 + r(t_2 - t_1)$$

式中，R_1 为标准温度 t_1 时的折射率；R_2 为在温度 t_2 时的折射率；$r\left(-\frac{dn}{dt}\right)$为每差1℃时折射率的校正数。

表7.2　蒸馏水的折射率

温度/℃	折射率	温度/℃	折射率	温度/℃	折射率
0	1.33395	19	1.33308	26	1.33243
5	1.33388	20	1.33300	27	1.33231
10	1.33368	21	1.33292	28	1.33219
15	1.33337	22	1.33283	29	1.33206
16	1.33330	23	1.33274	30	1.33192
17	1.33333	24	1.33264		
18	1.33316	25	1.33254		

表7.3　供校验用的各种标准液的折射率

标准液	温度/℃	折射率
丙酮	15	1.3616
乙酸	15	1.3739
乙酸	25	1.3698
2,2,4-三甲烷	20	1.3915
戊烷	25	1.3890
四氯化碳	20	1.4603
苯	20	1.5012
苯	25	1.4981
氯苯	20	1.5247
二碘甲烷	15	1.7443

若测定温度不在20℃时，则可用表7.4校正。表中$-\frac{dn}{dt}$为温度系数，前面的负号表示液体折射率随温度的升高而减小。

表 7.4　某些液体折射率的温度系数

物　质	$-\frac{dn}{dt}$	物　质	$-\frac{dn}{dt}$
丙烯醇	0.000 41	甲酸甲酯	0.000 43
苯	0.000 48	硝基苯	0.000 46
丙酮	0.000 49	二硫化碳	0.000 78
苯乙醇	0.000 41	乙酸	0.000 38
苯甲醇	0.000 40	乙酐	0.000 40
溴苯	0.000 47	氯仿	0.000 59
正戊烷	0.000 55	氯苯	0.000 53
乙醚	0.005 6	四氯化碳	0.000 52
甲醇	0.000 41	乙醇	0.000 38

例如，15℃时测得100%乙醇的$n_D^{15}=1.3593$，则20℃乙醇的折射率

$$n_D^{20}=1.3593+0.0038\times(15-20)=1.3403$$

3. 测定

将折光仪放置在光线充足的位置，但不可受日光直射。将温度计插入棱镜旁边的小孔，与恒温水浴连接，将折光仪棱镜的温度调整至20℃，分开两面棱镜，用清洁的脱脂棉花蘸取95%的乙醇轻拭镜面，然后再用乙醚轻拭镜面，待乙醚挥发后，用滴管注入数滴试样，注意滴管不要触及棱镜。立即闭合上下棱镜，静置2～3min，调节反射镜，使光线充分射入目镜中，调节棱镜转动手轮至视场分为明暗两部分，转动补偿器旋钮消除虹彩并使明暗分界线清晰，继续调节棱镜转动手轮使明暗分界线在十字线上，记录读数，准确至小数点后第四位。轮流从每一边将分界线对准十字线上，重复观察及记录读教三次。读数间误差不得大于0.0003。三次读数平均值即为试样的折光率。

4. 折光仪的维护和保养

(1) 不可用粗糙的纸揩拭折光仪棱镜表面，须用擦镜纸或药棉，以防棱镜表面产生划痕。

(2) 勿用折光仪测定强酸、强碱或有腐蚀性物质的折光率。每次用毕，必须用乙醚擦拭与样品接触过的一切零件。

(3) 折光仪应避免强烈振动或撞击，以防止光学零件损坏及影响精度。

(4) 折光仪必须放置于清洁干燥处，不可在酸、碱潮湿的试验室中使用，更不可放置于高温炉或水槽旁。防止镜筒及棱镜部分蒙受灰尘或油渍，使用完毕，仔细检查，收拾干净，保存在干燥木盒中，并放硅胶等防潮。

四、思考题

折光仪用标准液校正的目的是什么？

(Ⅴ) 比旋光度的测定

一、实验目的

(1) 掌握旋光仪测定有机物比旋光度的操作。
(2) 了解旋光仪的维护和保养方法。

二、仪器与试剂

(1) 仪器:旋光仪 WXG-4 型(见图 7.5),100mL 容量瓶,小烧杯、玻棒等。

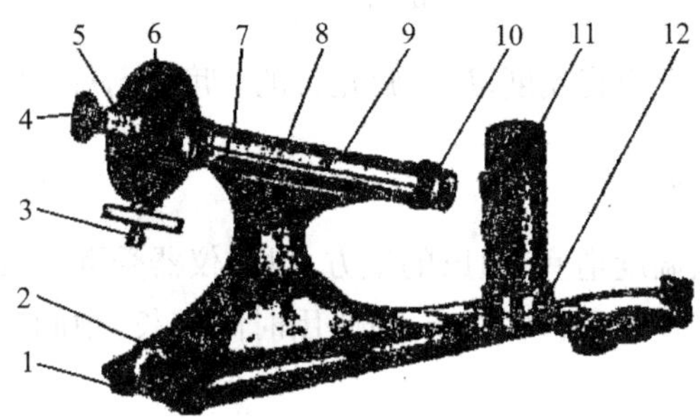

图 7.5　旋光仪

1. 底座;2. 电源开关;3. 刻度盘转动手轮;4. 放大镜座;5. 视度调节螺丝;6. 刻度盘游表;7. 镜筒;8. 镜筒盖;9. 镜盖手柄;10. 镜盖连接圈;11. 灯罩;12. 灯座

(2) 试剂:葡萄糖、氨水。

三、实验内容

1. 旋光仪零点的校正

接通电源,开亮钠光灯 5min,当灯光稳定后,进行零点校正。

用蒸馏水注入旋光管内,小心盖上玻璃片,旋紧螺帽,直至不漏水为止(把旋光管内的气泡排至旋光管的凸出部分);擦干管外壁的液体,再用擦镜纸檫去两端玻片上的液体,然后将旋光管放入镜筒内,罩上盖子,调节目镜使视场清晰,然后轻轻缓慢地转动刻度盘转动手柄,使刻度盘在零点附近以顺时针或逆时针方向转动至视场三部分亮度一致,记下刻度盘读数,准确至 0.05;刻度盘以顺时针方向转动为右旋,读数记为正值;刻度盘以逆时针方向转动为左旋,读数记为负值,数值等于 180 减去刻度盘读数值(例如此时读数为+0.2,则在以后测出的旋光角的读数应减去 0.2 才是旋光角的真正读数)。

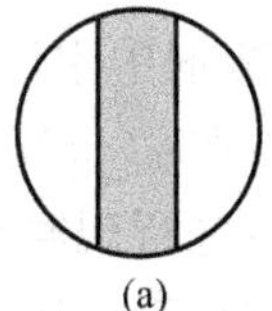
(a)

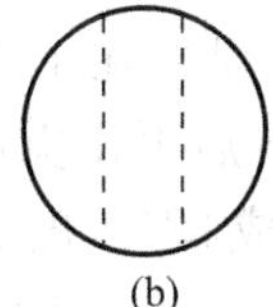
(b)

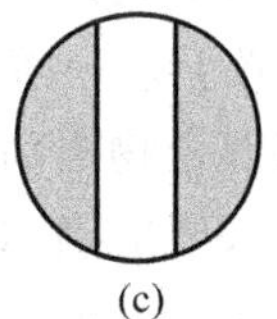
(c)

图 7.6　旋光仪视场图

(a) 视场中间暗两边亮;(b) 视场亮度一致;(c) 视场中间亮两边暗

2. 葡萄糖溶液旋光度的测定

精确称取葡萄糖样品 10g 左右，置于 100mL 的烧杯中，加浓氨水 2mL，溶解后转移至 100mL 容量瓶中，用水稀释至刻度，摇匀，放置 10min。

将旋光管中的水倾出，用葡萄糖试样液淌洗两遍旋光管，然后注满试样液，旋紧螺帽，用绒布擦净溢出管外的试样液，将旋光管放入镜筒内，转动刻度盘转动手柄，使刻度盘缓慢转动至视场三部分亮度一致，记下刻度盘读数，准确至 0.05。

20℃时葡萄糖比旋光度的计算：

$$[\alpha]_D^{20} = \frac{\alpha}{Lc}$$

式中，α 为经零点校正后试样的旋光度；L 为旋光管的长度(dm)；c 为试样的浓度($g \cdot L^{-1}$)。

3. 旋光仪的维护和保养

(1) 仪器安置在干燥、温度适宜、通风的地方，以防仪器受潮发霉。

(2) 旋光仪连续使用时间不宜超过 4h，如使用时间较长，中间应关熄 10～15min，待钠光灯冷却后再继续使用。

(3) 旋光管用后要及时将溶液倒出，用蒸馏水洗涤擦净、擦干；所有镜片均不能用手直接擦，应用柔软绒布擦。

(4) 旋光仪上各镜面应尽量保持清洁，防止灰尘沾污，故用毕应立即用布套罩上。

四、思考题

配制葡萄糖溶液时，为什么要加氨水？

实验九　溶解度分组试验

一、实验目的

掌握用不同溶剂对有机物进行分组的方法。

二、实验原理

利用有机化合物在水、乙醚、5%NaOH、5%$NaHCO_3$、5%HCl 及冷浓 H_2SO_4 等 6 种溶剂中的溶解行为不一样，将有机物按其极性大小不同和酸碱性不同分组。

一种化合物能否溶解于某一溶剂中，是指在 1mL 该溶剂中室温下溶解 30mg 的有机样品。在可疑情况下，可将混合物摇荡 2min 后再作决定，记录时(＋)表示溶解，(－)表示不溶解。若遇到临界化合物时，要准确称量配成 3%浓度的溶液进行观察后，再下判断。含氮的样品不仅要试其是否溶于 5%NaOH、5%$NaHCO_3$，还要试其是否溶于 5%HCl 中，借以判断是否属两性化合物。

图 7.7 所示为溶解度分组图。

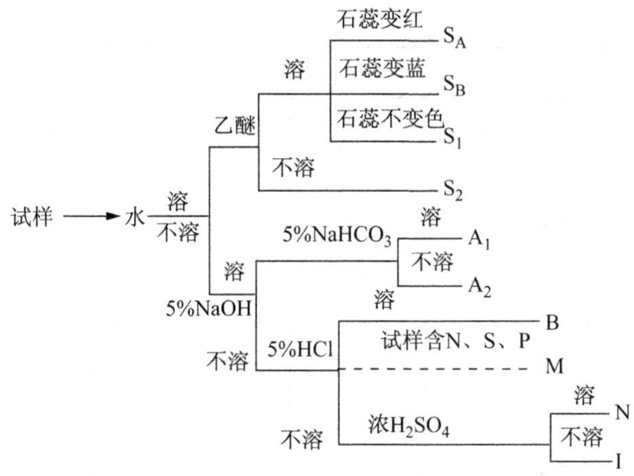

图 7.7　溶解度分组图

三、仪器与试剂

(1) 仪器：小试管，滴管。

(2) 试剂：乙醚，5%NaOH，5%$NaHCO_3$，5%HCl 及冷浓 H_2SO_4，石蕊试纸。

四、实验内容

取固体试样 30mg(液体试样 1 滴)和 1mL 溶剂于清洁、干燥的试管中，充分振荡，试样在溶剂中全部溶解记为"＋"；试样与溶剂作用放出热量、颜色变化、沉淀、气体等现象也视溶解，记为"＋"。反之为不溶记为"－"。

依次用乙醚、5%NaOH、5%$NaHCO_3$、5%HCl 及冷浓 H_2SO_4 为溶剂进行试验，将实验结果填入实验记录表(见表 7.5)内。

五、思考题

进行溶解度分组试验时能否加热？

六、注意事项

(1) 试验时溶剂必须按规定顺序进行，不得前后颠倒。

(2) 进行溶度试验一般不能加热，用水进行试验时可在水浴中温热几分钟，冷却至室温后再进行观察。溶于水的试样应用石蕊试纸检验其酸碱性。

(3) 在进行溶度试验时应记住试样所含的元素，例如一种含硫、氮不溶于水的中性化合物就不必进行浓硫酸试验；不含氮的不溶于水的化合物一般不进行盐酸试验。

表 7.5　溶度试验实验记录

试样	溶解行为						组别
	水	乙醚	5% NaOH	5% $NaHCO_3$	5%HCl	浓硫酸	
水杨酸							

（续表）

试样	溶解行为						组别
	水	乙醚	5% NaOH	5% $NaHCO_3$	5%HCl	浓硫酸	
α-萘酚							
对氨基苯磺酸							
乙酸乙酯							
苯							
苯胺							
苯乙酮							
硝基苯							
苯甲酸乙酯							
草酸							

实验十　元素定性分析

一、实验目的

（1）掌握钠熔法分解有机试样的操作。

（2）掌握氮、硫、卤素的单独鉴定和混合物分离鉴定。

二、实验原理

金属钠与有机物共熔时，使有机物分解，生成相应的无机物。

$$C、H、O、N、S、P、X \xrightarrow[熔融]{Na} NaCN、Na_2S、NaCNS、Na_3P、NaX、NaOH$$

在钠不足时生成 NaCNS，若钠过量则生成 Na_2S 和 NaCN。

三、仪器与试剂

（1）仪器：小试管，玻璃棒，漏斗，过滤架，小烧杯，10mL 量筒，石棉网等。

（2）试剂：金属钠，4mol·L^{-1}硝酸溶液，2mol·L^{-1}盐酸溶液，3mol·L^{-1}硫酸溶液，10%乙酸溶液，5%醋酸铅溶液，10%NaOH，30%KF，5%氯化铁溶液，10%硝酸银溶液，5%硫酸亚铁溶液，四氯化碳，过硫酸铵，亚硝酰铁氰化钠，新制氯水，乙酸酮-联苯胺试剂。

四、实验内容

（一）试液的制备

取金属钠 50mg（黄豆大小），用小刀刮去黄色的表层，用滤纸吸去表面煤油，投入一清洁干燥的小试管中，垂直夹好。先用小火焰加热，当钠熔化后，钠蒸汽有 1cm 高时移开火焰，立刻加入约 5mg 的固体样品，或 1～2 滴液体样品（使它直接滴到试管的底部，不要粘在试管壁上）。此时样品与金属钠发生猛烈作用，产生火花并冒出大量白烟，待反应稍缓后，继续加热，直至试管底部灼烧至红，使反应完全，并趁热将试管投入盛有 10mL 蒸馏水的小烧杯中，煮沸片刻，过滤，滤渣用蒸馏水洗涤两次，每次用蒸馏水 5mL，洗液和滤液合并，共约 50mL，滤液应为无色或淡黄色透明液体（否则须重做），用作元素定性试验。

（二）鉴定

1. 硫的鉴定

（1）醋酸铅试验：取 1mL 试液，稀醋酸酸化后，加入几滴 1%醋酸铅溶液，如有黑色沉淀表示有硫存在。若得白色或灰色沉淀表明酸化不够，须再加入醋酸后观察。反应式：

$$Na_2S + Pb(OAC)_2 \rightarrow PbS\downarrow(\text{黑色}) + NaOAC$$

（2）亚硝酸铁氰化钠试验：取 1mL 试液于试管中，加入 2～5 滴新配制的 0.1%亚硝基铁氰化钠溶液。如有红色配合物生成表明试样含有硫元素。反应式如下：

$$Na_2S + Na_2Fe(CN)_5NO \rightarrow Na_4Fe(CN)_5NOS$$

生成的配合物极不稳定，会很快褪去，故应及时观察。

2. 氮的鉴定

（1）联苯胺蓝试验：取 2mL 滤液，用 5～6 滴 10%醋酸酸化，加入数滴醋酸铜—联苯胺试剂（沿管壁徐徐加入，勿摇混），若有蓝色环在两层液面交界处生成，表明有氮元素。

如有硫离子存在，需先在试液中加入 1～2 滴 1%醋酸铅（不可太多）使其生成 PbS 沉淀过滤，用滤液进行以上试验。

（2）普鲁士蓝试验：取 2mL 试液，加 2 滴 $3mol \cdot L^{-1}$ NaOH 溶液、2 滴饱和硫酸亚铁铵溶液及 2 滴 30%氟化钠溶液，摇匀后煮沸，再微沸 0.5min，趁热滴加 $3mol \cdot L^{-1}$ H_2SO_4 使氢氧化铁和氢氧化亚铁沉淀恰好溶解为止，然后加 2 滴 5%氯化铁溶液，有蓝色或蓝色沉淀出现，即表明有氮元素存在。若试液中有硫离子也应先加醋酸铅除去后再进行本实验。

3. 硫、氮同时鉴定

硫和氮同时存在时，很有可能生成 CNS^-，可作如下鉴定：取 1mL 试液，加稀盐酸酸化，再加 1 滴 5%$FeCl_3$ 溶液，若有红色出现，表明有 CNS^- 存在。

有时单独鉴定硫和氮时都得到了正结果而在本实验中鉴定不出来，这是因为在钠熔时硫氰酸钠被过量的钠分解为 NaCN 和 Na_2S 的缘故。

4. 卤素的鉴定

1）拜尔斯坦(Beilstein)试验

将一根紫铜丝的一头弯成一小圈，在煤气灯上灼烧至不产生颜色，然后蘸取少许样品，在火焰边缘上灼烧，如有绿色火焰发生，则表明有卤素。

氟化铜不挥发，无上述现象。此法虽很灵敏，但需与 $AgNO_3$ 试验互相参证。因为脲、硫脲、喹啉及吡啶等衍生物也能产生同样的绿色火焰。

2）卤化银试验

取 4mL 钠熔后的试液加数滴稀硝酸酸化后，在通风橱内煮沸数分钟以除去硫化氢和氰化氢（无氮、硫则免去此步），再加数滴 5%AgNO3 溶液，有白色或淡黄色沉淀表明有卤素存在。

3）氯、溴、碘的分别鉴定

①高锰酸钾法　取 1mL 试液于小试管中，加入 5 滴 0.1mol・L^{-1} 高锰酸钾及 5 滴 6mol・L^{-1} HNO_3 摇动 1～2min 后。加入 15～20mL 草酸以除去过量的高锰酸钾。然后加入 10 滴 CS_2（或 CCl_4），再摇 2min 放置分层，在水层溶液加 1mL6mol・L^{-1} 的 HNO_3，并煮沸 2min，冷却，加入 2 滴 5%硝酸银溶液，有白色沉淀表示有氯存在。

用 CS_2 层（或 CCl_4 层）溶液检验溴和碘：如试液中溴碘不存在，CS_2 层为无色；仅有碘时 CS_2 层为紫色；若 CS_2 层显红棕色时则为溴，或溴、碘同时存在。此时需进一步检验溴和碘，即在此红棕色的 CS_2 中加入 2 滴丙烯醇，丙烯醇与溴反应而使 CS_2 层的红棕色消失，则证明是溴存在。溴、碘均存在时，这时 CS_2 层由红棕色变成为紫色。

此试验是根据高锰酸钾在硝酸介质中只能氧化 Br^-、I^-，而不能氧化 Cl^-，氧化生成的溴和碘溶于 CS_2 中而 Cl^- 仍留在水层中。

如果试样中含碘量相当高，则 CS_2 层在未用丙烯醇处理以前显紫色，将溴的红棕色掩蔽。在这种情况下，用这个方法就不能同时鉴定溴和碘。

②亚硝酸法　取 10mL 试液用稀硫酸酸化并煮沸数分钟，冷却。再取其中 1mL 加 0.5mLCCl_4 和几滴亚硝酸溶液（或少量固体 $NaNO_2$），如 CCl_4 层显紫色，证明有碘。

检验溴时要将此溶液加过量 $NaNO_2$ 溶液（或固体 $NaNO_2$），分次用 CCl_4 将碘提取干净，加热煮沸几分钟，再加 0.5mLCCl_4 和 2 滴新配制的氯水溶液（或直接通氯气），CCl_4 层显红棕色证明有溴。

将余下的 9mL 溶液稀释到 50mL，加 2mL 浓硫酸和 0.5g 过硫酸钠。煮沸 5min 后冷却。加入几滴 5%$AgNO_3$ 溶液，如有白色沉淀，证明有氯。

实验十一　官能团检验

一、实验目的

（1）掌握各种官能团的检验方法；

（2）熟悉各官能团的特征反应。

二、实验内容

（一）烃类的检验

1. 烯烃的检验

1）溴的四氯化碳试验

试剂：2%溴-四氯化碳，四氯化碳。

取 30～50mg 试样于干燥试管中，加入 1～2mL 四氯化碳使其溶解，然后逐滴向此溶液中加入 2%溴的四氯化碳溶液，边加边摇。若溴的颜色不断褪去表明试样为不饱和烃。

2）高锰酸钾试验

试剂：1%高锰酸钾，丙酮。

将 20～30mg 试样溶于 2mL 水或丙酮（不含醇）中。溶解后向此溶液中逐滴加入 1%的高锰酸钾溶液，边加边极力摇荡。高锰酸钾加入量超过 0.5mL 仍不出现紫色表明试样含不饱和官能团或含还原性官能团。

2. 芳烃的检验

1）甲醛—硫酸试验

试剂：四氯化碳，40%甲醛溶液，浓硫酸。

将 30mg 试样溶于 1mL 非芳烃溶剂（如己烷、环已烷或四氯化碳）中，取此溶液 1～2 滴加到 1mL 试剂中（试剂是临时配制的，配法：取 1 滴福尔马林（37%～40%甲醛水溶液）加到 1mL 浓硫酸中，加以轻微摇荡即成）。加入试样后，注意观察试剂表面所发生的颜色变化，并观察摇荡以后颜色的变化。若有颜色产生表明试样含有芳烃。

最好事先将溶剂做一次空白试验，以防其中可能含有芳烃杂质。

2）无水三氯化铝—三氯甲烷试验

试剂：无水三氯化铝固体，三氯甲烷。

具有芳香结构的化合物通常在无水三氯化铝存在下与氯仿反应生成有颜色的化合物。

取约 100mg 无水三氯化铝放入一干燥的试管中，用强烈火焰灼热，使三氯化铝升华至管壁上，冷却。将 10～20mg 试样溶于 5～8 滴三氯甲烷中，将所得溶液沿着管壁倒入上述试管中，注意观察当溶液与三氯化铝接触时所发生的颜色变化。若有颜色产生表明试样含有芳烃。

（二）卤代物的检验

1. 硝酸银醇溶液试验

试剂：饱和硝酸银乙醇溶液。

将 2～3 滴试样加到 1mL 饱和的硝酸银醇溶液中，注意观察在 2min 之内是否有卤化银沉淀生成。如果没有沉淀，温热反应混合物 2min，再观察结果。

由于分子结构不同，各种卤代物与硝酸银醇溶液的反应，在反应速度上有很大差别。

2. 碘化钠—丙酮溶液试验

试剂：碘化钠-丙酮溶液。

在 1mL 碘化钠-丙酮溶液中加入 2 滴氯化物或溴化物试样。若试样为固体，则取 50mg 溶于尽可能少量的丙酮中，再将此溶液滴至试剂中。摇荡试管，然后在室温下静置 3min，注意观察是否有沉淀生成，并注意溶液是否转变为红棕色（由于有游离碘析出）。若在室温下无反应发生，将反应物在 50℃水浴中温热 6min，冷至室温后再注意观察是否有反应发生。有沉淀析出表明试样中有活泼的氯或溴。

（三）羟基化合物的检验

1. 醇类的检验

1）硝酸铈试验

试剂：硝酸铈试剂。

将 2 滴试样加入 2mL 水中，溶解后加入 0.5mL 硝酸铈试剂，摇荡后观察溶液颜色的变化，呈红色表明试样为醇。

2）酰氯试验

酰氯与羟基化合物作用形成酯，这些酯在水中的溶解度比原来的羟基化合物为小，容易分层析出。且低级醇的酯往往具有水果香味，可以此来鉴别。

试剂：乙酰氯、固体碳酸钠、苯甲酰氯、10%氢氧化钠。

①乙酰氯法　将 50mg 试样放入一干燥试管中，加入 5 滴乙酰氯，放置 3min，如果无反应发生，将试管温热 2min，并加入 2mL 水，用少量固体碳酸钠进行盐析（低级醇的酯易溶于水），若分层且具有水果香味，表明试样中有醇。

②苯甲酰氯法　在一试管中加入 50mg 试样，5 滴苯甲酰氯及 1mL10%氢氧化钠溶液，塞紧管口，将试管极力摇荡，用石蕊试纸检验反应液，如果不呈碱性，则再加入 10%氢氧化钠溶液，再摇荡，溶液呈碱性后，注意观察现象并闻气味。

3）矾-8-羟基喹啉试验

8-羟基喹啉钒试剂的配法：0.5mL 钒酸铵中加 1～2 滴 8-羟基喹啉溶液。

将 2 滴试液（溶于水、苯或甲苯中）放入一小试管中，加入 4 滴 8-羟基喹啉钒试剂，将混合物在不断摇荡下插入 60℃水浴中温热，在 2～8min 后颜色转变为红色，即表明有醇羟基存在。在进行少量醇样品检验时，可进行空白对照试验。

4）高锰酸钾-2,4-二硝基苯肼试验

伯醇与仲醇能被氧化成为羰基化合物，再使后者转化为 2,4-二硝基苯腙来鉴定，叔醇无此反应。

试剂：高锰酸钾溶液，$2mol \cdot L^{-1}$硫酸，草酸溶液，2,4-二硝基苯肼试剂。

取 4～5 滴试样放入试管中，加入 5mL 高锰酸钾溶于 $2mol \cdot L^{-1}$ 硫酸中，将混合物摇荡 2～3min，伯醇与仲醇即被氧化成醛或酮，而高锰酸根离子则被还原成二氧化锰（棕色沉淀）。加入足量的草酸使二氧化锰溶解，以及使过量的高锰酸根离子还原，于是溶液变澄清。然后加入 3mL2,4-二硝基苯肼试剂，若有 2,4-二硝基苯腙沉淀析出，即表明正性结果。若无沉淀，加入 5mL 水以后，有沉淀析出，亦表明正性结果。

5）卢卡斯（Lucas）试验

用无水氯化锌盐酸中的饱和溶液与醇类反应。根据反应时生成相应氯代烃的速度来区别伯、仲和叔醇。

试剂：卢卡斯试剂。

取 2mL 卢卡斯试剂于干燥试管中，加 5～6 滴试样，极力摇震，静置后，溶液很快分层为叔醇；10min 内分层为仲醇，不浑浊不分层为伯醇。

如果对于仲醇或叔醇的识别尚有怀疑时，可将 2～4 滴醇与 2mL 浓盐酸混合摇荡。在这样的条件下，仲醇不会转变为氯代烃，而叔醇一般在 10min 内便转变为氯代烃，从而可以识别两者。

6）高碘酸试验——鉴定邻二醇

大多数二元或多元邻羟基醇及糖类都能被高锰酸钾氧化成为甲醛、甲酸及水。这个反应对邻二醇有选择性。

反应中所生成的碘酸能与硝酸银的稀硝酸溶液作用，生成白色的碘酸银沉淀。

试剂：5％高锰酸钾溶液，浓硝酸，5％硝酸。

在试管中加入 1mL5％高碘酸钾溶液中，然后加入 1 滴浓硝酸（勿过量），混合后加入 2 滴试样，摇动后，再加入 2 滴 5％的硝酸银溶液，立即有白色碘酸银沉淀析出表明是正性结果。

2. 酚类的检验

1）溴水试验

酚类能使溴水褪色，形成溴代酚析出。

试剂：饱和溴水。

将 1mL 试样于试管中，逐滴加入饱和溴水溶液，若溴的颜色不断退去并析出白色沉淀即表明正性结果。

2）三氯化铁试验

大多数酚类、烯醇类遇三氯化铁均能形成有色配合物。

试剂：2.5％三氯化铁溶液，95％乙醇。

取 1mL 试样于试管中，加入 5 滴 2.5％三氯化铁水溶液，注意溶液的颜色变化或沉淀的生成。若颜色不稳定.很快退去，可沿管壁加 1 滴三乙醇胺。

3）4-氨基安替吡啉试验

在碱性溶液中，以铁氰化钾作氧化剂，首先使酚氧化成醌，再与 4-氨基安替吡啉反应，生成红色的安替吡啉染料。

试剂：2％ 4-氨基安替吡啉溶液，1％碳酸钠溶液，8％高铁氰化钾。

在小试管中加 20～30mg 样品，加入 1mL 水作溶剂（如果样品不溶于水，则加 1mL 甲醇），加 2 滴 2％4-氨基安替吡啉和 4 滴 1％碳酸钠后，再加 5 滴 8％高铁氰化钾。混合后，溶液显红、紫或橙色则表示正结果。如果显黄色则为负结果。

（四）醚类检验

氢碘酸试验

试剂：冰醋酸，57％氢碘酸，硝酸汞溶液。

取 50～100mg 试样放入试管中，加入 1mL 冰醋酸，再加入 1mL57％氢碘酸与几颗沸石，距试管口 1～2cm 处塞入厚约 8～10mm 的特制药棉，并于试管口上面盖一块用硝酸汞润湿过的滤纸。将试管置于 130～140℃油浴中加热，若滤纸显出橙红或朱红色，即表明正性结果。

特制药棉用来除去可能逸出的碘化氢及硫化氢等干扰气体。

（五）羰基化合物的检验

1. 2,4-二硝基苯肼试验

试剂:2,4-二硝基苯肼溶液。

将2mL2,4-二硝基苯肼试剂于试管中,加入3～4滴试样,摇动,有红色或橘黄色沉淀析出表明为羰基化合物。

2. 次碘酸钠试验(碘仿试验)

凡具有甲基酮结构或其他易被氧化成为甲基酮结构的化合物,均能与次碘酸钠作用生成黄色的碘仿沉淀。

试剂:10％氢氧化钠,碘一碘化钾溶液。

溶解100mg试样于1mL水中(若样品不溶于水,则用1,4-二氧六环作溶剂),加入1mL10％氢氧化钠溶液,然后逐滴加入碘一碘化钾溶液,边加边摇动,直到溶液中有过量碘存在(溶液显棕红色)为止。将试管插入60℃的温水浴中。若碘的颜色退去,再补加几滴碘一碘化钾溶液直到碘的颜色持续2min不退,然后加入数滴10％氢氧化钠溶液,直到碘的棕色刚好褪去。将试管从水浴中取出,加入10mL水,若有黄色晶体碘仿析出即表明正性结果。

3. 斐林试验

斐林试剂是由硫酸铜和酒石酸钾钠在碱性介质中配制而成的蓝色溶液,它能氧化脂肪族醛类,产生红色的氧化亚铜沉淀,而不能氧化芳香族醛类。

试剂:斐林试剂。

斐林试剂不稳定,必须在使用前临时将1mL斐林试剂A与1mL斐林试剂B混合置于试管中,加入50～100mg样品,将试管放入沸水浴中加热5min,然后取出试管,冷却,析出红色或黄色沉淀表示为正结果。

4. 托伦试验

银氨配合离子通常称为托伦试剂,它能被大多数醛还原成金属银,产生银镜。此试验可用来检验脂肪族和芳香族的醛类。

试剂:托伦试剂。

取40～50mg试样放至2mL新配制的托伦试剂中,摇荡试管,然后静置10min,如果在这个时间中无反应发生,则将试管放入35℃的温水浴中加热5min,观察是否有银镜形成。

5. 希夫试验

试剂:希夫试剂。

将3滴试样加到2mL无色希夫试剂中,不要加热,在10min内有红紫色出现即表明正结果。

（六）羧酸的检验

1. 酸化甲基红试验

试剂：0.1%甲基红溶液，0.1mol·L^{-1}氢氧化钠溶液。

取0.1%甲基红溶液1mL，滴加0.1mol·L^{-1} NaOH溶液恰好呈黄色，然后加入少许样品，若溶液变红色，即为正性结果。

2. 碘酸钾-碘化钾试验

试剂：2%KI溶液，4%KIO_3溶液，0.1%淀粉溶液。

取50mg试样（或2滴样品在中性乙醇中的饱和溶液）于小试管中，加入5滴2%KCl溶液及5滴4%KIO_3溶液，塞好试管，置沸水浴中加热1～2min，冷却，加入5滴0.1%淀粉溶液，若样品为酸，则呈现蓝色。

在某些情况下需要多加一些淀粉溶液方能出现碘一淀粉复合物的特征蓝色。

可取数毫克固体试样与数毫克干燥的KI及KIO_3共同研细，若有碘的棕色出现即表明正性结果，如果对这个判断发生怀疑时，可在混合物中加入5滴水及2～4滴淀粉溶液再进行观察。

3. 羟肟酸铁试验

试剂：盐酸羟胺甲醇溶液，氢氧化钠甲醇溶液，3mol·L^{-1}盐酸溶液，10%三氯化铁溶液，pH试纸。

取50mg（或2～3滴）试样于一试管中，加入1mL盐酸羟胺甲醇溶液，然后逐滴加入氢氧化钾甲醇溶液直至呈显著碱性，将混和物加热至沸，冷却至室温后，逐滴加入3mol·L^{-1}盐酸溶液至弱酸性，加2滴10%三氯化铁溶液，若有紫红色呈现，即表明正性结果。

（七）硝基化合物的检验

锌-乙酸试验

试剂：锌粉，冰乙酸，50%乙醇，5%硝酸银溶液，5%氢氧化钠溶液，2%氨水，6mol·L^{-1}硝酸溶液。

取50mL试样和2mL50%的乙醇于试管中，加4滴冰乙酸和50mg锌粉，将溶液加热至沸，放置5min后过滤，用滤液进行托伦试验。

取0.5mL5%硝酸银溶液和1滴5%氢氧化钠溶液于试管中，滴加氨水直至形成氢氧化银沉淀又溶解为止；加入上述滤液2mL，摇匀，静置片刻，如果有银镜或有银粒沉淀生成，即表明正性结果。

（八）胺类的检验

1. 兴士堡试验

试剂：苯磺酰氯，10%氢氧化钠溶液，10%盐酸溶液。

取 5 滴试样和 4mL10％氢氧化钠溶液于试管中，加 2 滴苯磺酰氯，充分摇动，此时，若反应放热，可用水冷却；若不起反应，则用水浴温热。当苯磺酰氯作用完后，用水冷却，观察有无沉淀存在。若有固体沉淀，进行过滤分离，分出的固体，试验其在水、盐酸溶液、氢氧化钠溶液中的溶解情况。

固体在水、盐酸溶液、氢氧化钠溶液中均不溶解表明试样为仲胺。溶液无油状物、无固体析出，加入 10％盐酸溶液后有沉淀析出，表明试样为伯胺。溶液无固体析出，仅有油状物，加入浓盐酸后油状物溶解，表明试样为叔胺。

2. 2,4-二硝基氯苯试验

试剂：乙醚，1％2,4-二硝基氯苯的乙醚液。

取 2 滴试样的乙醚溶液和 2 滴 1％2,4-二硝基氯苯的乙醚液混合，当乙醚溶液蒸发干后有黄色残渣或环即表明正结果。反应最好在点滴板上进行。

3. 亚硝酸试验

试剂：浓盐酸溶液，亚硝酸钠固体，10％氢氧化钠溶液，碘化钾一淀粉试纸，β-萘酚试液。

取 0.5mL 试样于试管中，加 1mL 浓盐酸和 2mL 水，用冰水浴将溶液冷至 5℃以下。另取一支试管加入 0.3g 亚硝酸钠和 2mL 水，待亚硝酸钠溶解后慢慢滴加亚硝酸钠溶液于试样液中，直至试样液遇碘化钾-淀粉试纸变蓝。按下列现象区别伯、仲、叔胺。

溶液无固体或油状物析出，加数滴 β-萘酚试液后有橙红色沉淀析出表明试样为芳伯胺。溶液有黄色固体或油状物析出，加碱不变色表明试样为仲胺。溶液有黄色固体析出，加 10％氢氧化钠溶液至碱性固体颜色转为绿色表明试样为叔胺。

（九）氨基酸的检验

茚三酮试验

试剂：0.1％茚三酮水溶液。

溶解 10mg 样品于 3mL 水中，加入 1mL0.1％茚三酮水溶液，将混合物加热至沸 1～2min。若有紫色、蓝色或红紫色生成，即表明正性结果。

实验十二　未知物鉴定

一、实验目的

（1）掌握未知物鉴定的一般步骤。
（2）学会有关文献的查阅。

二、实验内容

领取一份未知样品，按有机物定性分析的一般步骤进行试验，结合文献数据的查阅，推断出未知物为何物。

三、实验记录

样品号：__________

（1）初步试验：

物态__________颜色__________气味__________灼烧__________

（2）物理常数测定：

熔点（或沸点）__________ n_D^{20} __________ d_{20}^{20}__________

（3）元素分析：

（4）分组试验：

H_2O	乙醚	5%NaOH	5%$NaHCO_3$	5%HCl	浓 H_2SO_4	组　别

（5）官能团检验：

试　验	现　象	结　论

（6）查阅文献：

（7）结论：

第八章　定量化学分析

实验十三　分析天平的称量练习

一、实验目的

(1) 了解分析天平的构造，学习分析天平的正确操作方法。
(2) 初步掌握直接称量法、减量法的操作方法。
(3) 学会正确读数及正确运用有效数字。

二、仪器与试剂

(1) 仪器：分析天平，台秤，锥形瓶(250mL)，干燥器，称量瓶，小玻棒。
(2) 试剂：NaCl 固体

三、实验内容

1. 直接称量

称取一小玻璃棒的重量，准确至小数后第四位，称出质量记录后与标准值核对。

2. 减量法

称取 NaCl 两份于锥形瓶中，各重 0.4～0.6g，准确至小数点后第四位。

四、数据记录

1. 直接称量

(1) (　)号玻棒。
(2) 玻棒重(　)g。

2. 减量法

	Ⅰ	Ⅱ	Ⅲ
称取瓶＋NaCl 重/g(倒出前)			
称取瓶＋NaCl 重/g(倒出后)			
NaCl 重/g			

五、思考题

(1) 为什么在天平梁没有托住前绝对不许把任何东西放在盘上或从盘上取下？

(2) 在称量的数据记录中，如何正确运用有效数字？

(3) 在称量样品时若要求称量误差不大于±0.1%，则直接称量时应至少要称取多少克？减量称量时应至少要称取多少克？

实验十四　容量仪器的校准

一、实验目的

(1) 初步学习滴定管、容量瓶和移液管的使用方法。

(2) 掌握分析天平的称量操作。

(3) 了解容量仪器校准的意义，掌握容量仪器的校准方法。

二、量器校准原理

滴定分析法所用的量器主要有三种：滴定管、移液管和容量瓶。测量溶液体积可用不同的量器，滴定管和移液管所表示的容积，是指放出液体的体积，称为量出式容器，在仪器上常以A标记；容量瓶所表示的容积是指它容纳液体的体积，称为量入式容器，在仪器上常以E标记。

严格地讲，容量仪器的容积不一定与它所标示的体积(mL)完全一致。因此，在准确度要求很高的分析中，必须对以上三种量器进行校准。

校准容量仪器的方法通常有两种：

1. 相对校准

当要求两种容量器皿有一定的比例关系时，可采用相对校准的方法。例如用25mL移液管量取液体的体积应等于250mL容量瓶容纳体积的1/10。

2. 绝对校准

绝对校准即是测定容量器皿的实际容积，常采用称量法。即在分析天平上称量容器容纳或放出纯水的质量。查得该温度时纯水的相对密度ρ，根据公式$y=m/\rho$，将纯水的质量换算成纯水的体积。但是玻璃容器和水的体积均受温度的影响，称量时也受空气浮力的影响，故校准时应考虑下列三种因素：

(1) 水的相对密度受温度的影响。

(2) 在空气中称量时受空气浮力的影响。

(3) 玻璃的膨胀系数随温度变化的影响。

将上述三种因素考虑在内，可以得到一个总校准值，由总校准值得出表8.1所示数据。

表 8.1 充满在 1mL(20℃)玻璃器皿中的纯水质量

(在空气中用黄铜砝码称量)

温度/℃	1mL 水的质量/g	温度/℃	1mL 水的质量/g	温度/℃	1mL 水的质量/g
10	0.998 39	17	0.997 66	24	0.996 38
11	0.998 32	18	0.997 57	25	0.996 17
12	0.998 23	19	0.997 35	26	0.995 93
13	0.998 14	20	0.997 18	27	0.995 69
14	0.998 04	21	0.996 96	28	0.995 44
15	0.997 93	22	0.996 80	29	0.995 18
16	0.997 80	23	0.996 60	30	0.994 91

利用表 8.1,可以方便地将水的质量换算成测试温度下的体积。例如:在 21℃时由滴定管放出 10.03mL 水,其质量为 10.04g。查表 8.1 知道 21℃时每 mL 水的质量为 0.996 96g,因此,其实际容积为

$$V_t = 10.04/0.99696 = 10.07(\text{mL})$$

故该滴定管从 0～10mL 刻度这一段容积的误差为 10.07－10.03 ＝＋0.04(mL)。按同样方法可以计算出滴定管各部分容积的误差值。

三、仪器

分析天平,酸式滴定管(50mL),容量瓶(250mL),移液管(25mL),具塞锥形瓶(50mL),普通温度计(0～50℃或 0～100℃),透明胶纸。

四、实验内容

1. 滴定管的校准

准备一只洗净且外部擦干的具塞 50mL 锥形瓶,在分析天平上称出其质量(称准至 0.001g),记录数据。将待校准的滴定管充分洗净,加水调至滴定管"零"刻度处,记录滴定管始读数。然后以每分钟不超过 10mL 的流速放出 10mL 水(不必恰等于 10mL,但相差也不应大于 0.1mL),置于此锥形瓶中,记录滴定管的读数。将锥形瓶玻塞盖上,称出它的质量,并记录,两次质量之差即为放出水的质量。

滴定管以 10mL 作为一个量程段,每个量程段都需做校准。同时测量水温,查表 8.1,求出各段滴定管体积的校准值。以滴定管读数为横坐标,校准值为纵坐标,绘制滴定管校准曲线。滴定管校准记录格式参见表 8.2。

表 8.2　滴定管校准

滴定管读数 mL	读出的体积 mL	(瓶+水)的质量 g	水质量 g	实际体积 mL	校准值 mL
(始读数)		(空瓶)			

(水的温度________℃,1mL 水的质量________ g)

2. 移液管和容量瓶的相对校准

在实验中,移液管与容量瓶配合使用,在这种情况下,只需要知道它们之间的体积相对比例关系。因此,只需作移液管与容量瓶体积的相对校准即可。

校准的方法是:取洗净、干燥的 250mL 容量瓶 1 只,用 25mL 移液管准确移取纯水 10 次,放入容量瓶中。然后观察容量瓶中液面最低点是否与标线相切,如不相切,用透明胶纸另作标记,使用时即用此记号。

经相互校准后的移液管和容量瓶必须配套使用。

五、思考题

(1) 称量水的质量时,应称准至小数点后第几位数字?为什么?
(2) 将纯水从滴定管放入容量瓶内时应注意哪些问题?
(3) 滴定管校正时,为什么要用具塞锥形瓶?
(4) 影响容量器皿校正的主要因素有哪些?

实验十五　酸碱标准溶液的配制和体积的比较

一、实验目的

(1) 了解标准溶液的配制方法。
(2) 掌握滴定管的正确使用和准确地确定终点的方法。
(3) 熟悉甲基橙和酚酞指示剂的使用和终点的颜色变化。
(4) 学习正确记录数据和结果处理的方法。

二、实验原理

标准溶液是指已知准确浓度的溶液。一般采用下列两种方法配制:准确称取一定量的物质溶解后定量转移入容量瓶,即可求出标准溶液的准确浓度。这种方法称直接法。适用这个方法配制标准溶液的物质必须符合基准物质的要求。很多物质不能用直接法配制,可先配制接近于所需要浓度的该种物质的溶液,然后用基准物来标定其浓度,这种方法称间接法。本实验是用间接法配制酸碱标准溶液。

三、仪器和试剂

（1）仪器：酸式滴定管，碱式滴定管，台秤，烧杯（150mL），锥形瓶（250mL），试剂瓶（500mL），量筒（10mL 或 100mL）。

（2）试剂：NaOH，浓盐酸（$12mol \cdot L^{-1}$），0.1%甲基橙指示剂，1%酚酞指示剂。

四、实验内容

1. $0.1mol \cdot L^{-1}$ HCl 溶液的配制

用量筒量取浓盐酸 4.5mL，倾入洗净的溶液瓶中，用蒸馏水稀释到 500mL，塞上瓶塞，摇匀，贴上标签。

2. $0.1mol \cdot L^{-1}$ NaOH 溶液的配制

用小烧杯在台秤上称取固体 NaOH 2g，加蒸馏水使 NaOH 全部溶解，将溶液倾入洗净的溶液瓶中，用蒸馏水稀释至 500mL，以橡皮塞塞住瓶口，充分摇匀，贴上标签。

3. 酸碱标准溶液体积的比较

（1）滴定管的准备

将两支滴定管（一支酸式，一支碱式）洗涤干净，用 $0.1mol \cdot L^{-1}$ HCl 淋洗酸式滴定管三次，每次 5～10mL，以除去滴定管壁及活塞上的水分。然后将 HCl 溶液装入酸式滴定管中，赶出尖嘴部分的气泡，调至近零刻度（始读数），静止 1min 后准确读数，并记录。

同样，用 $0.1mol \cdot L^{-1}$ NaOH 溶液淋洗碱式滴定管三次。然后将 NaOH 溶液装入碱式滴定管中，排出乳胶管段的气泡，调至近零刻度（始读数），静止 1min 后准确读数，并记录。

（2）酸碱标准溶液体积的比较

从碱式滴定管中放出 20～30mL NaOH 溶液于 250mL 锥形瓶中，加入 1～2 滴甲基橙指示剂。用 $0.1mol \cdot L^{-1}$ HCl 溶液滴定，不断旋摇锥形瓶使溶液混合均匀。当接近计量点时（滴入 HCl 溶液后，红色在瓶中呈圆形消失的速度越来越慢时），则必须一滴一滴的滴入甚至半滴半滴的滴入，直到溶液由黄色变为橙色。再将锥形瓶移至装碱溶液的滴定管下慢慢滴入碱液，使再现黄色，然后再以酸溶液滴定至橙黄色，练习至达到当加入一滴或半滴 HCl 后溶液的颜色就由黄色突变为橙色，能较为熟练地判断滴定终点为止。准确读取两滴定管的读数，并记录。

如上操作重复滴定两次。根据滴定结果计算 HCl 溶液与 NaOH 溶液的体积比，即求出 $V(HCl)/V(NaOH)$ 的比值和相对平均偏差。

再以酚酞为指示剂用 NaOH 滴定 HCl，将所得结果与甲基橙为指示剂的结果进行比较，作出结论。

以甲基橙为指示剂的实验数据记录及结果处理格式参见表 8.3。

表 8.3　酸碱标准溶液体积的比较

	Ⅰ	Ⅱ	Ⅲ
V_{HCl}终读数/mL			
V_{HCl}始读数/mL			
V_{HCl}/mL			
V_{NaOH}终读数/mL			
V_{NaOH}始读数/mL			
V_{NaOH}/mL			
V_{HCl}/V_{NaOH}			
平均值			
相对平均偏差/%			

五、思考题

(1) 为什么 HCl 和 NaOH 标准溶液不能用直接法准确配制？

(2) 配制酸碱标准溶液时，试剂只用量筒量取或用台秤称取，这样做是否太马虎？

(3) 两支滴定管使用前为什么要用所盛溶液洗三次？锥形瓶是否也要用所盛溶液洗三次？为什么？

实验十六　NaOH 标准溶液浓度的标定

一、实验目的

(1) 学会标准溶液浓度的标定方法。

(2) 进一步熟练称量和滴定操作。

(3) 进一步学习正确的记录实验数据和分析结果处理的方法。

二、实验原理

NaOH 标准溶液是采用间接法配制的，其准确的浓度必须依靠基准物进行标定。标定 NaOH 溶液的基准物很多，如邻苯二甲酸氢钾、草酸。

以邻苯二甲酸氢钾为例，邻苯二甲酸氢钾是一种二元弱酸的共轭碱，它的酸性较弱 $K_a=2.9\times10^{-6}$。以它为基准物标定 NaOH，化学计量点时的反应产物是邻苯二甲酸钾钠，在水溶液中显微碱性，因此可用酚酞作指示剂。标定反应如下：

$$KHC_8H_4O_4+NaOH = KNaC_8H_4O_4+H_2O$$

三、仪器与试剂

(1) 仪器：分析天平，碱式滴定管，锥形瓶(250mL)，量筒(100mL)。

(2) 试剂：0.1mol·L^{-1}NaOH 标准溶液，0.1%酚酞指示剂。

四、实验内容

从称量瓶中用减量法准确称取邻苯二甲酸氢钾三份，每份为 0.4～0.6g，置于 250mL 锥形瓶中，各加 50mL 蒸馏水，使之溶解。加酚酞指示剂 1～2 滴，用欲标定的 NaOH 溶液滴定，近终点时要逐滴或半滴加入，直至溶液由无色突变为粉红色，并在 30s 内不褪色即为终点。读取读数。用同样方法滴定另外两份邻苯二甲酸氢钾。

根据邻苯二甲酸氢钾的质量和所消耗 NaOH 标准溶液的体积数，计算 NaOH 标准溶液的浓度。

求出三份测定结果的相对平均偏差，应小于 0.3%。

五、思考题

(1) 如何计算称取基准物邻苯二甲酸氢钾的质量范围？称得太多或太少对标定有何影响？

(2) 溶解基准物时加入的 50mL 水，是否需要准确量取？为什么？

(3) 用邻苯二甲酸氢钾标定 NaOH 溶液时，为什么用酚酞而不用甲基橙作指示剂？

实验十七　醋酸溶液中 HAc 含量的测定

一、实验目的

(1) 掌握强碱滴定弱酸的滴定过程，突跃范围以及指示剂的选择原理。

(2) 学习食用白醋中 HAc 含量测定的方法。

二、实验原理

醋酸为有机弱酸（$K_a^\theta=1.8\times10^{-5}$），与 NaOH 反应式为

$$HAc+NaOH=\!=\!=NaAc+H_2O$$

反应产物为弱酸强碱盐，滴定突跃在碱性范围内，可选用酚酞等碱性范围变色的指示剂。

三、仪器与试剂

(1) 仪器：分析天平，碱式滴定管，锥形瓶（250mL），量筒（100mL）。

(2) 试剂：0.1mol・L^{-1}NaOH 标准溶液，0.1%酚酞指示剂。

四、实验内容

准确移取食用白醋 25.00mL 置于 250mL 容量瓶中，用蒸馏水稀释至刻度，摇匀。用 25mL 移液管分取 3 份上述溶液，分别置于 250mL 锥形瓶中，加入酚酞指示剂 2 滴，用 NaOH 标准溶液滴定至微红色在 30s 内不褪即为终点。计算每 100mL 食用白醋中含醋酸的质量。

平行测定 3 份，分析结果的相对平均偏差应小于 0.2%。

五、思考题

(1) 测定食用白醋含量时，为什么选用酚酞为指示剂？能否选用甲基橙或甲基红为指

示剂？

（2）酚酞指示剂由无色变为微红时为终点，变红的溶液在空气中放置后又会变为无色的原因是什么？

实验十八　HCl 标准溶液浓度的标定

一、实验目的

（1）进一步掌握标准溶液浓度的标定方法。

（2）熟练掌握称量和滴定操作。

二、实验原理

采用间接法配制 HCl 标准溶液，然后用无水碳酸钠或硼砂作基准物，标定 HCl 标准溶液的浓度。以无水碳酸钠为基准物标定 HCl 时，标定反应如下：

$$Na_2CO_3 + 2HCl \xlongequal{} 2NaCl + H_2O + CO_2\uparrow$$

滴定至化学计量点时，溶液的 pH 值为 3.9，可采用甲基橙作指示剂。

三、仪器与试剂

（1）仪器：分析天平，酸式滴定管，锥形瓶（250mL），量筒（100mL）。

（2）试剂：0.1mol・L^{-1} HCl 标准溶液，0.1%甲基橙指示剂。

四、实验内容

0.1mol・L^{-1} HCl 标准溶液的标定

用减量法准确称取无水碳酸钠三份（其质量按消耗 20～30mL 0.1mol・L^{-1} HCl 计），置于 3 只 250mL 锥形瓶中，各加水 50mL，使之溶解。加甲基橙 1 滴，用欲标定的 HCl 溶液滴定，直至滴加半滴 HCl 恰使溶液由黄色转变为橙色时即为终点。读取读数，并记录。

用同样方法滴定另外两份 Na_2CO_3 溶液。

根据 Na_2CO_3 的质量和所消耗 HCl 标准溶液的毫升数，计算 HCl 标准溶液的浓度。

求出三份标定结果的相对平均偏差，应小于 0.3%。

五、思考题

（1）如何计算称取基准物 Na_2CO_3 质量范围？称得太多或太少对标定有何影响？

（2）用 Na_2CO_3 作基准物标定 HCl 溶液时，为什么选用甲基橙指示剂？用酚酞可以吗？为什么？

（3）溶解 Na_2CO_3 基准物时所加的 50mL 水是否要准确？为什么？

实验十九　混合碱的测定

一、实验目的

(1) 掌握双指示剂法测定混合碱各组分含量的原理和方法。

(2) 掌握双指示剂法确定滴定终点的方法。

二、实验原理

混合碱是 Na_2CO_3 与 NaOH 或 Na_2CO_3 与 $NaHCO_3$ 的混合物。欲测定试样中各组分的含量，可采用两种不同的指示剂来测定，即所谓"双指示剂法"。此法简便、快速，但误差较大。采用混合指示剂可以提高分析的准确度。

本实验所用的双指示剂是酚酞和甲基橙。在混合碱试液中先加入酚酞指示剂，用 HCl 标准溶液滴定至红色恰好褪去。此时试液中所含 NaOH 完全被中和，Na_2CO_3 也被滴定成 $NaHCO_3$，反应如下：

$$NaOH + HCl = NaCl + H_2O$$

$$Na_2CO_3 + HCl = NaCl + NaHCO_3$$

此时消耗 HCl 标准溶液的体积为 V_1。再加入甲基橙指示剂，继续用 HCl 标准溶液滴定至溶液由黄色变为橙色即为终点。此时 $NaHCO_3$ 全被中和，生成 H_2CO_3，后者分解为 CO_2 和 H_2O，反应如下：

$$NaHCO_3 + HCl = NaCl + CO_2\uparrow + H_2O$$

此时消耗 HCl 标准溶液的体积为 V_2。根据 V_1 和 V_2 可以判断出此混合碱的组成，并计算出各自的含量。

当 $V_1 > V_2$ 时，试液为 NaOH 与 Na_2CO_3 的混合物。

当 $V_1 < V_2$ 时，试液为 Na_2CO_3 与 $NaHCO_3$ 的混合物。

三、仪器与试剂

(1) 仪器：酸式滴定管，移液管(25mL，公用)，锥形瓶(250mL)。

(2) 试剂：0.1mol・L^{-1} HCl 标准溶液，0.1%甲基橙指示剂，1%酚酞指示剂。

四、实验内容

用移液管吸取混合碱液试样 25mL 置于 250mL 锥形瓶中，加酚酞指示剂 1 滴，用 HCl 标准溶液滴定，滴定至酚酞恰好褪色为止，记下 HCl 标准溶液的耗用量 V_1。在此溶液中再加 1 滴甲基橙指示剂，此时溶液呈黄色，继续用 HCl 标准溶液滴定至溶液呈橙色即为终点，记下 HCl 标准溶液的耗用量 V_2。

根据 V_1 和 V_2 值的大小，判断此混合碱的组成，并分别求出各自含量。

五、思考题

(1) 如何判断混合碱液的组成(即 NaOH、Na_2CO_3 和 $NaHCO_3$ 三种组分中含哪两种)？

如何计算它们的含量?

(2) 欲测定混合碱的总碱度,应选择何种指示剂?

实验二十　硫酸铵肥料的分析测定

一、实验目的

(1) 掌握酸碱滴定法的应用。

(2) 掌握甲醛法测定氨含量的原理和方法。

二、实验原理

硫酸铵肥料中的主要成分是铵盐(NH_4^+)。NH_4^+是 NH_3 的共轭酸,由于 NH_4^+的离解常数($K_a^\theta=5.6\times10^{-10}$)太小,因此不能用标准碱溶液直接滴定,通常用蒸馏法和甲醛法间接测定。本实验采用甲醛法测定。

将铵盐和甲醛作用,按化学计量关系生成酸,它包括 H^+ 离子和质子化的六次甲基四胺,其反应如下:

$$4NH_4^+ + 6HCHO = (CH_2)_6N_4H^+ + 6H_2O + 3H^+$$

生成的酸可用标准碱溶液测定。化学计量点时生成的六次甲基四胺是一种极弱的有机碱,使溶液显微碱性,可采用酚酞作指示剂,又由于上述反应是可逆的,在酸性溶液中反应不能定量完成,只有滴定到微碱性才能保证反应进行完全。

三、仪器与试剂

(1) 仪器:分析天平,碱式滴定管,锥形瓶(250mL),移液管(25 mL)。

(2) 试剂:0.1mol·L^{-1}NaOH 标准溶液,40%甲醛溶液,1%酚酞指示剂。

四、实验内容

1. 甲醛溶液的处理

甲醛常含有微量酸,应事先用碱液中和。可取原装瓶中的甲醛清液倒于烧杯中,用水稀释一倍,加入 1 滴酚酞指示剂,用 0.1mol·L^{-1}NaOH 溶液滴定至甲醛溶液呈淡红色。

2. 试样中氨含量的测定

准确称取样品 1.4～1.6g,置于小烧杯中用少量水溶解,定量转移至 250mL 容量瓶中,用水稀释至刻度线,塞紧瓶塞,摇匀。平行移取 25mL 三份,分别置于 250mL 锥形瓶中,各加水 25mL,加入 10mL 1∶1 的甲醛溶液,充分摇匀,静置 10min 后,再加酚酞指示剂 2 滴,用 0.1mol·L^{-1}NaOH 标准溶液滴定至粉红色,经 30s 不褪色为止,记下读数,并计算试样中氨的百分含量。

五、思考题

(1) 本实验加甲醛的目的是什么?

(2) 本实验中所用的甲醛溶液为什么要预先以酚酞为指示剂 NaOH 中和至粉红色?

实验二十一　硫代硫酸钠标准溶液的配制与标定

一、实验目的

(1) 掌握 $Na_2S_2O_3$ 溶液的配制方法和保存条件。

(2) 理解碘量法的测定原理，并掌握用基准 KIO_3 标定 $Na_2S_2O_3$ 溶液的方法。

(3) 学会碘量瓶的使用和熟悉用淀粉指示剂正确判断终点的方法。

二、实验原理

结晶硫代硫酸钠($Na_2S_2O_3 \cdot 5H_2O$)一般都含有少量 S、Na_2SO_4、Na_2CO_3 及 NaCl 等杂质，同时还容易风化和潮解，因此不能直接配制准确浓度的溶液，通常用 $Na_2S_2O_3 \cdot 5H_2O$ 配制标准溶液，用基准物标定的方法。

$Na_2S_2O_3$ 溶液不稳定，容易与空气中的氧气、溶解在水中的 CO_2 作用，还会被微生物分解，导致浓度的变化。为了减少水中的 CO_2 和 O_2 并杀灭水中的微生物，应用新煮沸后冷却的蒸馏水配制溶液。由于 $Na_2S_2O_3$ 在酸性条件下易分解使溶液混浊，故在 $Na_2S_2O_3$ 溶液中常加入少量 Na_2CO_3，保证溶液呈微碱性并抑制细菌生长。光照能促进 $Na_2S_2O_3$ 溶液的分解，因此配好的 $Na_2S_2O_3$ 溶液应贮于棕色瓶中，放置暗处，经 7～14 天后再标定。长期保存时，应每隔一定时期，重新加以标定。

标定 $Na_2S_2O_3$ 溶液常采用 KIO_3、$KBrO_3$、$K_2Cr_2O_7$ 等基准物质，用碘量法进行标定。在酸性溶液中，KIO_3 与过量的 KI 反应析出定量的 I_2，析出的 I_2 再以淀粉为指示剂，用标准 $Na_2S_2O_3$ 溶液滴定，根据所消耗的 $Na_2S_2O_3$ 溶液的体积即可算出 $Na_2S_2O_3$ 溶液的浓度。反应式如下：

$$IO_3^- + 5I^- + 6H^+ = 3I_2 + 3H_2O$$

$$I_2 + 2S_2O_3^{2-} = S_4O_6^{2-} + 2I^-$$

三、仪器与试剂

(1) 仪器：分析天平，滴定分析器具。

(2) 试剂：$Na_2S_2O_3 \cdot 5H_2O$(固体)，Na_2CO_3(固体)，KIO_3(固体)基准试剂，$1mol \cdot L^{-1}$ H_2SO_4，20% KI，0.5%淀粉溶液

四、实验内容

1. 0.1mol·L^{-1} $Na_2S_2O_3$ 溶液的配制

称取 12.5g$Na_2S_2O_3$ 于 400mL 烧杯中，加入 200mL 新煮沸经冷却的蒸馏水，待完全溶解后，加入约 0.1gNa_2CO_3，然后用新煮沸经冷却的蒸馏水稀释至 500mL，保存于棕色瓶中。在暗处放置 7～14 天后标定。

2. $Na_2S_2O_3$ 溶液的标定

准确称取在130～140℃烘干至恒重的KIO_3基准试剂0.8～1.0g，于100mL烧杯中，加少量蒸馏水溶解后，移入250mL容量瓶中，用蒸馏水稀释至刻度，摇匀。用移液管吸取上述KIO_3标准溶液25mL于250mL锥形瓶中，加20% KI 5mL，1mol·L^{-1} H_2SO_4 2.5mL，立即用待标定的$Na_2S_2O_3$溶液滴定至淡黄色，加入0.5%淀粉溶液5mL，继续用$Na_2S_2O_3$溶液滴定至蓝色恰好消失，即为终点。根据消耗的$Na_2S_2O_3$溶液毫升数及KIO_3重量克数，计算$Na_2S_2O_3$溶液的准确浓度。

五、思考题

(1) 在配制$Na_2S_2O_3$标准溶液时，所用的蒸馏水为何要先煮沸并冷却后才能使用?

(2) 为什么可以用KIO_3作基准物来标定$Na_2S_2O_3$溶液？为提高准确度滴定中应注意些什么?

(3) 溶液被滴定至淡黄色，说明了什么？为什么在这时才可以加入淀粉指示剂?

实验二十二　硫酸铜中铜含量的测定

一、实验目的

(1) 掌握间接碘量法测定铜的原理和方法。

(2) 进一步了解氧化还原滴定法的特点。

二、实验原理

在酸性溶液中，Cu^{2+}与过量KI反应生成碘化亚铜沉淀，并析出与铜量相当的碘：

$$2Cu^{2+} + 4I^- = 2CuI\downarrow + I_2$$

$$I_2 + I^- = I_3^-$$

再用$Na_2S_2O_3$标准溶液滴定析出的I_2，由此可计算出铜含量。

由于碘化亚铜沉淀表面容易吸附I_3^-，使测定结果偏低，且终点不明显。通常需在终点到达之前加入硫氰酸钾，使CuI沉淀($K_{sp}^{\theta}=1.1\times10^{-12}$)转化为溶度积更小的CuSCN沉淀($K_{sp}^{\theta}=4.8\times10^{-15}$)：

$$CuI + SCN^- = CuSCN\downarrow + I^-$$

CuSCN更容易吸附SCN^-，从而释放出被吸附的I_3^-，因此测定反应更趋完全，滴定终点变得明显，减少误差。

三、仪器与试剂

(1) 仪器：分析天平、滴定分析器具。

(2) 试剂：$CuSO_4\cdot5H_2O$(样品)，1mol·L^{-1} H_2SO_4，10% KI(水溶液)，10% KSCN(水溶液)，0.5%淀粉溶液，0.1mol·L^{-1} $Na_2S_2O_3$标准溶液。

四、实验内容

准确称取 $CuSO_4 \cdot 5H_2O$ 样品 0.6g 左右三份，置于 250mL 锥形瓶中，各加 5mL 1mol·L^{-1} H_2SO_4，100mL 水，5mL 20%KI 溶液，立即用 $Na_2S_2O_3$ 标准溶液滴定至呈现浅黄色然后加入 5mL 0.5%淀粉溶液，继续滴定至浅蓝色，再加入 10mL 10%KSCN 溶液，混合后溶液又转为深蓝，最后用 $Na_2S_2O_3$ 标准溶液滴定到蓝色刚刚消失为止，此时溶液呈 CuSCN 的米色悬浮液。记下读数($V_{Na_2S_2O_3}$)并计算 $CuSO_4 \cdot 5H_2O$ 样品中 Cu^{2+} 的百分含量。

五、思考题

(1) 实验反应终了时，$CuSO_4 \cdot 5H_2O$ 中的 Cu^{2+} 成为什么？

(2) 为什么加入 KI 后还要加入 KSCN？如果在酸化后立即加入 KSCN 溶液，会产生什么影响？

(3) I_2 在淀粉溶液中呈什么颜色？I^- 在淀粉溶液中呈什么颜色？

(4) 加入 KSCN 溶液混合后，溶液又转为深蓝色，何故？

(5) 已知 $\varphi^{\theta}_{Cu^{2+}/Cu^{+}}=0.159V$，$\varphi^{\theta}_{I_2/I^-}=0.545V$，为什么在本实验中 Cu^{2+} 却能氧化 I^- 为 I_2？

实验二十三　高锰酸钾标准溶液的配制和标定

一、实验目的

(1) 掌握 $KMnO_4$ 标准溶液的配制和保存方法。

(2) 掌握用 $Na_2C_2O_4$ 作基准物标定高锰酸钾溶液的原理、方法及滴定条件。

二、实验原理

高锰酸钾试剂中常含有少量 MnO_2 和其他杂质，由于它的强氧化性，易和水中的有机物及空气中的尘埃等还原性物质作用，$KMnO_4$ 本身还能自行分解，见光分解得更快。因此，$KMnO_4$ 溶液的浓度容易改变，不能用准确称量高锰酸钾来直接配制准确浓度的 $KMnO_4$ 溶液。

为了配制较稳定的 $KMnO_4$ 溶液，可称取稍多于理论量的 $KMnO_4$，溶于一定体积的水中，加热煮沸，冷却后贮于棕色瓶中，在暗处放置数天，使溶液中可能存在的还原性物质完全氧化。然后过滤除去析出的 MnO_2 沉淀，再进行标定。使用长期放置的 $KMnO_4$ 标准溶液前应重新标定其浓度。

$KMnO_4$ 溶液的标定常采用 $Na_2C_2O_4$ 作基准物。$Na_2C_2O_4$ 不含结晶水，容易精制。$KMnO_4$ 在酸性溶液中和 $Na_2C_2O_4$ 的反应如下：

$$2MnO_4^{-}+5C_2O_4^{2-}+16H^{+}=\!=\!=2Mn^{2+}+10CO_2\uparrow+8H_2O$$

反应在最初滴定时较慢，待溶液中产生 Mn^{2+} 后，由于 Mn^{2+} 的催化作用使反应加快。滴定温度应控制在 75～85℃，不应低于 60℃，否则反应速度太慢，但温度太高，草酸又将分解。

由于 MnO_4^- 为紫红色，Mn^{2+} 为无色，因此滴定时可利用 $KMnO_4$ 本身的颜色指示滴定终点。

三、仪器与试剂

(1) 仪器：分析天平、滴定分析器具。

(2) 试剂：$KMnO_4$(固体)，$Na_2C_2O_4$(基准物：于105～110℃干燥2h，置于干燥器中备用)，1mol・L^{-1} H_2SO_4。

四、实验内容

1. 0.02mol・L^{-1} $KMnO_4$ 溶液的配制

在粗天平上称取纯$KMnO_4$ 1.6～1.7g，放于1 000mL烧杯中，加水500mL。将此溶液加热溶解，并煮沸1h，然后放置冷却，2～3天后再用玻璃纤维或石棉或有微孔玻璃底的漏斗将溶液过滤，滤液保存于棕色瓶中。

2. 0.02mol・L^{-1} $KMnO_4$ 溶液的标定

准确称取于105～110℃干燥至恒重的$Na_2C_2O_4$基准物1.3～1.6g，置于一只干净小烧杯内，用少量水使之溶解，移入250mL容量瓶中，再用蒸馏水稀释至容量瓶的刻度线，盖上塞子，摇匀。用25mL移液管从容量瓶中吸取25mL溶液于250mL锥形瓶中，各加入25mL的1mol・L^{-1} H_2SO_4，加热至70～80℃，然后用已配制的0.02mol・L^{-1} $KMnO_4$溶液滴定至淡粉红色，30s不褪色。(终点温度不应低于60℃)，记下读数(V_{KMnO_4})并计算$KMnO_4$溶液的准确浓度。

五、思考题

(1) 配制$KMnO_4$标准溶液时，应注意些什么？

(2) 用$KMnO_4$溶液滴定$Na_2C_2O_4$时，为什么先要将$Na_2C_2O_4$溶液加热到70～80℃？

(3) 本实验的滴定速度应如何掌握为宜？为什么第一滴$KMnO_4$溶液加入后红色褪去很慢，以后褪色较快？

(4) 滴定管中的$KMnO_4$标准溶液，应怎样准确地读取读数？

(5) 本实验中应该使用酸式滴定管还是碱式滴定管？为什么？

实验二十四　亚铁铵矾含量的测定

一、实验目的

掌握用高锰酸钾标准溶液测定亚铁铵矾含量的基本原理和方法。

二、实验原理

亚铁铵矾的主要成份是硫酸亚铁铵，硫酸亚铁铵是一种复盐，其分子式为$(NH_4)_2Fe(SO_4)_2 \cdot 6H_2O$。在硫酸酸性条件下，$KMnO_4$能将亚铁盐氧化成高铁盐，利用$KMnO_4$自身做指示剂指示终点。反应式如下：

$$MnO_4^- + 5Fe^{2+} + 8H^+ = Mn^{2+} + 5Fe^{3+} + 4H_2O$$

由于在滴定过程中生成黄色的Fe^{3+}离子对终点颜色有干扰，可加入适量H_3PO_4，使之与Fe^{3+}络合成无色的$FeHPO_4^+$而得到掩蔽，同时也增加了滴定终点的敏锐度。

三、仪器与试剂

(1) 仪器：分析天平、滴定分析器具。

(2) 试剂：0.02mol·L^{-1} $KMnO_4$标准溶液，浓H_2SO_4，1mol·L^{-1} H_2SO_4，84%H_3PO_4。

四、实验内容

准确称取亚铁铵矾样品1g左右三份，分别放于三只250mL锥形瓶中，各用10mL热的H_2SO_4(取2.5mL浓H_2SO_4溶解于7.5mLH_2O中)溶解之，放冷后，稀释至30mL分别加入20mL 1mol·L^{-1} H_2SO_4，1～1.5mL 84%H_3PO_4，摇匀，用已标定好的0.02mol·L^{-1} $KMnO_4$标准溶液滴定至淡粉红色，根据所消耗的$KMnO_4$标准溶液体积(V_{KMnO_4})计算样品中的$(NH_4)_2Fe(SO_4)_2 \cdot 6H_2O$含量百分数。

五、思考题

(1) 用$KMnO_4$法测定铁时，能否用盐酸代替硫酸作介质？

(2) 为什么用$KMnO_4$溶液滴定Fe^{2+}之前要加入H_3PO_4？加入多少量为合适？

(3) 装过$KMnO_4$溶液的滴定管，为什么应立即洗净？

实验二十五　碳酸钙中钙含量的测定

一、实验目的

(1) 掌握氧化还原法间接测定钙含量的原理和方法。

(2) 学习沉淀分离的基本知识和掌握沉淀、过滤及洗涤等操作。

二、实验原理

高锰酸钾法测定钙含量是一个氧化还原间接测定的方法，它利用Ca^{2+}与草酸根能生成难溶的草酸钙沉淀，将沉淀滤出并洗去剩余的$C_2O_4^{2-}$后，溶于稀硫酸中，再用$KMnO_4$标准溶液滴定与Ca^{2+}相当的$C_2O_4^{2-}$，根据所消耗的$KMnO_4$标准溶液体积，便可间接地测得Ca^{2+}的含量。主要反应如下：

$$Ca^{2+} + C_2O_4^{2-} = CaC_2O_4 \downarrow$$

$$CaC_2O_4 + H_2SO_4 = H_2C_2O_4$$

$$5H_2C_2O_4 + 2MnO_4^- + 6H^+ = 2Mn^{2+} + 10CO_2 \uparrow + 8H_2O$$

在本实验中，生成完全的CaC_2O_4沉淀是获得准确结果的关键，同时为便于过滤，应尽量使沉淀颗粒粗大。所以必须适当控制沉淀Ca^{2+}的条件。一般是在酸性溶液中，加入沉淀剂$(NH_4)_2C_2O_4$(此时$C_2O_4^{2-}$浓度很小，主要以$HC_2O_4^-$形式存在，故不会有CaC_2O_4沉淀生成)，再滴加稀氨水逐渐中和溶液中的H^+，使$C_2O_4^{2-}$浓度缓缓增大，逐渐生成CaC_2O_4沉淀。

CaC_2O_4 是弱酸盐沉淀，其溶解度随溶液酸度增大而增加，在 pH=4 时，CaC_2O_4 的溶解损失可以忽略。所以最后控制溶液的 pH 值在 4.2～4.5，这样，既可使 CaC_2O_4 沉淀完全，又不致生成 $Ca(OH)_2$ 或 $(CaOH)_2C_2O_4$ 沉淀，沉淀完全后再经陈化便可获得纯净的、颗粒粗大的 CaC_2O_4 晶形沉淀。

三、仪器与试剂

(1) 仪器：分析天平、滴定分析器具。

(2) 试剂：0.02mol·L^{-1} $KMnO_4$ 标准溶液，6mol·L^{-1} HCl 溶液，0.25mol·L^{-1} $(NH_4)_2C_2O_4$ 溶液，0.1%$(NH_4)_2C_2O_4$ 溶液，5%氨水溶液，1mol·L^{-1} H_2SO_4 溶液，0.1%甲基橙指示剂，0.1mol·L^{-1} $AgNO_3$ 溶液。

四、实验内容

准确称取碳酸钙样品两份，约各重 0.16～0.20g，置于 400mL 烧杯中，加少量水润湿之，盖上表面皿，从烧杯嘴处缓缓滴加 6mL6mol·L^{-1}盐酸溶液。同时轻轻摇动烧杯，使样品溶解。等到样品完全不再发生气泡以后，用洗瓶洗下表面玻璃和烧杯壁上的附着物，加热煮沸，冷却后加入 35mL0.25mol·L^{-1}$(NH_4)_2C_2O_4$ 溶液(若有沉淀生成，说明溶液的酸度不足，则应滴加盐酸将沉淀溶解。但注意勿加大量的盐酸，否则用氨水调 pH 时，用量较大)。然后用水稀释溶液到 100mL，加入甲基橙 1～2 滴，在水浴上加热到 70～80℃，以每秒钟 1～2 滴的速度滴加 6mol·L^{-1}氨水到红色恰转黄色为止。盖上表面皿，放置过夜陈化(或者继续在水浴上加热陈化 30min，同时用玻璃棒搅拌，冷却)。陈化后的溶液用倾泻法过滤。然后用冷的 0.1% $(NH_4)_2C_2O_4$ 溶液洗涤 3～4 次，再用冷的蒸馏水洗涤，直至滤液中不含 $C_2O_4^{2-}$ 和 Cl^- 为止(在洗涤接近完成时收集 1mL 滤液以 $AgNO_3$ 溶液检验)。注意在过滤和洗涤的过程中应尽量使沉淀留在烧杯中。

洗涤后，把带有沉淀的滤纸小心展开并贴在原贮沉淀所用烧杯的内壁上(沉淀向杯内)，用 50mL1mol·L^{-1} H_2SO_4 溶液用滴管把沉淀从滤纸上洗到烧杯里，然后稀释溶液到 100mL，加热到 70～80℃，用 $KMnO_4$ 标准溶液滴定到恰呈粉红色，再把滤纸推入溶液中，用玻璃棒搅拌，如果溶液褪色，继续用 $KMnO_4$ 滴定，直至出现粉红色，并在 30s 内不消失，即为滴定终点。记录消耗的 $KMnO_4$ 用量，算出碳酸钙中钙的百分含量。

五、思考题

(1) 沉淀 CaC_2O_4 时，为什么要采用先在酸性溶液中加入沉淀剂 $(NH_4)_2C_2O_4$，然后再滴加氨水中和的办法使 CaC_2O_4 沉淀析出？加入甲基橙指示剂的目的是什么？

(2) CaC_2O_4 沉淀生成后为什么要陈化？

(3) 洗涤 CaC_2O_4 沉淀时，为什么先用稀的 $(NH_4)_2C_2O_4$ 溶液洗，然后再用蒸馏水洗？为什么要洗到滤液中不含 $C_2O_4^{2-}$ 和 Cl^-？怎样判断是否洗尽 $C_2O_4^{2-}$ 和 Cl^-？

(4) 若将带有沉淀的滤纸在滴定之初便浸入溶液中，用 $KMnO_4$ 标准溶液滴定，这样操作对结果将会产生什么影响？

实验二十六 EDTA 标准溶液的配制和标定

一、实验目的

(1) 掌握络合滴定法的原理,了解络合滴定的特点。

(2) 学会 EDTA 标准溶液的配制和标定方法。

(3) 了解金属指示剂的特点,熟悉铬黑 T 指示剂的使用和终点颜色的变化。

二、实验原理

乙二胺四乙酸简称 EDTA,是一种有机氨羧络合剂,能与大多数金属离子形成 1∶1 型络合物,计量关系简单,故常用作络合滴定的标准溶液。乙二胺四乙酸难溶于水,在分析实际中通常使用的是溶解度较大的含两份结晶水的乙二胺四乙酸二钠盐(习惯上也简称 EDTA)。

一般不采用直接法配制 EDTA 标准溶液,而是先配成大致浓度的溶液,然后进行标定。标定 EDTA 溶液的基准物有 Zn、ZnO、$CaCO_3$、Bi、Cu、$MgSO_4 \cdot 7H_2O$、Ni、Pb 等。一般选用与被测物具有相同组分的物质作基准物,这样,标定和测定的条件较一致,可减少系统误差。本实验采用 ZnO 作基准物,用 HCl 溶解后,制成锌标准溶液,然后以铬黑 T 作指示剂,用氨缓冲溶液调节溶液的 pH 值为 10 左右,用 EDTA 溶液滴定,溶液颜色由酒红色变为蓝色为滴定终点。

三、仪器与试剂

(1) 仪器:分析天平、滴定分析器具。

(2) 试剂:乙二胺四乙酸二钠(A. R),ZnO 基准物质(G. R)(800℃灼烧至恒重),1∶1 HCl 溶液,1% 铬黑 T 指示剂(固体指示剂:称取 1g 铬黑 T 与 100g 干燥 NaCl 研磨均匀,装入瓶中备用),$NH_3 \cdot H_2O—NH_4Cl$ 缓冲溶液(pH=10),1∶1 氨水溶液

四、实验内容

1. 0.02mol·L^{-1}EDTA 溶液的配制

用小烧杯在粗天平上称取乙二胺四乙酸二钠 7.6g,溶于 300mL 温水中,稀释至 1L 贮存瓶内,摇匀,备用。

2. 锌标准溶液的配制

准确称取基准 ZnO 0.35~0.5g 一份于 100mL 烧杯中,逐滴加入蒸馏水使之湿润,加入 1∶1 HCl 5~6mL,同时用玻璃棒小心搅拌,使 ZnO 溶液完全,然后定量转移入 250mL 容量瓶中,用水稀释至刻度,摇匀,备用。

3. EDTA 标准溶液的标定

用 25mL 移液管吸取上述 250mL 容量瓶中的锌标准溶液于 250 mL 锥形瓶中,加 50 mL 水,滴加 10%氨水至开始出现白色沉淀,这时溶液 pH=7~8,再加 10mL$NH_3 \cdot H_2O-NH_4Cl$

缓冲溶液，铬黑 T 指示剂少许，然后用 EDTA 标准溶液滴定. 溶液颜色由酒红色转变为蓝色，即到达滴定终点，记下读数（V_{EDTA}）。平行滴定三次，根据消耗的 EDTA 的体积和 ZnO 的质量计算 EDTA 溶液的准确浓度。

五、思考题

（1）为什么使用乙二胺四乙酸二钠配制 EDTA 标准溶液而不是乙二胺四乙酸？

（2）用 ZnO 配制锌标准溶液时，能否用水溶解？

（3）在标定过程中，滴加 10％氨水出现白色沉淀，再加缓冲溶液后沉淀又消失，试解释这一现象。

（4）在滴定时为什么要加缓冲溶液？以铬黑 T 作指示剂，标定 EDTA 时为什么要控制溶液的酸度为 pH＝10？

实验二十七　水的总硬度的测定

一、实验目的

（1）了解水的总硬度测定的意义和常用的表示方法。

（2）掌握用络合滴定法测定水的硬度的原理和方法。

二、实验原理

自来水、河水和井水等水中通常含有较多的钙盐和镁盐，水的总硬度即表示水中所含 Ca^{2+}、Mg^{2+} 的总量，因而总硬度的测定实际上是钙、镁总含量的测定。水的硬度是衡量水质的一项重要指标，尤其对工业用水的关系很大，水的硬度是形成锅炉中的锅垢和影响产品质量的主要因素之一。

水的总硬度的测定一般采用络合滴定法。在 pH＝10 的缓冲液中，以铬黑 T 作指示剂，用 EDTA 直接滴定水中 Ca^{2+}、Mg^{2+} 的总量。水样中的 Fe^{3+}、Al^{3+}、Cu^{2+}、Pb^{2+}、Zn^{2+} 等干扰离子可用三乙醇胺掩蔽。

水的硬度的表示方法世界各国各不相同，表 8.4 列出了一些国家水硬度的换算关系。我国采用 $mmol \cdot L^{-1}$ 或 $mg \cdot L^{-1}(CaCO_3)$ 为单位表示水的硬度。水的总硬度的计算式如下：

$$\text{水的总硬度}(mmol \cdot L^{-1}) = \frac{c_{EDTA} \times V_{EDTA}}{V_{\text{水样体积}}} \times 1\,000$$

表 8.4　各国硬度单位换算表

硬度单位	$mmol \cdot L^{-1}$	德国硬度	法国硬度	英国硬度	美国硬度
$mmol \cdot L^{-1}$	1.000 00	2.804 0	5.005 0	3.511 0	50.050
1 德国硬度	0.356 63	1.000 0	1.784 8	1.252 1	17.348
1 法国硬度	0.199 82	0.560 3	1.000 0	0.701 5	10.000
1 英国硬度	0.284 83	0.798 7	1.425 5	1.000 0	14.255
1 美国硬度	0.019 98	0.056 0	0.100 0	0.070 2	1.000

三、仪器与试剂

(1) 仪器:分析天平、滴定分析器具。

(2) 试剂:0.02mol·L^{-1}EDTA 标准溶液,1∶1HCl 溶液,1%铬黑 T 指示剂(称取 1g 铬黑 T 与 100g 干燥 NaCl 研磨均匀,装入瓶中备用),NH_3·H_2O—NH_4Cl 缓冲溶液(pH=10),(1∶2)三乙醇胺溶液。

四、实验内容

用移液管准确移取 100.00mL 水样于 250mL 锥形瓶中,加入 1~2 滴 HCl 使溶液酸化,煮沸数分钟以除去 CO_2。冷却后加入 3mL 三乙醇胺溶液,5mLNH_3·H_2O—NH_4Cl 缓冲溶液(pH=10)及少许铬黑 T 指示剂,并充分摇匀,然后用 EDTA 标准溶液缓慢滴定,滴定至溶液颜色由酒红色转变为蓝色为止,记下读数(V_{EDTA})。平行测定三份。计算水样的总硬度,以 mmol·L^{-1}表示结果。

五、思考题

(1) 水的总硬度是指水中哪些金属盐类?

(2) 为什么要除去 CO_2?

(3) 本实验滴定时要慢慢进行,何故?

(4) 本实验实际测得的是钙、镁总量,若要分别测定钙和镁,则应如何控制 pH 和使用什么指示剂?

实验二十八 工业硫酸铝中铝的测定

一、实验目的

(1) 了解返滴定的基本方式。

(2) 掌握置换滴定法测定铝的原理和方法。

二、实验原理

由于 Al^{3+} 容易形成一系列的多核氢氧基络合物,如$[Al_2(H_2O)_6(OH)_3]^{3+}$、$[Al_3(H_2O)_6(OH)_6]^{3+}$等,因此 Al^{3+} 与 EDTA 的络合速度缓慢,需要加入过量 EDTA 并加热煮沸,络合反应才比较完全,所以不宜采用直接滴定法,而宜采用返滴定法或置换滴定法。返滴定法是通过加入定量且过量的 EDTA 标准溶液,调节 pH≈3.5,煮沸数分钟,使 Al^{3+} 与 EDTA 完全络合,然后调节溶液 pH 为 5~6,用铜盐标准溶液返滴定过量的 EDTA,得到铝的含量。

返滴定法测定铝仅适合纯铝样品的测定,因为所有能与 EDTA 形成稳定络合物的离子都对测定产生干扰。工业硫酸铝常含有铁等杂质,往往采用置换滴定法以提高测定的选择性,即在用铜盐标准溶液返滴定过量的 EDTA 后,加入过量的 NH_4F,加热煮沸,利用 F^- 与 Al^{3+} 生成更稳定的络合物的性质,置换出与 Al^{3+} 物质的量相等的 EDTA,再用铜盐标准溶液滴定释放出来的 EDTA 而得到铝的含量。

三、仪器与试剂

(1) 仪器:分析天平、滴定分析器具。

(2) 试剂:0.02mol·L^{-1} EDTA 标准溶液,$CuSO_4 \cdot 5H_2O$(固体),1∶1HCl 溶液,1∶1 H_2SO_4 溶液,0.1%PAN 指示剂(0.1%PAN 乙醇溶液),0.1%百里酚兰指示剂(0.1%的 20%乙醇溶液),1∶1$NH_3 \cdot H_2O$,NH_4F(固体),20%六次甲基四胺缓冲溶液,工业硫酸铝(固体)。

四、实验内容

1. 0.02mol·$L^{-1}$$CuSO_4$ 标准溶液的配制

称取 2.6g$CuSO_4 \cdot 5H_2O$,加 2~3 滴 1∶1H_2SO_4 溶液,加水溶解,并稀释至 500mL,摇匀。待标定。

2. $CuSO_4$ 标准溶液浓度的标定

准确吸取 EDTA 标准溶液 25mL 于 250mL 锥形瓶中,加 10mL20%六次甲基四胺缓冲溶液,加热至 80~90℃,取下,加 2~3mLPAN 指示剂,用 $CuSO_4$ 标准溶液滴定至呈稳定的紫红色,记下 $CuSO_4$ 溶液的用量,并计算其浓度。

3. 铝的测定

准确称取工业硫酸铝约 1.3g 于 100mL 烧杯中,加 1∶1 盐酸 10mL,加水约 50mL 溶解,转移入 250mL 容量瓶中,稀释至刻度,摇匀,得到供测定的样品试液。

准确吸取上述试液 25mL 于 250mL 锥形瓶中,加 0.02mol·L^{-1}EDTA 标准溶液 30mL,加百里酚兰指示剂 5 滴,再滴加 1∶1 氨水至恰呈黄色(pH 约为 3),煮沸 2min,取下,加入 20%六次甲基四胺缓冲溶液 10mL 和 PAN 指示剂 2~3mL,趁热用 $CuSO_4$ 标准溶液滴定到溶液呈稳定的紫红色,不计读数(注意滴定管内再装入硫酸铜标准溶液到刻度零附近)。于滴定后的溶液中加入固体 NH_4F 1~2g,加热煮沸 2min(必要时补加 8 滴 PAN 指示剂),再用 0.02mol·$L^{-1}$$CuSO_4$ 标准溶液滴定至紫红色。记下 $CuSO_4$ 标准溶液的用量,算出样品中铝的百分含量。

五、思考题

(1) 对于含杂质较多的铝样品,不用置换滴定而用返滴定法测定,将导致结果偏高还是偏低? 为什么?

(2) 标定 $CuSO_4$ 标准溶液时,加入六次甲基四胺缓冲溶液以后为何还要加热至 80~90℃?

(3) 测铝时加 30mL0.02mol·L^{-1}EDTA 溶液,是否必须精确加入? 为什么?

(4) 加百里酚蓝和滴加氨水的目的是什么?

(5) 测铝时,当 $CuSO_4$ 标准溶液滴定到第一次终点时,为什么不需记录 $CuSO_4$,溶液的读数? 如果终点滴定过量,对测定有何影响? 此时有什么办法可以补救?

(6) 加 NH_4F 的目的是什么? NH_4F 的量加得太多或太少对测定有什么影响?

实验二十九　铅、铋混合液中 Pb^{2+}、Bi^{3+} 的连续滴定

一、实验目的

(1) 理解用控制溶液酸度的方法提高 EDTA 选择性的原理，掌握用 EDTA 进行连续滴定多种金属离子混合溶液的方法。

(2) 熟悉二甲酚橙指示剂的应用和终点颜色的变化。

二、实验原理

Pb^{2+}、Bi^{3+} 均能与 EDTA 形成稳定的 1∶1 络合物，其 $\lg K$ 分别为 18.04 和 27.94，由于两者的 $\lg K$ 相差很大，因此可利用酸效应，控制溶液不同的酸度，进行连续滴定，分别测定它们的含量。

测定中均以二甲酚橙(简写 XO)为指示剂，其溶液颜色随酸度的不同而改变，在 $pH<6.3$ 时呈黄色，$pH>6.3$ 时呈红色。二甲酚橙与 Pb^{2+}、Bi^{3+} 形成的络合物都呈紫红色，其稳定性均比 EDTA 与 Pb^{2+}、Bi^{3+} 形成的络合物要小，所以测定时 pH 条件应控制在 6.3 以下。

在 Pb^{2+}、Bi^{3+} 混合溶液中，首先调节溶液的 $pH\approx1$，以二甲酚橙为指示剂，Bi^{3+} 与指示剂形成紫红色络合物(Pb^{2+} 在此条件下不会与二甲酚橙形成有色络合物)，用 EDTA 标准溶液滴定 Bi^{3+}，当溶液颜色由紫红色恰变为黄色，即为滴定 Bi^{3+} 的终点。在滴定 Bi^{3+} 后的溶液中，加入六亚甲基四胺溶液，调节溶液 $pH=5\sim6$，此时 Pb^{2+} 与二甲酚橙形成紫红色络合物，溶液再次呈现紫红色，然后用 EDTA 标准溶液继续滴定，当溶液由紫红色恰转变为黄色时，即为滴定 Pb^{2+} 的终点。

三、仪器与试剂

(1) 仪器：分析天平及滴定分析器具。

(2) 试剂：$0.02mol\cdot L^{-1}$ EDTA 标准溶液，$0.1mol\cdot L^{-1}$ HNO_3 溶液，0.2%二甲酚橙溶液，20%六次甲基四胺缓冲溶液，Pb^{2+}、Bi^{3+} 混合液(溶液 pH 已由实验室技术人员调节为 1 左右)。

四、实验内容

1. Bi^{3+} 的测定

用移液管准确吸取已调好 pH 的 25mL 试液三份，分别置于 3 只 250mL 锥形瓶内，加 10mL$0.1mol\cdot L^{-1}$ HNO_3 溶液和 3 滴 0.2%二甲酚橙指示剂，用 EDTA 标准溶液滴定之，在离终点 1～2mL 前可以滴得快一些，近终点时则应慢些。每加 1 滴，摇匀并观察是否变色，直至溶液由紫红色突变为亮黄色，即为滴定 Bi^{3+} 的终点。记录所消耗的 EDTA 体积，计算出混合液中 Bi^{3+} 的含量，以 $g\cdot L^{-1}$ 表示。

2. Pb^{2+} 的测定

在滴定 Bi^{3+} 离子后的溶液中补加 2 滴二甲酚橙指示剂，逐滴加入 20%六次甲基四胺缓冲

液至溶液由黄色变成紫红色，再过量加入 5mL(此时溶液的 pH 为 5～6)，然后用 EDTA 标准溶液滴定，溶液再次由紫红色变为亮黄色，即为滴定 Pb^{2+} 的终点。记录所消耗的 EDTA 体积，计算出混合液中 Pb^{2+} 的含量，以 $g \cdot L^{-1}$ 表示。

五、思考题

(1) 滴定 Pb^{2+}、Bi^{3+} 离子时溶液酸度控制在什么范围？怎样调节？为什么？
(2) 能否在同一份试液中先滴定 Pb^{2+} 离子，而后滴定 Bi^{3+} 离子？
(3) 二甲酚橙指示剂的作用原理如何？为什么滴定 Pb^{2+}、Bi^{3+} 离子都可以用二甲酚橙？

实验三十　氯化物中氯含量的测定(莫尔法)

一、实验目的

(1) 学习 $AgNO_3$ 标准溶液的配制和标定方法。
(2) 掌握沉淀滴定法中莫尔法的方法、原理及其应用。

二、实验原理

对于可溶性氯化物中氯含量的测定常采用莫尔法。此法是在中性或弱碱性溶液中，以 K_2CrO_4 为指示剂，用 $AgNO_3$ 标准溶液进行滴定。由于 AgCl 溶解度比 Ag_2CrO_4 小($K_{sp}^{\theta}(AgCl)=1.56\times10^{-10}$，$K_{sp}^{\theta}(Ag_2CrO_4)=9\times10^{-12}$)，因此滴定时首先析出 AgCl 沉淀，当 AgCl 定量沉淀后，则微过量的 $AgNO_3$ 即与 ${CrO_4}^{2-}$ 离子生成砖红色的 Ag_2CrO_4 沉淀而指示终点到达。反应式如下：

$$Ag^{+}+Cl^{-} = AgCl\downarrow(白色)$$

$$2Ag^{+}+{CrO_4}^{2-} = Ag_2CrO_4\downarrow(砖红色)$$

滴定溶液最适宜的酸度是 pH=6.5～10.5。如果有铵盐存在，应控制溶液的酸度在pH=6.5～7.2 之间。为减小终点误差，提高滴定的准确度应控制 K_2CrO_4 指示剂的浓度，一般 K_2CrO_4 的浓度应控制在 $0.005mol \cdot L^{-1}$ 为宜。

三、仪器与试剂

(1) 仪器：分析天平，滴定分析器具。
(2) 试剂：$AgNO_3$，NaCl，5%K_2CrO_4。

四、实验内容

1. 0.1mol·L^{-1} $AgNO_3$ 标准溶液的配制

称取 8.5g$AgNO_3$ 溶于不含 Cl^{-} 的水中，将溶液转入棕色试剂瓶中，稀释至 500mL，置暗处保存，以防见光分解。

2. 0.1mol·L^{-1} $AgNO_3$ 标准溶液的标定

准确称取 NaCl 基准物若干克(自己计算)置于 250mL 锥形瓶中，加 25mL 水，1mL5%

K_2CrO_4 溶液，在不断摇动下，用 $AgNO_3$ 标准溶液滴定至白色沉淀中出现砖红色，即为终点。根据 NaCl 的质量和消耗的 $AgNO_3$ 溶液体积，计算 $AgNO_3$ 标准溶液的浓度。

3. 氯含量的测定

准确称取一定量氯化物试样于 150mL 烧杯中，加水溶解后，定量转移到 250mL 容量瓶中，用水稀释至刻度，摇匀。

用移液管吸取 25.00mL 上述试液于 250mL 锥形瓶中，加水 25mL，1mL5%K_2CrO_4 指示剂，在不断摇动下，用 $AgNO_3$ 标准溶液滴定至白色沉淀中呈现砖红色，即为终点。

根据 $AgNO_3$ 标准溶液的浓度及消耗体积，计算氯化物试样中氯的百分含量。

五、思考题

(1) 用莫尔法测定氯的含量时，溶液 pH 值应控制在什么范围内？为什么？若有 NH_4^+ 存在时，其控制的 pH 值范围有何不同？为什么？

(2) 为什么要控制 K_2CrO_4 指示剂的用量？

(3) 分析莫尔法测定氯含量的误差的主要来源。

实验三十一　硫酸铵含量的测定(沉淀滴定法)

一、实验目的

(1) 掌握用硫酸钡沉淀滴定法测定硫酸铵含量的原理和方法。

(2) 了解沉淀滴定法的沉淀条件和终点判断方法。

二、实验原理

用硫酸钡沉淀滴定法测定硫酸铵的含量。此法是在弱酸性溶液中，用茜素红 S 吸附指示剂，用 $BaCl_2$ 标准溶液进行滴定。为了增加沉淀的比表面，实验中加入乙醇，以降低 $BaSO_4$ 溶解度，同时快速滴定至 90%，以形成大量晶核，尽量使沉淀的表面积增大，有利于终点变色的敏锐。

反应式如下：

$$Ba^{2+} + SO_4^{2-} = BaSO_4 \downarrow$$

$$BaSO_4 \cdot Ba^{2+} + 2FI^- = BaSO_4 \cdot Ba(FI)_2 \text{（粉红）}$$

三、仪器与试剂

(1) 仪器：分析天平，滴定分析器具。

(2) 试剂：$BaCl_2 \cdot 2H_2O$，0.2%茜素红 S 指示剂，95%乙醇溶液，10% HCl，0.1$mol \cdot L^{-1}$ HCl。

四、实验内容

1. 0.1$mol \cdot L^{-1}$ $BaCl_2$ 标准溶液的配制

准确称取 0.1g 左右的 $BaCl_2 \cdot 2H_2O$(基准试剂)于 100mL 烧杯中，加水溶解，滴入 10%

HCl 2 滴，然后移入 250mL 容量瓶中，用水稀释至刻度，摇匀。

2. 硫酸铵含量的测定

用移液管准确移取 25 mL 待测试液，放入 250 锥形瓶中，加茜素红 S 指示剂 6 滴，逐滴加入 0.1mol · L^{-1} HCl 使溶液从紫色变为黄色，再加乙醇 15mL，然后用 0.1mol · L^{-1} $BaCl_2$ 标准溶液快速滴定至其用量的 90%以上（对未知样品先进行预先试验），再逐滴滴入至微红色为终点，计算硫酸铵的含量，以 g · L^{-1} 表示。

五、思考题

（1）在本实验中为什么要加入乙醇溶液？
（2）分析沉淀滴定法误差的主要来源。

实验三十二　$BaCl_2 \cdot 2H_2O$ 中钡含量的测定——重量法

一、实验目的

（1）掌握用硫酸钡重量法测定可溶性钡盐中钡含量的原理和方法。
（2）理解晶形沉淀的沉淀条件和沉淀方法。
（3）学习沉淀的过滤、洗涤、沉淀的定量转移和灼烧的操作技术。
（4）了解和学会恒重操作的概念和方法。

二、实验原理

用重量法测定可溶性钡盐中的钡，是用稀 H_2SO_4 将 Ba^{2+} 沉淀为 $BaSO_4$ 沉淀，经过滤、洗涤和灼烧后，以 $BaSO_4$ 形式称重，即可求得钡的含量。

Ba^{2+} 可生成一系列难溶化合物，如 $BaCO_3$，BaC_2O_4，$BaCrO_4$、$BaHPO_4$、$BaSO_4$ 等，其中以 $BaSO_4$ 的溶解度最小（25℃时为 0.25mg/100mL），而且 $BaSO_4$ 性质非常稳定，其组成与化学式相符合。$BaSO_4$ 经灼烧后，其称量形式与沉淀形式相同，所以通常以 $BaSO_4$ 沉淀形式测定钡的含量。虽然 $BaSO_4$ 的溶解度较小，但还不能满足重量法对沉淀溶解损失的要求，必须加入过量的沉淀剂，以降低 $BaSO_4$ 的溶解度。一般用稀 H_2SO_4 作沉淀剂，因 H_2SO_4 在高温灼烧时能挥发除去，使用时可过量 50%～100%。

三、仪器与试剂

（1）仪器：分析天平，重量分析器具，定量滤纸。
（2）试剂：$BaCl_2 \cdot 2H_2O$，2mol · L^{-1} HCl，1mol · L^{-1} H_2SO_4，0.1mol · L^{-1} $AgNO_3$，2mol · L^{-1} HNO_3。

四、实验内容

1. 称样及沉淀的制备

准确称取 $BaCl_2 \cdot 2H_2O$ 试样两份，各重 0.4～0.6g，分别放入 350mL 烧杯中，加水使其溶解，稀释至 100mL，再加 2mol·L^{-1} HCl 溶液 3～5mL，加热近沸（到刚有气泡出现，切勿煮沸，以免溅出），同时另取两份 1mol·L^{-1} H_2SO_4 溶液 3～4mL，放于小烧杯中，各稀释至 30mL，加热近沸，趁热将此稀 H_2SO_4 滴入钡盐溶液中，每秒钟 2～3mL，并不断搅拌，加完稀 H_2SO_4，待 $BaSO_4$ 沉淀下沉，在上层清液中加入稀 H_2SO_4 溶液 1～2 滴，仔细观察是否有白色混浊（$BaSO_4$）产生。如无混浊产生，表示沉淀作用已经完全，放置陈化。也可以将盛有沉淀的烧杯放于水浴上加热 30min～1h，陈化。

2. 沉淀的过滤和洗涤

按第二章分析化学实验基本操作，用慢速或中速滤纸倾泻法过滤。用稀 H_2SO_4（200mL 蒸馏水加 3mL1mol·L^{-1} H_2SO_4）洗涤 3～4 次，每次加洗涤液 20mL 左右。然后将沉淀完全转移至滤纸上，再在滤纸上用洗瓶吹洗沉淀，直至滤液中不含 Cl^- 离子为止。

3. 空坩埚的恒重

参照第二章分析化学实验基本操作的方法，恒重两个瓷坩埚。

4. 沉淀的灼烧和恒重

沉淀洗净后，将洗涤液滤干，取出盛有沉淀的滤纸，折成小包，放入已恒重的瓷坩埚中，置于泥三角上，先在煤气灯上烘干、炭化和灰化，再移入高温炉中，在 800～850℃下灼烧 45min，取出置于干燥器内冷却至室温，称重。第二次灼烧 30min，冷却，称重。如此操作，直至恒重。计算 $BaCl_2 \cdot 2H_2O$ 中钡的含量。

五、思考题

（1）为什么要控制在一定酸度的盐酸介质中进行沉淀？
（2）烘干、灰化滤纸和灼烧沉淀时，应注意些什么？
（3）什么叫恒重？为什么空坩埚也要预先恒重？

实验三十三　钢铁中镍的测定

一、实验目的

（1）掌握用丁二酮肟重量法测定钢铁中镍含量的原理和方法。
（2）学会微孔玻璃坩埚的使用方法。

二、实验原理

镍是钢铁主要组分之一。镍在钢中主要以固熔体和碳化物形式存在，大多数含镍钢都溶于酸。

在氨性溶液中，镍与丁二酮肟沉淀剂反应，生成鲜红色沉淀。沉淀用微孔玻璃坩埚过滤，洗涤，在 120℃下烘干至恒重，根据沉淀质量计算合金钢中镍的含量。反应式为：

丁二酮肟是一种选择性较好的有机沉淀剂，又是有机弱酸。由上述反应可见，若 pH 过

$$Ni^{2+} + 2\begin{matrix} CH_3-C{=}NOH \\ | \\ CH_3-C{=}NOH \end{matrix} \rightleftharpoons \begin{matrix} & O\cdots H-O & \\ & \uparrow \quad\quad | & \\ CH_3-C{=}N & & N{=}C-CH_3 \\ | \quad\quad\quad \searrow & Ni & \swarrow \quad\quad\quad | \\ CH_3-C{=}N & & N{=}C-CH_3 \\ & | \quad\quad \downarrow & \\ & O-H\cdots O & \end{matrix} + 2H^{+}$$

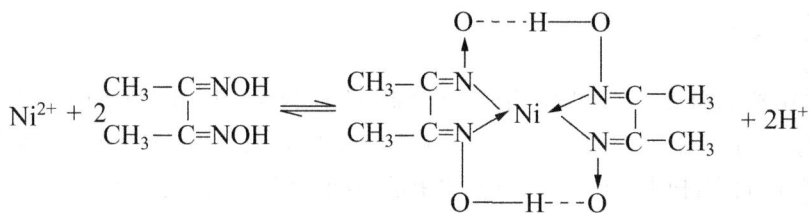

小，将影响 Ni^{2+} 离子沉淀完全；pH 过高的氨性溶液中，会使 Ni^{2+} 离子形成镍氨络合物，也增加了沉淀的溶解度，使 Ni^{2+} 离子沉淀不完全。因此，为使 Ni^{2+} 离子沉淀完全，应控制适当的 pH 值。丁二酮肟在水中溶解度较小，故以乙醇为溶剂配制丁二酮肟溶液。乙醇浓度不可太高，否则将增加丁二酮肟镍沉淀的溶解度而造成损失。在热溶液中进行沉淀，趁热过滤，利用热水洗涤等都可以减少丁二酮肟及其他杂质的共沉淀。

三、仪器与试剂

(1) 仪器：分析天平，G4 微孔玻璃坩埚，抽滤瓶，烧杯，量筒等。

(2) 试剂：1. 10g・L^{-1}丁二酮肟乙醇溶液，5%酒石酸水溶液，1∶1 盐酸溶液，1∶1 氨水，3∶100 氨水，浓硝酸，1mol・L^{-1} $AgNO_3$ 溶液。

四、实验内容

准确称取钢样 0. 2～0. 6g 置于 400mL 烧杯中，加入 10mLHCl，盖上表面皿，缓缓加热至作用完全。滴加浓 HNO_3，待剧烈作用停止后，煮沸以除去氮的氧化物。加入酒石酸溶液 5mL，不断搅拌，并加入 1∶1 氨水至溶液呈弱碱性，pH 约为 6. 5～9. 0，这时溶液应完全澄清。加入 10～15 滴盐酸，用热水稀释溶液至 300mL，加热至 70～80℃，加入 40mL 丁二酮肟溶液。再滴加 1∶1 氨水至溶液 pH 为 7. 5～8. 6 左右，使丁二酮肟镍沉淀完全。放置 30～40min，用已恒重的 G4 微孔玻璃坩埚过滤，并用 3∶100 氨水洗涤沉淀 3～5 次，再以水洗涤至滤液中无 Cl^- 离子为止（检查 Cl^- 离子时，可以将滤液用 HNO_3 酸化，并用 $AgNO_3$ 检查）。将盛有沉淀的微孔玻璃坩埚在 110～120℃下烘 1h，放入干燥器内冷却 30min，称量。再烘干、冷却、称量，直至恒重。计算试样中镍的百分含量。

五、思考题

(1) 溶解钢样时，既已加入盐酸作溶剂，为什么还要加入 HNO_3？加 HNO_3 要注意哪些问题？

(2) 沉淀丁二酮肟镍时，溶液的 pH 应控制在什么范围？为什么？

实验三十四　离子交换树脂法测定 NH_4Ac 含量

一、实验目的

(1) 学习用离子交换树脂法测定 NH_4Ac 含量方法。

(2) 学会离子交换树脂法中装柱、交换和洗脱等操作技术。

二、实验原理

将 NH_4Ac 样品通过强酸型阳离子交换树脂，此时 NH_4^+ 与树脂上的 H^+ 交换而留于柱中，Ac^- 不交换与 H^+ 结合生成 HAc 而存在于流出液中，收集 HAc 流出液，用酚酞作指示剂，NaOH 标准溶液滴定，根据 NaOH 的浓度和用量，可求出 NH_4Ac 的含量。

三、仪器与试剂

(1) 仪器：分析天平，离子交换柱，滴定管等。

(2) 试剂：NaOH 固体，离子交换树脂，甲基橙、酚酞作指示剂，NH_4Ac 等。

四、实验内容

1. 0.1mol·L^{-1}NaOH 标准溶液的配制和标定(见实验十六)

2. 树脂处理

将市售的强酸 1 号(即市售的 732)，在空气中晾干，过筛，取 40～70 目大小的使用，用 4～6mol·L^{-1} HCl 溶液浸泡 1～2 天以除去杂质，并使树脂溶胀，然后洗涤至中性，浸泡于去离子水中备用。

3. 装交换柱

经过处理的树脂在玻管中充满水的情况下装入管中做成交换柱装置(玻管的下端事先用玻璃纤维垫好，以防止树脂流出)。待树脂自动下沉，并保持在水面下，避免空气泡，以免影响液体流动，使交换和洗脱不完全。如果有空气泡则应重新装柱。

4. 交换

用移液管吸取 25mLNH_4Ac 样品溶液直接放入交换柱。静置 10min，使交换完全。然后以 12 滴/min 的速度放出，直至水面与树脂平齐。用一干净的锥形瓶收集流出液。

5. 洗涤、测定

用去离子水洗涤交换柱，以 20 滴/min 的速度放出流出液，直至流出液无 HAc(用甲基橙检验 HAc 是否流完)。流出液用酚酞作指示剂，0.1mol·L^{-1}NaOH 标准溶液滴定 HAc，根据 NaOH 的浓度和用量，求出 NH_4Ac 的含量。

五、思考题

(1) 用离子交换树脂法测定 NH_4Ac 含量时，为什么可用甲基橙检验 HAc 是否流完?

(2) 叙述离子交换树脂法测定 NH_4Ac 含量的原理。

实验三十五　有机化合物中氮含量的测定——克达尔法

一、实验目的

(1) 巩固克达尔法定氮理论。

(2) 掌握克达尔定氮仪的操作方法。

二、实验原理

含氮有机物在催化剂的作用下，用浓硫酸分解，使试样所含的氮转变为硫酸氢氨，反应液在半微量克氏定氮仪中，用氢氧化钠碱化，析出的氨借水蒸气蒸馏带出，用饱和硼酸吸收后，以酸标准液滴定所生成的硼酸二氢氨，从而计算出试样中的含氮量。

主要反应为：

(1) 硫酸硝化：有机氮 $\xrightarrow[\text{加热煮解}]{\text{浓硫酸、催化剂}}$ 硫酸氢氨+…

(2) 碱化蒸馏：$NH_4HSO_4 + 2NaOH \xrightarrow{\text{水蒸气蒸馏}} Na_2SO_4 + NH_3\uparrow + 2H_2O$

(3) 硼酸吸收：$NH_3 + H_3BO_3 \rightarrow NH_4H_2BO_3$

(4) 酸标准液滴定：$H^+ + H_2BO_3^- \rightarrow H_3BO_3$

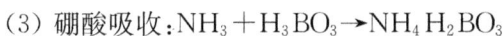

三、仪器与试剂

(1) 仪器：克达尔定氮仪(见图 8.1)。

(2) 试剂：40%氢氧化钠溶液，浓硫酸，0.025mol·L^{-1}盐酸标准液，饱和硼酸溶液，混合指示剂(次甲基蓝+甲基红)。

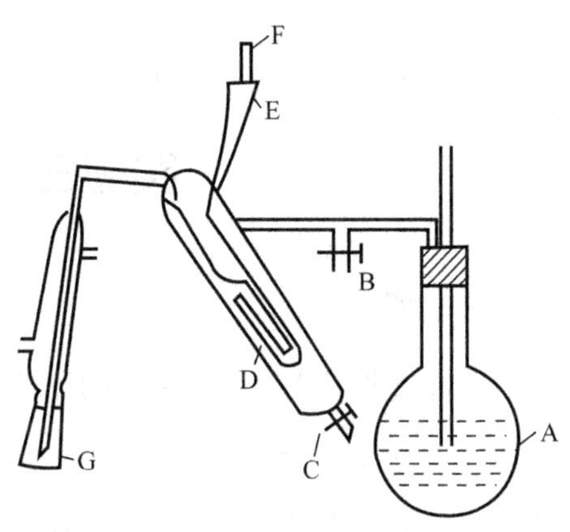

图 8.1　克达尔定氮装置

A. 水蒸气发生器；B、C. 弹簧夹；D. 蒸馏器；E. 加料口；F. 磨塞；G. 吸收瓶

四、实验内容

(1) 准确称取 0.03～0.05g 样品置于干燥洁净的 50mL 或 100mL 消解瓶中，加入 0.5g 催化剂(混合物硫酸钾、硫酸铜、硒粉)及 3～4mL 浓硫酸，在通风橱内，将煮解瓶呈 45°角斜置，用小火缓缓加热使溶解，然后强火沸腾，反应物先变黑，逐渐变草黄色，最后溶液呈透明的蓝绿色或几乎无色后，再消解 5min，冷却，加 3mL 水。

(2) 在消解的同时，整个装置用蒸汽洗涤 10min。

(3) 在通气的情况下，打开 B 夹，将消化液经加料漏斗 E 定量地转入蒸馏器 D 中(用少量水冲洗多次，直至消解瓶内洗出液不显酸性为止)，将磨口塞 F 塞好后，加 15mL40%的 NaOH 溶液于加料漏斗中备用。

(4) 吸收瓶 G 中加入 10mL 饱和硼酸溶液及 4 滴混合指示剂，此时吸收液显红紫色，打开冷凝水。

(5) 将吸收瓶 G 提高到使冷凝管出口恰恰插入吸收液的液面以下，夹住 B，通入蒸气，适当旋转磨口塞F，慢慢地自漏斗E中加入预先装好的40%NaOH溶液(注意：要防止吸收液倒吸)。待NaOH剩下0.5mL左右时，可加水冲洗E。再慢慢放入，并始终保持磨口塞F液封。氨被蒸出并为硼酸液吸收，此时溶液显绿色。待吸收液的体积增至30～40mL时.可使冷凝管末端高出吸收液液面，再继续蒸馏1min，用水冲洗冷凝管末端，并试验蒸出液是否显碱性。

(6) 关闭水蒸汽发生器下面的煤气灯，用湿布包盖A，使其冷却，使D管内的残留液倒吸出来，打开C，放出。将冷凝管的末端插入已装有水的锥形瓶中(插至瓶底部)，再用湿布冷却A。让水从瓶中倒吸入D而到C排出。为此反复冲洗管D2～3次。

(7) 用0.025mol·L^{-1}标准盐酸溶液滴定吸收液，溶液由绿色经过无色至稍显蓝紫色(灰色)时即为终点。同时做空白试验。

五、结果计算

试样含氮量的计算：

$$N=\frac{V\times c\times\cdots\times 0.01401}{w}\times 100\%$$

式中，V为所用标准盐酸溶液的体积(mL)(减去空白值)；c为标准盐酸溶液的浓度(mol·L^{-1})；0.01401为氮的毫摩尔质量(g·mol^{-1})；w为样品的质量(g)。

六、思考题

对于难分解的含氮化合物应采取什么措施？

实验三十六 有机氯的测定

一、实验目的

掌握氧瓶燃烧法分解试样的原理和操作。

二、实验原理

有机含卤化合物在充满氧气的燃烧瓶中，用铂丝作催化剂，经燃烧能分解生成卤离子及部分游离卤素；生成的卤离子被氢氧化钠溶液吸收，游离的卤素在碱性溶液中被过氧化氢还原为卤离子也被氢氧化钠溶液吸收；通过测定卤离子含量，求得有机卤化物中卤素的百分含量。

主要反应：

(1) 试样分解：有机卤化物$\xrightarrow{\text{燃烧 }PtO_2}X^-+X_2+H_2O+CO_2$

(2) 还原：$X_2+2NaOH+H_2O_2\rightarrow 2NaX+O_2+2H_2O$

(3) 滴定：$Hg^{2+}+2X^-\rightarrow HgX_2$

三、仪器与试剂

(1) 仪器：氧气袋，250mL燃烧瓶(见图8.2)，定量滤纸(见图8.3)，50mL酸式滴定管。

(2) 试剂：0.01mol·L^{-1}标准硝酸汞溶液，0.2mol·L^{-1}氢氧化钠溶液，1∶1的硝酸溶液，0.2mol·L^{-1}硝酸溶液，95%乙醇，溴酚蓝，二苯基卡巴腙。

四、实验内容

(1) 称样：准确称取 10～15mg 样品，置于滤纸的中央(见图 8.4)，按图 8.4 所示包好滤纸后，将其折合部分紧夹在白金丝或镍铬丝上。

(2) 燃烧分解：在分解瓶中加入 10mL0.2mol・L^{-1}NaOH 溶液和 4 滴 30％的 H_2O_2 溶液为吸收液，然后通入氧气，约 30s，点燃滤纸尾部，立即插入分解瓶，按紧瓶塞，并小心倒转，倾斜分解瓶(为安全起见，要注意拿瓶姿势，切勿对着自己脸部和其他人)。此时，样品与滤纸在铂或镍铬的催化下在氧气中充分燃烧(温度可达 1 000℃以上)。

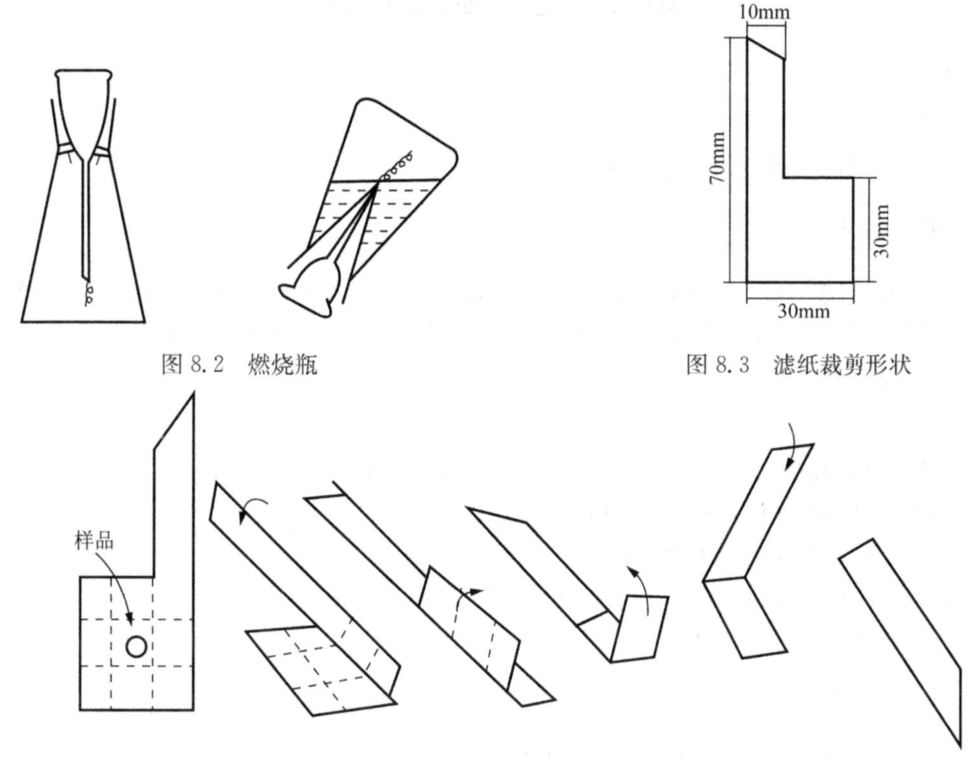

图 8.2　燃烧瓶

图 8.3　滤纸裁剪形状

图 8.4　氧瓶燃烧法滤纸的折叠

如果燃烧结束后，吸收液中残存黑色小块，表示未分解完全，必须重做。样品燃烧完毕后，将分解瓶充分振摇，至白烟消失，然后打开瓶塞(不易打开时，可向瓶颈磨口周围注入少许蒸馏水)，用少量蒸馏水淋洗瓶塞、铂丝或镍铬丝及瓶壁。

(3) 滴定：将溶液煮沸到出现大泡为止，以破坏过量的 H_2O_2 冷却后，加 1 滴溴酚蓝指示剂，用 1∶1 硝酸(大约 7 滴左右)中和大部分碱，再用 0.2mol・L^{-1} HNO_3 中和至溶液刚呈黄色，然后再过量 1.25mL0.2mol・L^{-1}的 HNO_3 溶液(此时，pH 约为 1.5～2.5)，加入 20mL95％乙醇，滴入 5～10 滴二苯卡巴腙溶液，用硝酸汞标准溶液滴定，终点时颜色由橙黄色变到樱红色。同时做空白试验。

五、结果计算

试样中卤素含量计算：

$$X=\frac{2\times c\times V\times M}{w\times 1000}\times 100\%$$

式中：M 为卤素的摩尔质量($g\cdot mol^{-1}$)；c 为硝酸汞的浓度($mol\cdot L^{-1}$)；V 为所消耗硝酸汞标液的体积(mL)；w 为样品的质量(g)。

六、思考题

吸收液为何要呈碱性？在滴定时又为何将其调成酸性？

实验三十七　硫的测定

一、实验目的

掌握氧瓶燃烧法分解试样的原理和操作。

二、实验原理

有机含硫化合物在充满氧气的燃烧瓶中，用铂丝作催化剂，经燃烧能分解生成硫的氧化物；生成的硫的氧化物被过氧化氢溶液吸收，硫以硫酸根形式存在；通过测定硫酸根含量，求得有机硫化物中硫的百分含量。

主要反应：

(1) 试样分解：有机硫化物 $\xrightarrow{燃烧\ Pt/O2}$ $SO_3^-+SO_2\uparrow+H_2O+CO_2\uparrow$

(2) 吸收：$SO_2+H_2O_2\rightarrow SO_3+H_2O$

$SO_3+H_2O\rightarrow H_2SO_4$

(3) 滴定：$H_2SO_4+Ba(ClO_4)_2\rightarrow BaSO_4\downarrow+2HClO_4$

以吐啉及次甲基蓝为指示剂

三、仪器与试剂

(1) 仪器：氧气袋，250 毫升燃烧瓶，定量滤纸，50 毫升酸式滴定管。

(2) 试剂：3%过氧化氢溶液，95%乙醇，高氯酸溶液，0.2%吐啉水溶液，0.02%次甲基蓝水溶液，0.02 $mol\cdot L^{-1}$高氯酸钡标准溶液。

四、实验内容

(1) 称样：准确称取 10～15mg 样品，置于滤纸的中央(见图 8.4)，按图包好滤纸后，将其折合部分紧夹在白金丝或镍铬丝上。

(2) 燃烧分解：在分解瓶中加入 10 mL3%过氧化氢吸收液，然后通入氧气，约 30 秒，点燃滤纸尾部，立即插入分解瓶，按紧瓶塞，并小心倒转，倾斜分解瓶(为安全起见，要注意拿瓶姿势，切勿对着自己脸部和其他人)。此时，样品与滤纸在铂或镍铬的催化下在氧气中充分燃烧(温度可达 1000℃以上)。

如果燃烧结束后，吸收液中残存黑色小块，表示未分解完全，必须重做。样品燃烧完毕后，将分解瓶充分振摇，至白烟消失，然后打开瓶塞(不易打开时，可向瓶颈磨口周围注入少许蒸馏水),用少量蒸馏水淋洗瓶塞、铂丝或镍铬丝及瓶壁。

(3) 滴定:将溶液煮沸浓缩至 5～10mL,冷却后,加入 20mL 95%乙醇,1 滴高氯酸(调节酸度),4 滴 0.2%吐啉指示剂和 2 滴 0.02%次甲基蓝溶液,用 0.02 $mol \cdot L^{-1}$ 高氯酸钡标准溶液滴定,溶液由淡黄色变为红橙色,即为终点。同时做空白。

五、结果计算

$$S\% = \frac{c \times V \times 32.06}{w \times 1000} \times 100\%$$

式中,c 为高氯酸钡的浓度($mol \cdot L^{-1}$);V 为滴定消耗高氯酸钡标液的体积(mL);w 为样品质量(g)。

六、思考题

吐啉指示剂中加入次甲基蓝的目的是什么?

实验三十八　不饱和键的测定

一、实验目的

掌握卤素加成法测定不饱和键的方法原理。

二、实验原理

利用溴量法测定不饱和化合物时,由于溴计量困难一般不直接采用溴,而用溴酸钾—溴化钾溶液与酸反应,则有溴生成。其反应为:

$$KBrO_3 + 5KBr + 6HCl \rightarrow 6KCl + 3Br_2 + 3H_2O$$

放出的溴与不饱和化合物起加成反应:

$$>C{=}C< + Br_2 \rightarrow >\underset{Br}{\underset{|}{C}}{-}\underset{Br}{\underset{|}{C}}<$$

过量的溴加 KI 析出 I_2,再用 $Na_2S_2O_3$ 标准溶液滴定。

$$Br_2 + 2KI \rightarrow I_2 + 2KBr$$

$$I_2 + 2Na_2S_2O_3 \rightarrow 2NaI + Na_2S_4O_6$$

为了使反应易于进行,常加入硫酸汞作为催化剂,为了避免取代等副反应,加成反应一般在低温暗处进行。

三、仪器与试剂

(1) 仪器:500mL 碘量瓶,50mL 碱式滴定管。

(2) 试剂:0.1$mol \cdot L^{-1}$溴酸钾—溴化钾溶液,0.1$mol \cdot L^{-1}$硫代硫酸钠标准溶液,0.2$mol \cdot L^{-1}$硫酸汞溶液,四氯化碳,3$mol \cdot L^{-1}$硫酸,冰醋酸,1%淀粉溶液,20%KI 溶液,2$mol \cdot L^{-1}$ NaCl 溶液。

四、实验内容

精确称取 0.082g 左右的样品，放于 500mL 碘量瓶中，用 20mL 水溶解(不溶于水的样品用四氯化碳溶液，待全溶后加入 30mL 冰醋酸)。然后精确加入 0.1mol·L^{-1}溴酸钾—溴化钾溶液 25mL(一般过量 10%～15%)，沿瓶壁加入 3mol·L^{-1}硫酸 8～10mL，盖好瓶塞。轻轻转动使混合均匀，2～3min 后溴即完全析出。然后利用转动瓶塞的方法由瓶口加入 0.2mol·L^{-1}的硫酸汞溶液 10mL，放暗处，并随时加以振荡约 10min(难加成的样品要长些)，反应完全后，以加硫酸汞的方式加入 2mol·L^{-1}氯化钠溶液 15mL，随即加入 20%的碘化钾溶液 10mL，振荡半分钟，打开瓶塞并用水洗净。然后用 0.2mol·L^{-1}硫代硫酸钠标准溶液滴定，滴定至淡黄色，加 1%的淀粉溶液 2mL，继续滴定至蓝色消失。

用四氯化碳做溶剂时，因碘被吸收，近终点时应用力振荡，至碘全部释出并被滴定为止。

同时做空白试验。

五、结果计算

$$\text{不饱和化合物} = \frac{(V_1 - V_2)cM}{2\,000wn} \times 100\%$$

式中，V_1 为空白试验消耗硫代硫酸钠标准溶液体积(mL)；V_2 为滴定样品消耗的硫代硫酸钠标准溶液体积(mL)；c 为硫代硫酸钠标准溶液的浓度(mol·L^{-1})；M 为样品的摩尔质量(g·mol^{-1})；w 为样品质量(g)；n 为不饱和键的个数。

六、思考题

为何用转动瓶盖的方法加入硫酸汞等溶液？

实验三十九　羰基的测定

一、实验目的

掌握羟胺法测定羰基化合物基本原理和操作方法。

二、实验原理

盐酸羟胺与醛、酮反应生成肟。其反应为：

$$\begin{matrix} R \\ \diagdown \\ C{=}O \\ \diagup \\ R_1 \\ (R) \end{matrix} + H_2NOH \cdot HCl \rightleftharpoons \begin{matrix} R \\ \diagdown \\ C{=}NOH \\ \diagup \\ R_1 \\ (R) \end{matrix} + H_2O + HCl$$

反应释出的酸，可以用溴酚蓝作指示剂，用标准的碱溶液滴定，从而计算醛或酮的含量。

本法应用范围较广，但最大缺点是滴定终点很不明显，故必须同时做一份空白试验以对照终点时的颜色，指示剂的浓度不宜太大，同时为了保持指示剂的浓度一致，可把溴酚蓝指示剂预先加到盐酸羟胺试剂中。

三、仪器与试剂

(1) 仪器:250mL 碘量瓶,50mL 碱式滴定管。

(2) 试剂:0.012mol・L^{-1}盐酸羟胺醇溶液,0.4%溴酚兰,0.5mol・L^{-1} NaOH 标准醇溶液。

四、实验内容

在一个 250mL 烧杯中,加入约 100mL 盐酸羟胺醇溶液,用 NaOH 中和游离酸,至蓝绿色(不计 NaOH 的体积)。然后用移液管移取 25.00mL 于 250mL 碘量瓶中,加入 0.3~0.4g 样品(大约 15 滴左右)(以使盐酸羟胺溶液过量一倍为宜)摇匀后,在室温放置 10min,用 0.5mol・L^{-1}氢氧化钠标准溶液滴定至蓝绿色。以空白试验中的溶液的颜色作为观察终点时的颜色标准。

五、结果计算

$$羰基化合物 = \frac{VcM}{1\,000wn} \times 100\%$$

式中,V 为样品溶液所消耗氢氧化钠标准溶液体积(mL);c 为氢氧化钠标准溶液浓度(mol・L^{-1});M 为样品的摩尔质量(g・mol^{-1});w 为样品质量(g);n 为样品分子中合羰基的个数。

六、思考题

在滴定过程中可否加入蒸馏水?

实验四十　氨基化合物的测定

一、实验目的

(1) 掌握重氮化法测定芳伯胺类化合物的原理和操作。

(2) 了解使用外指示剂确定反应终点的注意事项。

二、实验原理

芳伯胺类化合物在无机酸存在下,能与亚硝酸作用,生成芳伯胺的重氮盐,反应完成后稍过量的亚硝酸用指示剂检出,根据亚硝酸钠标准液的消耗量计算芳伯胺的含量。

主要反应:

$$ArNH_2 + NaNO_2 + 2HCl \rightarrow [Ar-\overset{+}{N}\equiv N]Cl^- + NaCl + H_2O$$

$$2KI + 2HNO_3 + 2HCl \rightarrow I_2 + 2KCl + 2NO + 2H_2O$$

三、仪器与试剂

(1) 仪器:400mL 的烧杯,50mL 碱式滴定管。

(2) 试剂:0.1mol·L^{-1}亚硝酸钠标准液,25%氨水,溴化钾,6mol·L^{-1}盐酸溶液,淀粉一碘化钾试纸。

四、实验内容

精确称取0.5g样品,置于400mL的烧杯中,加入50mL蒸馏水及浓氨水3mL,溶解后加6mol·L^{-1}盐酸8mL(如样品不溶于盐酸,可先用少量的冰醋酸、碳酸钠溶液或氢氧化铵溶液溶解,然后再加入蒸馏水和盐酸),加入溴化钾1g,易起反应的样品可不加溴化钾,然后将滴定管尖端插入液面下约2/3处,控制温度在30℃以下,用0.1mol·L^{-1} $NaNO_2$标准溶液迅速滴定,随滴随搅,至近终点时将滴定管尖端提出液面,用少量水淋洗尖端,洗液并入溶液,用玻棒蘸1滴反应液于淀粉一碘化钾试纸上,试纸立即变蓝,继续搅拌5min,再取1滴于试纸上,仍立即变蓝说明终点到达。

一般先预测一次,然后精测。同时做空白试验。

五、结果计算

$$\text{芳伯胺} = \frac{(V_2 - V_1)cM}{1\,000wn}$$

式中,V_1为空白试验所消耗亚硝酸钠标准溶液的体积(mL);V_2为滴定样品所消耗亚硝酸钠标准溶液的体积(mL);c为亚硝酸钠标准溶液的浓度(mol·L^{-1});M为样品的摩尔质量(g·mol^{-1});w为样品质量(g);n为样品分子中参加反应的氨基个数。

六、思考题

多次用玻棒蘸反应液于淀粉-碘化钾试纸上观察终点到否,对实验结果有无影响?

实验四十一　有机碱的非水滴定

一、实验目的

掌握非水滴定的操作和结果计算。

二、实验原理

有机碱具有弱酸性,可用高氯酸的冰乙酸标准溶液为滴定剂,在非水条件下进行酸碱滴定,反应如下:

$$B + HClO_4 \rightarrow BH^+ + ClO_4^-$$

根据高氯酸的冰乙酸标准溶液消耗量计算有机碱的含量。

三、仪器与试剂

(1) 仪器:10mL自动滴定管,100mL锥形瓶。

(2) 试剂:0.1mol·L^{-1}的高氯酸-冰乙酸标准溶液,结晶紫指示剂。

四、实验内容

准确称取样品 0.1g 左右，置于干燥的 100mL 锥形瓶中，加 5mL 冰醋酸，摇动使样品溶解，然后再加 2 滴结晶紫指示剂，用 0.1mol·L^{-1} $HClO_4$ 标准溶液滴定至蓝绿色即为终点。在同样条件下进行空白试验，注意空白试验与测定样品滴定终点颜色要一致。

五、结果计算

按下式计算样品含量：

$$有机碱=\frac{c\times V\times M}{1\,000\times w}\times 100\%$$

式中，V 为滴定试样消耗高氯酸—冰乙酸标准溶液的体积（扣除空白消耗）(mL)；c 为 $HClO_4$ 的浓度（mol·L^{-1}）；M 为样品的摩尔质量（g·mol^{-1}）；w 为样品质量(g)。

六、思考题

实验所用的器具为什么必须干燥？

实验四十二　有机酸的测定

一、实验目的

掌握运用中和滴定法测定有机羧酸的基本原理和方法。

二、实验原理

利用羧基的酸性，可用碱标准溶液进行中和滴定，从而测出羧酸的含量。

$$RCOOH+NaOH\rightarrow RCOONa+H_2O$$

三、仪器与试剂

仪器：250 毫升锥形瓶，50 毫升酸式滴定管。

试剂：0.1mol/L 氢氧化钠标准溶液，0.1 mol·L^{-1}盐酸标准溶液，0.1%酚酞指示剂。

四、实验内容

精确称取样品 2～3mmol 于锥形瓶中，用移液管移取 0.1 mol·L^{-1}氢氧化钠标准溶 50 mL，震荡促使其溶解（如果溶解困难，可以温热至溶解完全，然后冷却）。加入 0.1%酚酞指示剂 5 滴，用 0.1 mol·L^{-1}盐酸标准溶液滴定至红色刚好消失即为终点。

五、结果计算

$$羧酸化合物\%=\frac{(c_1V_1-c_2V_2)\times M}{w\times 1000\times n}\times 100\%$$

式中，c_1V_1 为加入氢氧化钠标准溶液的体积(mL)及其浓度（mol·L^{-1}）之积；c_2V_2 为加入盐酸标准溶液的体积(mL)及其浓度($mol \cdot L^{-1}$)之积;M 为羧酸的摩尔质量;w 为样品质量(g);n 为羧酸分子中所含羧基的数目。

六、思考题

此方法中为什么不用氢氧化钠直接滴定?

第九章　基本仪器分析

实验四十三　邻菲罗啉分光光度法测定水中微量铁

一、实验目的

(1) 掌握分光光度法测定试样中微量铁的常用方法。

(2) 进一步了解朗伯-比尔定律的应用。

(3) 掌握吸收曲线的测绘方法，认识选择最大吸收波长的重要性。

(4) 熟悉分光光度计的使用方法。

二、基本原理

邻二氮杂菲(邻菲罗啉)是测定试样中微量铁的一种较好的显色剂。在 pH 值为 2～9 的溶液中，邻二氮杂菲与 Fe^{2+} 生成稳定的橙红色配合物，反应如下：

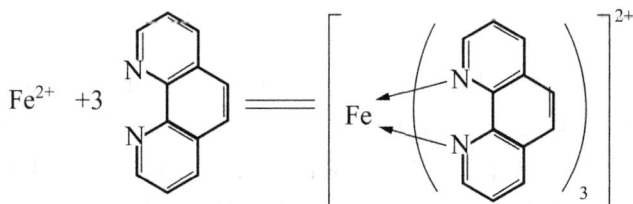

橙红色配合物的 $\lg K_{稳}=21.3$，最大吸收波长在 $\lambda=510\text{nm}$ 处，其摩尔吸收系数 ε 值为 1.1×10^{4}。

该方法可用于试样中微量 Fe^{2+} 的测定，如果铁以 Fe^{3+} 的形式存在，由于 Fe^{3+} 能与邻二氮杂菲生成淡蓝色的配合物，所以应预先加入盐酸羟胺(或抗坏血酸等)将 Fe^{3+} 还原成 Fe^{2+}：

$$4Fe^{3+}+2NH_2OH \rightarrow 4Fe^{2+}+N_2O+H_2O+4H^{+}$$

酸度过高($pH<2$)，反应较慢；酸度过低，Fe^{2+} 将水解。所以测定工作通常在 pH 约为 5 的HAc—NaAc 缓冲介质中进行。

铋、镉、汞、银、锌等离子与显色剂可生成沉淀，钴、铜、镍等离子与显色剂可形成有色络合物；因此这些离子共存时应注意消除它们的干扰。

三、仪器与试剂

(1) 仪器：722 可见分光光度计。

(2) 试剂：

①铁标准储备液溶液(含铁 $100\mu g\cdot mL^{-1}$)。

②铁标准溶液(含铁 $10\mu g\cdot mL$)：准确吸取铁标准溶液(含铁 $100\mu g\cdot mL^{-1}$)10mL 于 100mL 容量瓶中，用蒸馏水稀释至刻度，摇匀。

③0.1%邻菲罗啉水溶液(临用现配)。

④5%盐酸羟胺溶液(临用现配)。

⑤HAc—NaAc 缓冲液(pH=4.6)。

⑥铁的未知试样。

四、实验内容

1. 邻菲罗啉-亚铁吸收曲线的绘制

准确吸取铁标准溶液(含铁 $10\mu g \cdot mL^{-1}$)4mL 于 50mL 容量瓶中,依次加入 5mLHAc—NaAc 缓冲液,2mL 盐酸羟胺溶液,5mL 邻菲罗啉水溶液,用水稀释至刻度,摇匀,放置 10min。以去离子水作参比溶液,波长范围 440~600nm,用 1cm 比色皿在 722 型分光光度计上测定各波长处的吸光度。以波长 λ 为横坐标,吸光度 A 为纵坐标,绘制吸收曲线(在 λ=510nm 附近测量点需取密一些),找出最大吸收波长 λ_{max}。

λ/nm														
吸光度 A														

最大吸收波长 λ_{max}=(　)nm。

2. 标准曲线的绘制

准确吸取铁标准溶液(含铁 $10\mu g \cdot mL^{-1}$)0.00mL、2.00mL、4.00mL、6.00mL、8.00mL、10.00mL 于 6 个 50mL 容量瓶中,分别依次加入 5mLHAc—NaAc 缓冲液,2mL 盐酸羟胺溶液,5mL 邻菲罗啉水溶液后,用水稀释至刻度,摇匀,放置 10min。选择不加铁的试剂溶液作参比,在 λ_{max} 处,用 1cm 比色皿在 722 型分光光度计上分别测定标准溶液系列的吸光度 A,以显色后的 50mL 溶液中的含铁量($\mu g \cdot mL^{-1}$)为横坐标,吸光度 A 为纵坐标,绘制测定铁的标准曲线。

$V_{铁标}$/mL						
$c_{铁}$/($\mu g \cdot mL^{-1}$)						
吸光度 A						

3. 试样中微量铁的测定

准确吸取试样 10mL 于 50mL 容量瓶中,依次加入 5mLHAc—NaAc 缓冲液,2mL 盐酸羟胺溶液,5mL 邻菲罗啉水溶液后,用水稀释至刻度,摇匀,放置 10min,以不加铁的试剂溶液作参比,在 λ_{max} 处,用 1cm 比色皿在 722 型分光光度计上测定吸光度 A_x,根据测得的 A_x,从标准曲线上查出对应的铁的含量,换算成原试样中铁含量的浓度($\mu g \cdot mL^{-1}$)。

五、思考题

(1) 参比溶液的作用是什么?

(2) 本实验中哪些溶液的量取需要非常准确,哪些则不必很准确? 为什么?
(3) 溶液酸度对测定有何影响?

实验四十四　紫外光谱法测定蒽醌含量

一、实验目的

(1) 了解紫外光谱法测定蒽醌含量的原理和方法。
(2) 了解和掌握 751 型紫外分光光度计的使用。

二、实验原理

在紫外及可见区电磁辐射的作用下,多原子分子的价电子发生跃迁,从而产生分子的吸收光谱。各种物质的分子都有其特征的吸收光谱,以此来获得定性信息。而在选定波长下测量吸光度与物质浓度的关系,可对物质进行定量测定。吸收的大小可用光的吸收定律,即比尔(Beer)定律来表述:

$$A = \lg(1/T) = \lg(I_0/I) = \varepsilon bc$$

利用紫外吸收光谱进行定量分析时,必须选择合适的测定波长。蒽醌产品中往往含有副产品邻苯二甲酸酐,它们的紫外吸收光谱如图 9.1 所示。

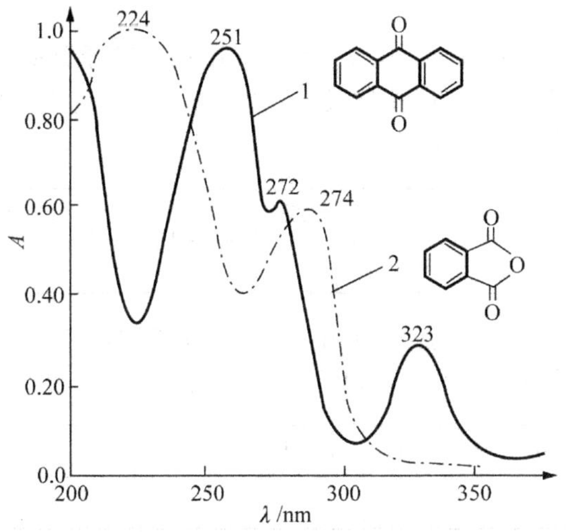

图 9.1　蒽醌(曲线 1)和邻苯二甲酸酐(曲线 2)在乙醇中的紫外吸收光谱

由于在蒽醌分子结构中的双键共轭体系大于邻苯二甲酸酐,因此蒽醌的吸收峰红移比邻苯二甲酸酐大,且两者的吸收峰形状及其最大吸收波长各不相同,蒽醌在波长 251nm 处有一强烈吸收峰($\varepsilon = 4.6 \times 10^4$),在波长 323nm 处有一中等强度的吸收峰($\varepsilon = 4.7 \times 10^3$),而在 251nm 波长附近有一邻苯二甲酸酐的强烈吸收峰 λ_{max}($\varepsilon = 3.3 \times 10^4$),为了避开其干扰,选用 323nm 波长作为测定蒽醌的工作波长。由于乙醇在 250～350nm 无吸收干扰,因此可用乙醇为参比溶液。

三、仪器与试剂

（1）仪器：751 型紫外分光光度计，1cm 石英比色皿。

（2）试剂：

① 蒽醌标准溶液：准确称取 2mg 左右的蒽醌，加无水乙醇使之溶解后，转移至 100mL 容量瓶中，用乙醇稀释至刻度，摇匀。

②邻苯二甲酸酐标准溶液：准确称取 4.5mg 左右的邻苯二甲酸酐，加无水乙醇使之溶解后，转移至 100mL 容量瓶中，用乙醇稀释至刻度，摇匀。

③蒽醌试样溶液：准确称取 6.5mg 左右的试样（含邻苯二甲酸酐），加无水乙醇使之溶解后，转移至 1 000mL 容量瓶中，用乙醇稀释至刻度，摇匀。

四、实验内容

1. 测定波长的选择

由实验原理可知，考虑到蒽醌试样溶液中存在副产品邻苯二甲酸酐，故测定蒽醌波长一般选定 323nm 附近（此处邻苯二甲酸酐无吸收）。

2. 吸收曲线的绘制

1）蒽醌吸收曲线的绘制

（1）取 2mL 蒽醌标准溶液于 10mL 容量瓶中，用乙醇稀释至刻度，用 1cm 的比色皿，以乙醇作参比，用 751 型紫外分光光度计在波长 $\lambda=225\sim323$nm 范围内绘制吸收曲线，求出此范围中的 λ_{max1}。

λ/nm	225	240	245	247	249	251	253	255	257	260	270	280	300
吸光度 A													

（2）取蒽醌标准溶液于 1cm 的比色皿中，以乙醇作参比，用 751 型紫外分光光度计在波长 $\lambda=280\sim350$nm 范围内绘制吸收曲线，求出此范围中的 λ_{max2}。

λ/nm	280	300	310	315	317	319	321	323	325	327	329	331	335	350
吸光度 A														

2）邻苯二甲酸酐吸收曲线的绘制

取邻苯二甲酸酐标准溶液于 1cm 的比色皿中，以乙醇作参比，用 751 型紫外分光光度计在波长 $\lambda=240\sim330$nm 范围内绘制吸收曲线，求出此范围中的 λ_{max3}。

λ/nm														
吸光度 A														

3. 蒽醌标准曲线的绘制

分别吸取蒽醌标准溶液 0.0mL，2.0mL，4.0mL，6.0mL，8.0mL，10.0mL 于 6 个 10mL 容

量瓶中，用乙醇稀释至刻度，摇匀。以乙醇作参比，用 751 型紫外分光光度计在波长 λ_{max2}（即 323nm 附近）处分别测定吸光度 A，以吸光度 A 为纵坐标，以蒽醌溶液的浓度 $c(\mu g \cdot mL^{-1})$ 为横坐标，绘制蒽醌标准曲线。

$V_{蒽醌标液}$/mL	0.0	2.0	4.0	6.0	8.0	10.0
$C_{蒽醌}/(\mu g \cdot mL^{-1})$						
吸光度 A						

4. 试样中蒽醌含量的测定

取蒽醌试样溶液于 1cm 比色皿中，以乙醇作参比，测定其在波长 λ_{max2} 处的吸光度，从蒽醌标准曲线上查出其对应的浓度，并根据样品配制情况，计算蒽醌样品中蒽醌的浓度，以 $\mu g \cdot mL^{-1}$ 表示。

五、思考题

（1）本实验中为什么要使用乙醇作参比？

（2）为什么紫外分光光度计定量测定中没有加显色剂？

实验四十五　间苯二甲酸存在下对苯二甲酸的测定——双波长紫外分光光度法

一、实验目的

（1）了解双波长分光光度法的原理和应用。

（2）掌握分光光度法消除干扰的测定方法。

二、实验原理

若需测定吸收曲线互相重叠的两组分中某一组分含量时，可利用等吸收点的方法求得。如图 9.2 所示，要测定其中的 a 组分，必须消除 b 组分的干扰，可在 b 的吸收曲线上选择两个波长 λ_1 和 λ_2，在这两个波长处，b 组分具有相等的吸光度，即对 b 来说，不论其浓度多少，其

$$\Delta A_b = A_{\lambda_2} - A_{\lambda_1} = 0$$

这样，就可从这两个波长处测得 a 组分的吸光度差值 ΔA_a 来确定 a 的含量，因为 ΔA_a 与 a 的浓度成线性关系，这种方法称为等吸收双波长分光光度法。

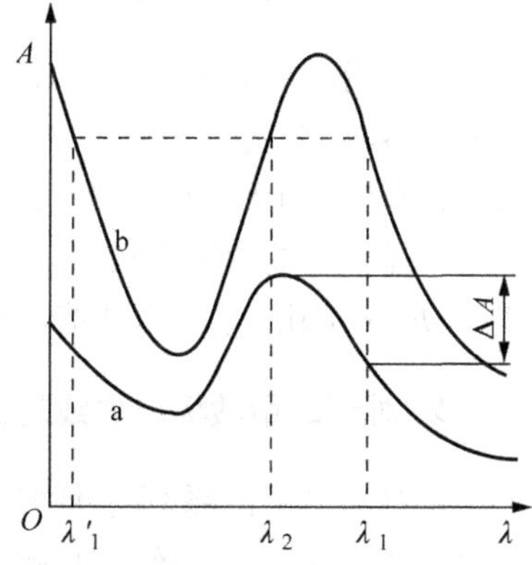

图 9.2　双波长吸收光谱示意图

由上可知，所选择的 λ_1 和 λ_2 波长必须满足两个基本条件：

（1）干扰组分 b 在两个波长处应具有相同的吸光度，即 $A_{\lambda_2} = A_{\lambda_1}$。

（2）待测组分在这两个波长处吸光度的差值 ΔA 应足够大。

为了选择合适的测定波长 λ_1 和 λ_2，首先必须于同一张作图纸上绘制这两种纯组分的吸收曲线，可选择待测组分 a 的吸收峰波长为测定波长 λ_2，由此波长作一条垂直于 x 轴(波长)的直线与干扰组分 b 的吸收曲线交于某一点，再从此点作一条平行于 x 轴的直线，此直线又与 b 的吸收曲线相交于一点或几个点，交点处的波长可作为参比波长 λ_1，当 λ_1 有几个可供选择时，所选择的 λ_1 应能使待测组分获得较大的吸光度差值。若待测组分吸收峰不宜作为测定波长时，也可选择吸收曲线上其他波长作为测定波长 λ_2。

本实验要求在间苯二甲酸(干扰组分)存在下，测定对苯二甲酸含量。因为它们的吸收曲线互相重叠，所以不能选择对苯二甲酸的吸收峰处为测定波长，而只能选择吸收曲线上其他合适的波长，故要使用上述的等吸收双波长分光光度法。

三、仪器与试剂

(1) 仪器：751 紫外-可见分光光度计。

(2) 试剂：

①对苯二甲酸溶液(250μg · mL^{-1})：准确称取 250mg 对苯二甲酸于小烧杯中，加 30mL 水，滴加少量 NaOH 溶液至完全溶解，移入 1L 容量瓶中定容。

②间苯二甲酸溶液(200μg · mL^{-1})：准确称取 200mg 间苯二甲酸于小烧杯中，加 30mL 水，滴加少量 NaOH 溶液至完全溶解，移入 1L 容量瓶中定容。

③间苯二甲酸浓度约 20 倍于对苯二甲酸的未知样品溶液。

四、实验步骤

1. 对苯二甲酸系列标准溶液的配制

于五只 25mL 容量瓶中，用 5mL 刻度移液管分别加入 0.50mL，1.00mL，2.00mL，3.00mL，4.00mL 浓度为 250μg · mL^{-1}的对苯二甲酸溶液，用去离子水稀释至刻度，摇匀，计算各稀释后溶液的浓度。

2. 对苯二甲酸和间苯二甲酸吸收光谱的绘制

分别用浓度为 10μg · mL^{-1}的对苯二甲酸溶液(临用稀释)和浓度为 200μg · mL^{-1}的间苯二甲酸溶液，在波长 210～320nm 范围内，以去离子水做参比，用 1cm 石英比色皿进行测定，在同一张坐标纸上绘制它们的吸收曲线。

选择合适的测定波长 λ_2 及参比波长 λ_1(参考值 λ_2 为 264nm，λ_1 为 277nm)。在所选的 λ_2 和 λ_1 处必须用间苯二甲酸溶液验证其吸光度是否相等。

3. 对苯二甲酸标准曲线的绘制

将对苯二甲酸系列标准溶液，分别在所选定波长 λ_2 及参比波长 λ_1 下，用去离子水为参比，测量吸光度，求出该系列标准溶液在 λ_2 和 λ_1 波长处吸光度的差值 ΔA，以 $\Delta A \sim c$(对苯二甲酸浓度 μg · mL^{-1})作图，绘制标准曲线。

V/mL	0.00	0.50	1.00	2.00	3.00	4.00
$c/(\mu g \cdot mL^{-1})$						
A_{λ_2}						
A_{λ_1}						
ΔA						

4. 试样的测定

用移液管吸取未知样品溶液 5mL 于 50mL 容量瓶中，用去离子水定容，在选定的 λ_2 和 λ_1 下测定其吸光度值 A_{x2} 及 A_{x1}，并求出吸光度差值 ΔA_x。

五、数据处理

（1）在同一张坐标纸上绘制对苯二甲酸溶液和间苯二甲酸溶液的吸收光谱，并从图上选择合适的测定波长 λ_2 及参比波长 λ_1。

（2）以对苯二甲酸系列标准溶液和间苯二甲酸溶液在测定波长 λ_2 及参比波长 λ_1 处的吸光度差值 ΔA 为纵坐标，对苯二甲酸溶液浓度为横坐标，绘制标准曲线。

（3）由试液的吸光度差值 ΔA_x，从标准曲线上求得未知试液中对苯二甲酸浓度，以 $\mu g \cdot mL^{-1}$ 表示。

六、思考题

（1）等吸收双波长分光光度法为何能消除干扰？

（2）本实验与普通分光光度法有何异同？

实验四十六　原子吸收分光光度法测定水中微量铜

一、实验目的

（1）了解 AA320(N)或其他型号原子吸收分光光度计的构造及使用方法。

（2）掌握用标准曲线和标准加入法测定水中铜含量的方法。

二、实验原理

原子吸收分光光度法是基于从光源辐射出具有待测元素特征谱线，通过试样蒸气时被蒸气中待测元素的基态原子所吸收，由辐射特征谱线的光强度被减弱的程度来测定待测元素含量的方法。当实验条件一定时，原子蒸气中基态原子的数目与试样浓度成正比，则 $A=Kc$，这就是原子吸收分光光度法的定量基础，可用于测定水中铜含量。本实验将采用标准曲线法和标准加入法两种方法测定水中的微量铜，对两种结果进行比较。

（1）标准曲线法：配制好铜系列标准溶液，由稀到浓依次测量，将读得的吸光度对浓度作图，得标准曲线。测未知液的吸光度，通过标准曲线可求出铜含量。

（2）标准加入法：将待测试样分成等量的几份溶液，分别加入不同量的已知浓度的铜标准溶液，稀释到一定体积，依次测量其吸光度，绘制吸光度-浓度曲线，外推与横坐标浓度轴延长线相交，可求出试样中铜的含量。

三、仪器与试剂

(1) 仪器：AA320(N)型或其他型原子吸收分光光度计，铜空心阴极灯。

(2) 试剂：

①铜标准储备溶液：准确称取 CuO(G.R)0.1565g，用 1∶1 的 HNO_3 溶液微热溶解，放冷移至 250mL 容量瓶中，用 1%的 HNO_3 稀释至刻度，此溶液含 Cu^{2+} 500μg·mL^{-1}，作为铜的标准储备溶液。

②铜的标准工作溶液(50μg·mL^{-1})：吸取铜的标准储备溶液(500μg·mL^{-1})5mL 于 50mL 容量瓶中，用去离子水稀释至刻度，摇匀，此为铜的标准工作溶液(50μg·mL^{-1})。

③铜的样品溶液。

四、实验步骤

1. 仪器的调节

(1) 开总电源，再开测量用元素灯电源，调到适当的灯电流，预热稳定后才可测试。

(2) 选择适当狭缝，找待测元素的灵敏波长。调节电动波长扫描，配合使用手动旋钮，使信号最大(T 最大)，找出铜的灵敏波长，在 3248Å 附近。

(3) 反复调节灯位置，调整灯架上下、左右螺丝，使信号最大。

(4) 调灵敏度旋钮，使 T 满刻度。

(5) 状态检查置于 A(吸光度)，按“复零”使吸光度指零。

(6) 依次打开空压机、乙炔气，调节针形阀至适当流量，按动点火按钮，火焰稳定后，用去离子水调吸光度为零，即可测试。

2. 标准曲线法系列溶液的配制

(1) 取 5 个 50mL 容量瓶，依次加入 0.50mL、1.00mL、1.50mL、2.00mL、2.50mL 的 50μg·mL^{-1}铜的标准工作溶液，用去离子水稀释至刻度，摇匀。

(2) 未知试样溶液的配制：取 5.0mL 铜的样品溶液于 50mL 容量瓶中，用去离子水稀释至刻度，摇匀。

3. 标准加入法系列溶液的配制

取六个 50mL 容量瓶，各加入 5.00mL 铜的样品溶液，然后依次加入 0mL、0.50mL、1.00mL、1.50mL、2.00mL、2.50mL 的 50μg·mL^{-1}的铜标准工作溶液，用去离子水稀释至刻度，摇匀。

4. 吸光度的测量

仪器调节好后，按选定的工作条件进行测量，用去离子水调节吸光度为零，分别测量实验步骤 2、3 中所配制溶液的吸光度。

标准曲线法：

$V_{铜}$/mL	0.0	0.50	1.00	1.50	2.00	2.50	未知样
$c_{铜}$/(μg・mL^{-1})							—
吸光度 A							

标准加入法：

$V_{铜}$/mL	0.0	0.50	1.00	1.50	2.00	2.50
$c_{铜}$/(μg・mL^{-1})						
吸光度 A						

五、数据处理

(1) 记录实验仪器的工作条件，包括工作波长、灯电流、狭缝宽度、空气和乙炔流量、燃烧器高度等。

(2) 以铜的系列标准溶液的吸光度绘制标准曲线，用未知试样的吸光度，求出水样中的铜含量，以 mg・L^{-1}表示。

(3) 以铜的标准加入法工作溶液测得的吸光度绘制工作曲线，将其外推，求得水样中的铜含量，以 mg・L^{-1}表示，并与标准曲线法所得结果进行比较。

六、思考题

(1) 原子吸收分光光度计有哪几个主要组成部分？它们的作用是什么？

(2) 什么是标准曲线法？什么是标准加入法？

实验四十七　有机化合物的红外光谱测定

一、实验目的

(1) 学习固体、液体样品的制样方法。

(2) 学习红外光谱仪的仪器调节。

(3) 学习谱图解析，了解由红外光谱鉴定未知物的一般过程。

二、实验原理

红外光谱是研究分子振动和转动信息的分子光谱，不同的化合物由不同的基团组成，因此有不同的振动方式和频率，可以通过扫描它们的红外光谱来进行化合物的定性鉴定和结构分析。定性分析常用方法有已知物对照法和标准谱图查对法。

根据实验技术和应用的不同，一般将红外光区划分为三个区域：近红外区（14 000～4 000cm^{-1}），中红外区（4 000～400cm^{-1}）和远红外区（400～10cm^{-1}），一般的红外光谱在中红外区进行检测。大多数基团的特征吸收集中在 4 000～1 350cm^{-1}区域内，因而称之为基团频率区，主要用于鉴定官能团。例如，缔合羟基(O—H)的伸缩振动频率在 3 400～3 200cm^{-1}范围内，羰基(C=O)的伸缩振动频率在 1 850～1 660cm^{-1}范围内。而 1 350～650cm^{-1}的低频区域称为指纹区，该区域内的吸收带往往很复杂，如人的指纹一样互不相同，因此仅仅依靠对红外谱图的解析往往难以确定有机物的结构，通常还需要借助标准试样和标准谱图。如果两个化合物在相同的测定条件下测得红外光谱，其吸收峰位置、形状及其相对吸收强度均一致，则两个化合物具有相同的结构。因此可通过比对试样与标准物的红外光谱，或比较试样的红外光谱与红外标准谱图进行定性分析。

本实验通过对固体样品苯甲酸的红外光谱测绘(KBr 压片法)和液体试样乙酸异戊酯的红外光谱测绘(液膜法)，来学习固体、液体样品的制样和测定方法，并判别各主要吸收峰的归属。

三、仪器与试剂

(1) 仪器：Avatar360 FT—IR 红外光谱仪，手压式压片机及压片模具，磁性样品架，可拆式液体池，KBr 盐片，红外灯，玛瑙研钵。

(2) 试剂：苯甲酸(AR)，KBr(光谱纯)，乙酸异戊酯(AR)。

四、实验内容

1. 固体样品苯甲酸的红外光谱测绘(KBr 压片法)

(1) 取干净的玛瑙研钵中，加入约 150mg 干燥的 KBr 在红外灯下研磨成细粉，颗粒粒度约为 2μm 以下。

(2) 取适量研磨好的 KBr 于干净的压片模具中，堆积均匀，用手压式压片机用力加压约 30s，制成透明薄片，作为空白背景样品。

(3) 将空白薄片装在磁性样品架上，放入 Avatar360 FT-IR 红外光谱仪的样品室中，进行背景扫描，保存此空白背景。

(4) 取干燥的苯甲酸试样约 1mg 于干净的玛瑙研钵中，在红外灯下研磨成细粉，再加入约 150mg 干燥的 KBr 一起研磨至二者完全混合均匀，颗粒粒度约为 2μm 以下。

(5) 取适量的混合样品于干净的压片模具中，堆积均匀，用手压式压片机用力加压约 30s，制成透明试样薄片。

(6) 将试样薄片装在磁性样品架上，放入 Avatar360 FT-IR 红外光谱仪的样品室中进行扫描，扣除空白背景，即得测量样品的红外光谱图。

(7) 扫谱结束后，取出样品架，取下薄片，将压片模具、试样架等用规定的溶剂擦洗干净，置于干燥器中保存好。

2. 液体试样乙酸异戊酯的红外光谱测绘(液膜法)

用滴管取少量液体样品乙酸异戊酯，滴到液体池的一块盐片上，盖上另一块盐片(稍转动驱走气泡)，使样品在两盐片间形成一层透明薄液膜。固定液体池后将其置于红外光谱仪的样品室中扫描，扣除空白背景后即得样品的红外光谱图(直接用盐片做空白背景)。

五、结果处理

(1) 对所测谱图进行基线校正及适当平滑处理，标出主要吸收峰的波数值，储存数据后，打印谱图。

(2) 与样品的标准谱图进行对照，判别各主要吸收峰的归属。

六、思考题

(1) 用压片法制样时，为什么要求将固体试样研磨到颗粒粒度在 2μm 左右？为什么要求 KBr 粉末干燥、避免吸水受潮？

(2) 芳香烃的红外特征吸收在谱图的什么位置？

(3) 羰基化合物谱图的主要特征是什么？

七、注意事项

(1) KBr 应干燥无水，固体试样研磨和放置均应在红外灯下，防止吸水变潮；KBr 和样品的质量比约在(100～200)∶1 之间。

(2) 可拆式液体池的盐片应保持干燥透明，切不可用手触摸盐片表面，也不能用水冲洗；每次测定前后均应在红外灯下反复用无水乙醇及滑石粉抛光，用镜头纸擦拭干净，在红外灯下烘干后，置于干燥器中备用。

附：Avatar360 FT-IR 红外光谱仪的使用

傅立叶变换红外光谱仪主要由红外光源、迈克尔逊(Michelson)干涉仪、检测器、计算机等系统组成。光源发散的红外光经干涉仪处理后照射到样品上，透射过样品的光信号被检测器检测到后以干涉信号的形式传送到计算机，由计算机进行傅立叶变换的数学处理后得到样品红外光谱图。傅立叶变换红外光谱仪具有扫描速度快(一般 1s 内可完成光谱范围内的扫描)、分辨率高和灵敏度高的特点。其工作原理如图 9.3 所示。

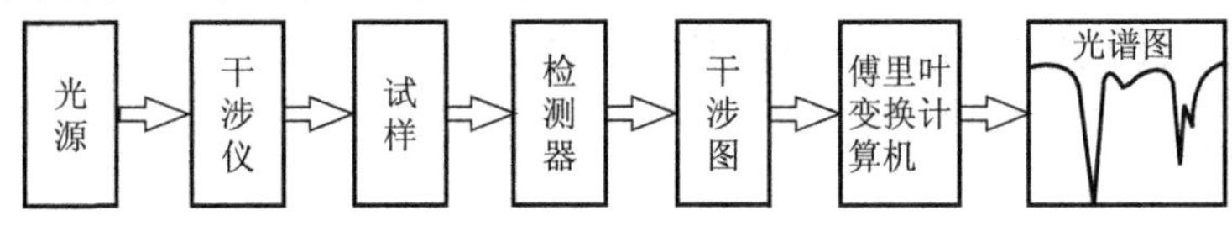

图 9.3　FT-IR 光谱仪工作原理图

1. 一般操作步骤

(1) 打开总电源开关。

(2) 打开计算机和 AVATAR360 红外光谱仪开关，在计算机屏幕上双击带“EZOMNIC E. S. P”图标，打开“OMNIC”应用软件。检查“OMNIC”窗口的“光学台状态(Bench Status)”，指示显示绿色“√”，即为正常。

(3) 此时仪器默认的实验状态为 Transmission E. S. P(透射光谱法)。

(4) 收集(Collect)主菜单下选择设置参数(Experiment Setup)：扫描次数设为 16 次，分辨率选择 4；最终谱图格式选透射百分比(%)；背景处理(Background Handing)选背景收集在 100min 后，其余实验参数为默认值。

(5) 收集背景谱图:将仪器上部的滑动仓门打开,把做背景的空白片插入进样品支架中,合上仓门。点击"Col Bkg"按钮,之后在确认对话框中选择"是"。

(6) 将仪器上部的滑动仓门打开,把空白片取出,将制好的样品片插入进样品支架中,合上仓门。

(7) 收集样品谱图:点击"Col Smp"按钮,之后在确认对话框中选择"是"。

(8) 点击背景谱图,使其变为红色,按 Clear 按钮以清除背景谱图。

(9) 光谱处理:将采集到的样品光谱从透光率形式转变为吸光度的形式,做基线校正、平滑等处理,然后重新转换为透光率形式。按 Find Pks 按钮,标记样品谱图中峰的位置,点击 Repleace 按钮,回到前一页面。

(10) 在分析(Analyze)主菜单下选择起用谱库(Library Setup),选择相应谱库,确认。

(11) 点击"Search"按钮,仪器自动鉴定未知化合物。

(12) 点击"Window"下拉菜单,选择"Window 1"窗口,打印谱图。

2. 注意事项

(1) 保持实验室安静和整洁,不得在实验室内进行样品化学处理,实验完毕即取出样品室内的样品。

(2) 样品室仓门应轻开轻关,避免仪器振动受损。

(3) 当测试完有异味样品时,须用氮气进行吹扫。

实验四十八 离子选择性电极法测定水中微量氟离子

一、实验目的

(1) 熟悉氟离子选择性电极的结构和性能。

(2) 学习用直接电位法测定氟离子浓度的方法。

(3) 掌握标准曲线法和标准加入法的计算技能。

二、实验原理

离子选择性电极是一种电化学传感器,它可将溶液中特定离子的活度转换成相应的电位信号。氟离子选择性电极(见图 9.4)的敏感膜为 LaF3 单晶膜,电极管内装有 0.1mol・L^{-1} NaCl—NaF 组成的内参比溶液,以 Ag—AgCl 作内参比电极。测定时,用氟离子选择电极作指示电极,饱和甘汞电极作参比电极,由氟离子选择性电极与饱和甘汞电极组成的电化学电池可表示为:

$$\mathrm{Hg}|\mathrm{Hg_2Cl_2},\mathrm{KCl}(饱和)\|\quad 试液\quad |\mathrm{LaF_3}|\mathrm{NaF},\mathrm{NaCl},\mathrm{AgCl}|\mathrm{Ag}$$

|←——甘汞电极——→| |←—氟离子选择性电极—→|

在离子强度和 pH 值不变时,整个电池的电动势为:

$$E_{电池} = K' - \frac{2.303RT}{F}\lg c,$$

式中,K 常数,R 为摩尔气体常数(8.314J・mol^{-1}・K^{-1}),T 为热力学温度,F 为法拉第常数

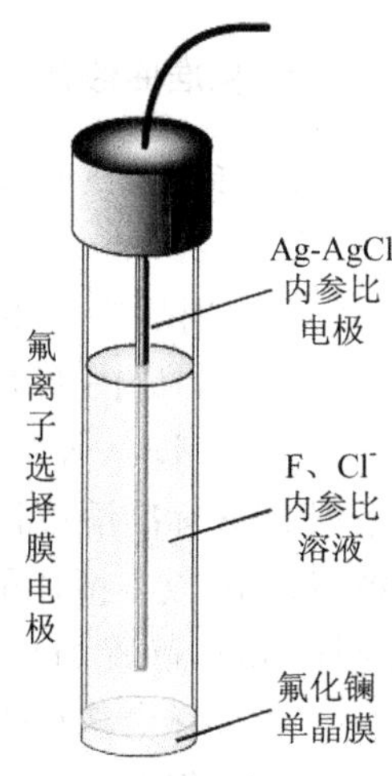

图 9.4　氟离子选择电极

96 485C・mol^{-1}。可见,在一定条件下,电池电动势与试液中的氟离子浓度的对数呈线性关系。离子选择电极定量测定的方法有标准曲线法和标准加入法。

为了保持溶液中的总离子强度不变,常在标准溶液与试样溶液中同时加入相等的足够量的惰性电解质如 NaCl 等。

在用氟离子选择性电极测定水中氟时,凡能与 F^- 生成稳定络合物或难溶沉淀的元素,如 Al、Fe、Zr、Th 及 Ca、Mg、稀土元素等会干扰测定,通常可用柠檬酸钠、EDTA、DCTA、磺基水杨酸或磷酸盐等掩蔽剂加以掩蔽。

氟电极对 F^- 离子的电位响应,受溶液 pH 值的影响。在酸性溶液中 H^+ 离子与部分 F^- 离子形成 HF 或 HF_2^- 等在氟电极上不响应的形式,从而降低了 F^- 的浓度。在碱性溶液中,OH^- 在氟电极上与 F^- 产生竞争响应,此外 OH^- 也能与 LaF_3 晶体膜产生交换反应而使 F^- 离子浓度增加:

$$LaF_3 + 3OH^- \rightarrow La(OH)_3 + 3F^-$$

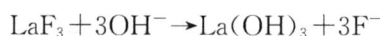

从而干扰电位响应使测定结果偏高。因此氟离子电极最适宜于在 pH=5～6 范围内的溶液中进行测定,常用缓冲溶液 CH_3COOH—CH_3COONa 来调节。

使用氟电极测定溶液中氟离子浓度时,通常是综合考虑上述几种因素,使用总离子强度调节缓冲溶液(TISAB)来控制一定的离子强度、溶液的 pH 值和消除共存离子的干扰。本实验的 TISAB 的组成为 NaCl、CH_3COOH—CH_3COONa 和柠檬酸钠。

三、仪器与试剂

(1) 仪器:pHS-3 酸度计,PF-1 型氟离子选择电极,231 型单液接甘汞电极,电磁搅拌器。

(2) 试剂:

①氟标准贮备液(200mg・L^{-1}):分析纯 NaF 于 120℃干燥 2h,冷却后准确称取 0.442g,溶解后于 1000mL 容量瓶定容。然后贮存于聚乙烯塑料瓶中。

②总离子强度调节缓冲溶液(TISAB):溶解 12g 柠檬酸钠($Na_3C_6H_5O_7 \cdot 2H_2O$)和 58gNaCl 于 50mL 水中,加 57mL 冰醋酸,以 6mol・L^{-1}NaOH 调节 pH 值至 5.0～6.5,稀释至 1L。

③含氟水样。

四、实验内容

1. 仪器准备

开启仪器,选择"mV"测量,预热仪器约 20min,接入氟电极与甘汞电极。并检查甘汞电极内 KCl 溶液是否需要添加,检查空白电位值是否符合要求(仪器使用参见 pH 计的使用方法)。

2. 标准曲线法

1）标准曲线的绘制

移取 200mg·L^{-1}标准 NaF 贮备溶液 25mL 于 250mL 容量瓶中，用蒸馏水稀释至刻度，摇匀。分别从中移取 0.50mL，1.00mL，2.00mL，4.00mL，6.00mL，8.00mL，10.00mL 于 50mL 容量瓶中，各加入 10.0mL 总离子强度调节缓冲液，用蒸馏水稀释至刻度。配制成 0.200mg·L^{-1}、0.400mg·L^{-1}、0.800mg·L^{-1}、1.60mg·L^{-1}、3.20mg·L^{-1}、4.00mg·L^{-1}系列 NaF 标准溶液各 50mL。将上述溶液按由稀至浓的顺序依次倒入洗净并干燥的 50mL 塑料烧杯中，放入搅拌子，插入电极。用酸度计依次测定不同 F^- 浓度溶液的电动势 E_i。测定时搅拌 2min，静置 1min，待电位稳定后读数。

2）水样中氟离子浓度的测定

准确移取 25.00mL 水样于 50mL 容量瓶中，加 10.0mL 总离子强度调节缓冲液。用与标准曲线绘制相同操作测定试样的电动势，记为 E_1。

测定数据记录如下：

c_{F^-}/(mg·L^{-1})	0.200	0.400	0.800	1.60	2.40	3.20	4.00	水样
E/mV								

以测得的电动势 E(mV)为纵坐标，以 F^- 浓度的对数 $\lg c_{F^-}$ 为横坐标作标准曲线。在标准曲线上找到水样所对应的浓度值，再求出水样中氟的含量（以 mg·L^{-1}为单位）。

3. 标准加入法

准确移取 25.00mL 水样于 50mL 容量瓶中，加 10.0mL 总离子强度调节缓冲液。用与标准曲线绘制相同操作测定试样的电动势，记为 E_1。

在上述已测定电位值的水样溶液中准确加入浓度 c_s 为 200mg·L^{-1}，体积 V_s 为 0.50mL 的标准 NaF 溶液，继续同上测定操作，测定溶液的电动势记为 E_2。

E_1 ____ mV，E_2 ____ mV，t ____℃

c_s ____ mg·L^{-1}，V_s ____ mL，V_0 ____ mL

按下式计算水样中氟离子的含量 c_x（以 mg·L^{-1}为单位）。

$$c_x = \Delta c(10^{\frac{\Delta E}{s}} - 1)^{-1}$$

式中，$s=\dfrac{2.303RT}{nF}$；$\Delta c=\dfrac{c_sV_s}{V_0}$；$c_s$ 为加入的标准溶液的浓度，V_s 为加入的标准溶液的体积(mL)；V_0 为试样的体积(mL)。

4. 清洗电极

实验结束后，用去离子水清洗电极至电位值与起始空白电位值相近，收入电极盒中保存。

五、结果处理

比较标准曲线法和标准加入法得到的结果，计算两次结果的相对偏差，并对两种定量方法进行讨论。

六、思考题

(1) 概括氟离子选择性电极的响应机理,并写出氟电极膜电位的表达式。

(2) 为什么要加入总离子强度调节缓冲液？总离子强度调节缓冲液由那些组分组成？

(3) 为什么要清洗电极？本实验过程中什么时候应清洗电极？

七、注意事项

(1) 氟电极准备:氟电极在使用前于 1×10^{-3}mol·L^{-1} NaF 溶液中浸泡活化 1～2h。用去离子水清洗电极,并测量其电位至与去离子水中的电位值相接近才可使用(约 320mV)。

(2) 电极电位在搅拌时和静止时读数不同,测定过程中应注意使读数状态保持一致。

(3) 饱和甘汞电极在使用前应拔去加 KCl 溶液小口处的橡皮塞,以保持足够的液压差,使 KCl 溶液只能向外渗出,同时检查内部电极是否已浸于 KCl 溶液中,否则应补加饱和 KCl 溶液。电极下端的橡皮套也应取下。饱和甘汞电极使用后,应再将两个橡皮套分别套好,装入电极盒内,防止盐桥液流出。

(4) 安装电极时,两支电极不要彼此接触,电极下端离杯底应有一定的距离,以防止转动的搅拌珠碰击电极下端。

(5) 氟电极响应斜率在理论上为 59mV(25℃),但实际上由实验测得的斜率值常常与理论值略有偏离,所以在用标准加入法计算未知液浓度时,宜按实际响应斜率值代入。

实验四十九　NaCl 和 NaI 混合物的电位连续滴定

一、实验目的

(1) 熟悉电位滴定的基本操作。

(2) 掌握确定滴定终点的方法。

(3) 了解提高测定准确度的方法。

二、实验原理

用银离子的溶液作滴定剂的电位滴定法广泛应用于卤素离子的测定,可一次取样连续测定 Cl^-,Br^-,I^- 的含量。除卤素外,它还可用于测定氰化物、硫化物、磷酸盐、砷酸盐、硫氰酸盐和硫醇等化合物的含量。

以银电极为指示电极,玻璃电极为参比电极,可用 $AgNO_3$ 溶液滴定含有 Cl^-,Br^-,I^- 的混合溶液。由于 AgI 的溶度积小于 AgBr,所以 AgI 首先沉淀。滴入 $AgNO_3$ 溶液时,溶液中 $[I^-]$不断降低,$[Ag^+]$不断增加,当$[Ag^+]$达到可使$[Ag^+][Br^-]\geqslant K_{sp}(AgBr)$ 时,AgBr 则开始沉淀。

如果溶液中$[Br^-]$不是很大,则 AgI 几乎沉淀完全时 AgBr 才开始沉淀。同样,当溶液中$[Cl^-]$不是很大时,AgBr 几乎沉淀完全,AgCl 才开始沉淀。这样即可在一次取样中连续分别测定 Cl^-,Br^-,I^- 的含量。若 Cl^-,Br^-,I^- 的浓度均为 0.1mol·L^{-1},理论上各离子的测定误差优于 0.5%。然而在实际滴定中，当进行 Br^- 与 Cl^- 混合物滴定时，AgBr 的沉淀往往会引起 AgCl 共沉淀，所以常使得 Br^- 的测定值偏高而 Cl^- 的测定值偏低。而 Cl^- 和 I^- 或 I^- 和 Br^- 混合物滴定时则可获准确结果。

加入 $Ba(NO_3)_2$ 或 KNO_3 可降低因 AgX 沉淀吸附 X^- 离子而引起的测定结果误差。

滴定终点可由电位滴定曲线(指示电极电位对滴定体积作图)来确定，也可以用一次微商或二次微商法求得。二次微商法是一种不经绘图程序，通过简单计算即可求得终点的方法，结果比较准确。这种方法是基于在滴定终点时，二次微商值等于零。

例：用表 9.1 所示的一组终点附近的数据，求出滴定终点。

表 9.1 一组电位滴定近终点数据

滴定剂体积 V/mL	电动势 E/V	ΔE/V	ΔV/mL	$\dfrac{\Delta E}{\Delta V}$	$\dfrac{\Delta^2 E}{\Delta V^2}$
24.10	0.183				
		0.011	0.10	0.11	
24.20	0.194				+2.8
		0.039	0.10	0.39	
24.30	0.233				+4.4
		0.083	0.10	0.83	
24.40	0.316				−5.9
		0.024	0.10	0.24	
24.50	0.340				−1.3
		0.011	0.10	0.11	
24.60	0.351				

表中

$$\frac{\Delta^2 E}{\Delta V^2}=\frac{\left(\dfrac{\Delta E}{\Delta V}\right)_2-\left(\dfrac{\Delta E}{\Delta V}\right)_1}{\Delta V}$$

在接近终点时，加入 ΔV 为等量。

从表 9.1 中 $\dfrac{\Delta^2 E}{\Delta V^2}$ 的数据可知，滴定终点在 24.30mL 与 24.40mL 之间。

设：$(24.30+x)$mL 时，$\dfrac{\Delta^2 E}{\Delta V^2}=0$，即为滴定终点。则

$$\frac{24.40-24.30}{4.4+5.9}=\frac{x}{4.4}\quad \text{解得：}x=0.04(\text{mL})$$

所以在滴定终点时，滴定剂的体积应为 24.34mL。

本实验测定混合液中氯化物和碘化物含量，因此在滴定曲线中有两个电位突跃，可以分别确定两个化学计量点。根据各个终点所用滴定剂体积可分别求得试液中氯化物和碘化物的含量。

三、仪器与试剂

(1) 仪器：酸度计，银电极，玻璃电极，电磁搅拌器，10mL 微量滴定管。

(2) 试剂：0.1mol·L^{-1} $AgNO_3$ 标准溶液，6mol·L^{-1} HNO_3 溶液，固体 $Ba(NO_3)_2$ 或 KNO_3，含 Cl^- 和 I^- 的未知试液。

四、实验内容

(1) 接通仪器电源，预热 20min。

(2) 将 $AgNO_3$ 标准溶液装入滴定管,滴定前调节至 0.00mL。

(3) 移取 10.00mL 含 Cl^- 和 I^- 的未知试液于 100mL 烧杯中,加 40mL 水,3 滴 6mol·L^{-1} HNO_3 溶液,并加入约 0.5g 固体 $Ba(NO_3)_2$(或约 2gKNO_3)。

(4) 插入电极,打开搅拌按钮,调节搅拌速度。按下读数开关,待指针稳定后用 $AgNO_3$ 标准溶液进行滴定。

开始每加 0.50mL 记录一次电动势值。当接近突跃点时,每加 0.10mL$AgNO_3$ 溶液,记录一次 $AgNO_3$ 溶液的加入体积(mL)和对应的电动势。第一个滴定突跃点出现后以同样方式继续滴定,待第二个滴定突跃点出现后可停止滴定。

(5) 做平行测定。

五、数据记录与处理

(1) 按下表记录数据。

V_{AgNO_3}/mL	E/mV	V_{AgNO_3}/mL	E/mV	V_{AgNO_3}/mL	E/mV	V_{AgNO_3}/mL	E/mV

c_{AgNO_3} =____ mol·L^{-1}

(2) 根据 $AgNO_3$ 溶液的滴加体积 V 和相应的电动势值,作滴定曲线图。

确定两个滴定终点:V_1 ____ mL;V_2 ____ mL;

样品消耗 $AgNO_3$ 溶液的体积:V_{I^-} ____ mL;V_{Cl^-} ____ mL;

并分别计算未知液中 I^- 和 Cl^- 的含量,以 NaI(g·L^{-1})和 NaCl(g·L^{-1})表示。

(3) 根据 $AgNO_3$ 溶液的滴加体积 V 和相应的电动势值,作一次微商曲线图,

确定两个滴定终点:V_1'____ mL;V_2'____ mL;

样品消耗 $AgNO_3$ 溶液的体积:V_{I^-}'____ mL;V'_{Cl^-} ____ mL;

并分别计算未知液中 I^- 和 Cl^- 的含量,以 NaI(g·L^{-1})和 NaCl(g·L^{-1})表示。

(4) 用二次微商计算法确定两个滴定终点:

V_1''____ mL;V_2''____ mL;

样品消耗 $AgNO_3$ 溶液的体积:V''_{I^-} ____ mL;V''_{Cl^-} ____ mL;

并分别计算未知液中 NaI(g·L^{-1})和 NaCl(g·L^{-1})的含量。

(5) 计算平行测定结果的算术平均偏差和相对偏差。

(6) 比较三种滴定终点确定方法的结果并进行讨论。

六、思考题

(1) 列出未知液中 NaI(g·L^{-1})和 NaCl(g·L^{-1})含量的计算式。

(2) 用 $AgNO_3$ 标准溶液滴定 I^- 和 Cl^- 时为什么要加 $Ba(NO_3)_2$(或 KNO_3)?

(3) 为什么用玻璃电极作参比电极？还可用什么其他电极作参比电极？

(4) 电位滴定操作时应注意哪些方面？

七、注意事项

(1) 银电极表面易氧化而使性能下降，使用前先用细砂纸打磨，露出光滑新鲜表面即可恢复活性。

(2) 滴定后的沉淀收集在回收烧杯内。

实验五十 恒电流库仑滴定法测定 $Na_2S_2O_3$ 的浓度

一、实验目的

(1) 学习恒电流库仑滴定法的原理和永停法指示终点的应用。

(2) 掌握应用法拉第定律计算被测溶液的浓度。

(3) 熟悉通用库仑仪的使用。

二、实验原理

在 $pH \leqslant 8.5$ 的介质中，碘离子均极易以 100% 的电流效率在铂电极上被氧化成碘，用这种电生的一定量的碘来滴定硫代硫酸钠，以消耗的电量(库仑数)按法拉第电解定律即可求出硫代硫酸钠的浓度。凡是能用碘量法测定的元素，都可以用由此生成的碘进行滴定。

两个工作电极上发生下列电化学反应：

$$2I^- = I_2 + 2e \text{(阳极)}$$

$$2H^+ + 2e = H_2 \text{(阴极)}$$

阳极产物 I_2 与待标定的 $Na_2S_2O_3$ 发生作用：

$$I_2 + 2S_2O_3^{2-} = 2I^- + S_4O_6^{2-}$$

在强酸性介质中，碘离子易被空气中的氧所氧化，硫代硫酸钠极易分解，因此溶液应避免与空气直接接触，避免由此产生的误差。

在库仑滴定中电解电流是恒定的，因此只要准确测定滴定开始至终点所需要的时间，就可准确测定被滴定物的量。准确地指示滴定终点是非常重要的，指示终点的方法有化学指示剂法、电位法、双铂电极法等。双铂电极法又称永停法，其在碘库仑滴定法中指示终点的原理为：在两铂片电极之间加 10～200mV 的小电压，在滴定终点之前，电解产生的 I_2 全部与 $S_2O_3^{2-}$ 反应，溶液中没有过量的 I_2，不存在可逆电对，两个铂指示电极回路中没有电流通过。当 $S_2O_3^{2-}$ 全部作用完后，稍过量的 I_2 即可与 I^- 形成可逆电对，发生下列电极反应：

$$\text{指示阳极} \quad 2I^- = I_2 + 2e$$

$$\text{指示阴极} \quad I_2 + 2e = 2I^-$$

因此在指示电极回路中立即产生一电解电流突跃，以指示终点的到达。

正式滴定前需进行预电解，以清除体系内存在的还原性的干扰物质，从而提高测定的准确度。

三、仪器与试剂

(1) 仪器：KLT-1 通用库仑仪及电解杯，电磁搅拌器。
(2) 试剂：0.1mol・L^{-1}KI 溶液，2mol・L^{-1}HCl 溶液，$Na_2S_2O_3$ 未知溶液。

四、实验内容

1. 电解液的配制

在随仪器配套的电解杯中，加入 5mL0.1mol・L^{-1}KI 溶液，50mL 水和 10mL2mol・L^{-1}的 HCl 溶液，摇匀，并用滴管吸取该混合溶液加到与电解液隔离的铂丝电极的内充管中。

2. 仪器的准备

开启电源前将所有琴键全部释放，“工作、停止”开关置“停止”位置，电解电流量程选择根据样品含量大小、样品量多少及分析精度选择合适的档位，电流微调旋钮置最大值。电解电流一般先选 10mA 档。可根据需要选择其他挡。开启电源，仪器预热 10min。

3. 测定

(1) 预电解——接好电解电极和指示电极(黑线接铂丝电极，红线接双铂片电极，大二芯两夹子分别接两个铂片指示电极)。把电极插头插入主机的相应插孔。“补偿极化电位”置 3 的位置，按下“启动”键。终点控制方式选择电流上升法。按下“电流”、“上升”键。按下“极化电位”键，调节补偿电位器使表针指在 20 左右，弹出“极化电位”键。

开启搅拌器，调节好适当的搅拌速度。将“工作、停止”开关置“工作”位置，如终点指示灯不亮，则此时开始预电解；数码显示器开始计数。电解到终点时表头指针向右突偏。红灯亮，这时仪器显示数即为所消耗的电量(毫库仑数)。如指示灯已亮，说明已是终点，则不用预电解。

(2) 测定——移取 1.00mL$Na_2S_2O_3$ 未知溶液于电解杯中，同上电解操作，记录所消耗的电量。再移取 1.00mL$Na_2S_2O_3$ 未知溶液于电解杯中重复测定，共三次。

调节电流微调位置，重复测定一次。比较电流大小对测定的影响。

五、数据记录与处理

	1	2	3	4
电解电流/mA 电解电量/C				

从以上三次相同电解电流条件下测定结果中取两次结果相近的，求出平均消耗的电量，根据法拉第定律列出 $Na_2S_2O_3$ 未知溶液准确浓度的计算公式，并计算其结果。

同时计算两次测定结果的相对偏差。

六、思考题

(1) 列出 $Na_2S_2O_3$ 未知溶液浓度的计算公式。

(2) 为什么要预电解？预电解的结果如何处理？

(3) 试分析测定结果的误差主要来源。

附:KLT-1 通用库仑仪

1. 仪器工作原理

仪器的设计是根据恒电流库仑滴定的原理,但由于电量的计算采用电流对时间的积分,所以对电解电流的恒定精度不要求很高,其电量的计算采用电流对时间的积分,由于电压-频率变换采用集成电路,所以计算精度较高,其被分析物质的含量根据库仑定律计算:

$$W = \frac{Q}{96\,500} \cdot \frac{M}{n}$$

式中,Q 为电量以库仑计;M 为预测物质的相对分子质量;n 为滴定过程中被测离子的电子转移数;W 为预测物质的质量,以 g 计。

随机配用的铂电解池采用了四电极系统,指示电极共三根,电解电极为两根,指示电极为两根铂片和一根有砂芯隔离的钨棒电极组成,电流法采用两根相同铂片组成,电位法为两根铂片和一根有砂芯隔离的钨棒电极组成。电解电极为一双铂片和另一根有砂芯隔离的铂丝组成,电解阴极和阳极视哪个是有用电极而定。有用电极,为双铂片,为充分考虑电流效率能达 100%,所以双铂片总面积约 $900mm^2$,以适应多种元素的库仑分析。

仪器由终点方式选择。控制电路、电解电流变换电路、电流对时间的积算电路、数字显示五大部分组成。

仪器方框图如图 9.5 所示:

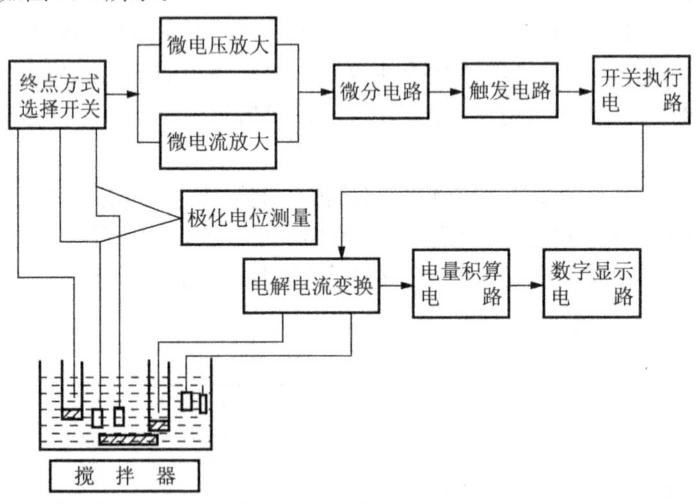

图 9.5 KLT-1 通用库仑仪方框图

2. 仪器面板与后盖板上的旋钮、开关接插件的功能说明

仪器面板如图 9.6 所示。面板名称及作用说明如下:

(1) 50μA 表。滴定终点及等当点变化显示及极化电压显示,当揿下电位或电流档时,可观察滴定终点及等当点变化。同时,在电流法指示终点时按住"极化电位"无锁琴键,表头指示

的是加在指示电极两端极化电位大小，满表在 500mV。

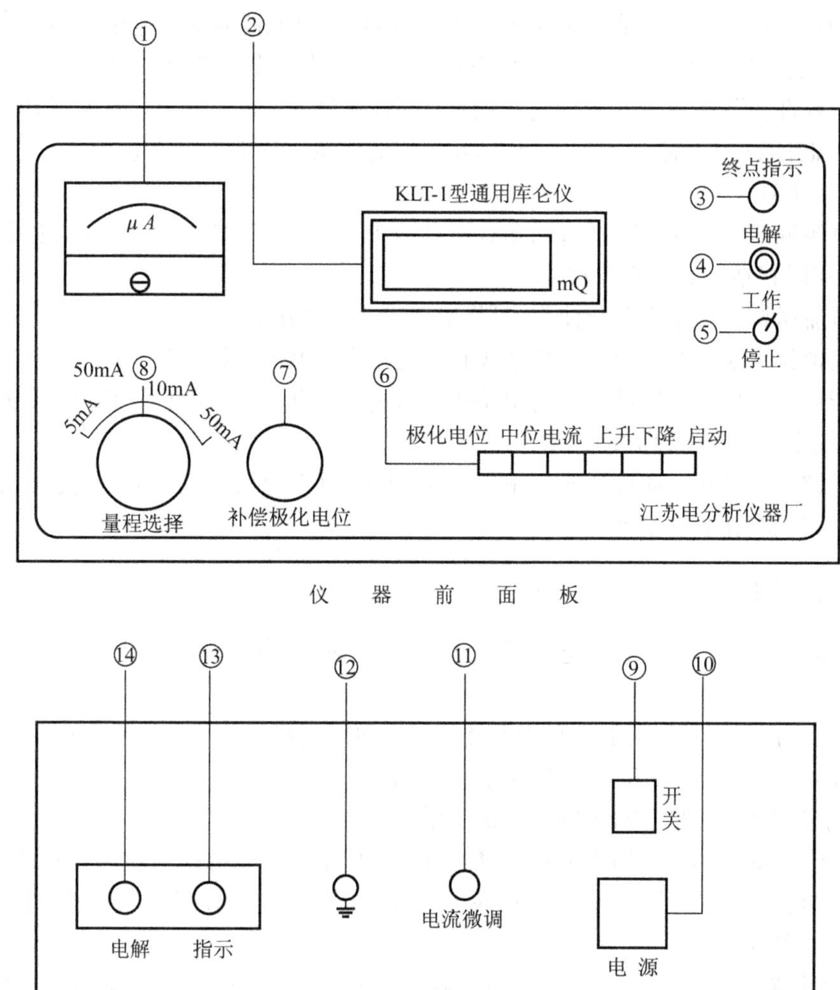

图 9.6　KLT-1 通用库仑仪面板图

(2) 4 位 LED 显示毫库仑数。

(3) 电解指示灯。停止电解时灯亮，电解时灯灭(工作、停止开关在“工作”位置)。

(4) 电解按钮。当指示灯亮时表示电解停止，再电解时必须按一下电解按钮，才能重新开始电解。

(5) 工作、停止开关。当指示灯灭电解时，此开关须置“工作”位置。在停止档时仍不电解，实际为“电解”的双重控制。

(6) 键开关。“极化电位”键：在采用电流法指示终点时，要知道加在指示电极两端的极化电压时，可在电解之前按下该键，表头指示即为极化电压大小。“电位、电流”键：为配合指示电极采用的方式选用，指示电极电位法或指示电极电流法分别与电位或电流琴键配合。“上升、下降”键：这是配合滴定终点等当点是上升还是下降选择的。“启动”键：键释放时指示信号输入端自动短路起到保护作用，计数器不工作，并自动清零，键按下后指示回路接通，计数器工作。

(7)“补偿极化电位”钟表电位器。当工作选择键选择电位时,该电位器补偿指示电极电位,是补偿电位和指示电位之和经放大器放大后,不超过放大器的饱和电位。当工作选择键选择电流时,该电位补偿为加在指示电极两端的极化电压,长针转一圈约 300mV。

(8)“量程选择”波段开关,选择电解电流大小,共分 50mA、10mA、5mA 三档。50mA 档时,电量为仪器读数乘 5 毫库仑数,10mA、5mA 档时电量读数即为毫库仑数。

(9)电源开关。

(10)电源插座。内含保险丝管 0.5A,通过插头与交流 220V 电源相连,三芯中顶端为地端。仪器使用时接地端必须有效接地。

(11)电流微调。与量程配合使用,可作电流大小微调用。

(12)大地接地端。若电源没有接地线和接地不良,地线可接此端。

(13)指示电极插孔。通过插头与电解电极相连,周边为指示电极正极(配插头红线),中心为指示电极负极(配插头白线)。

(14)电解电极插孔。通过插头与电解电极相连,周边为指示电极阳极(配插头红线),中心为指示电极阴极(配插头黑线)。

3. 使用仪器注意事项

(1)仪器使用过程中需拿出电极或松开电极夹时,必须先弹出“启动”键,以保护机内器件。

(2)电解电极及指示电极的正负极不能接错。电解电极插头为中二芯,红线为阳极,黑线为阴极;指示电极插头为大二芯,以钨棒为参考电极。

(3)电解过程中不要换档,否则会使误差增加。

(4)按下“启动”键后,等当点方式选择下降(或上升),表头指针向左(右)打表,有两种可能:电解已达终点,表针已在等当点以下,在加入样品指针会恢复正常;或者说明指示回路没有接通,必须检查线路。

(5)电解回路若无电流,可检查电解电流插头、夹子有无松动或脱焊现象,电极铂片与接头是否相通。

(6)电解电流的选择:低含量时可选择小电流。如果电流太小,小于 50mA 以下有时终点不能停止,这主要由于等当点突变速率太小而使微分电压太小不能关断。电流下限的选择以能关断为宜。分析高含量时为缩短分析时间可选用大电流,一般为 10mA,如需选择 50mA 电解电流时,须先用标准样品测定电流效率能否达到 100%,即需了解电流密度是否太大。

(7)电解至终点时,如果指示灯不亮,电解不终止,有两种可能性,一是终点自动关闭电路发生故障,滴定终点方式选择“电压下降”,这时可顺时针转动“极化、补偿电位”钟表电位器,是指针向左突变。如果指示灯不亮,就是该电路发生故障,指示灯亮,则说明电路正常。二是电解终点指针下降,较正常慢,终点突跳不明显,致使微分输出电压降压,指示灯不亮,这一般是由于指示电极污染所致。这时可把电极重新处理或更换内充液。

(8)电解未到终点灯亮也即电解终点发生误动作一般有三种原因:

①外界电压太低,一般低于 190V 以下即会产生误动作。

②指示参考电极钨棒及夹子接触点氧化、污染而造成接触不良引起。

③聚甲氟乙烯搅拌子破碎,铁芯接触电解液引起。

实验五十一　卡尔费休法测定水分含量

一、实验目的

(1) 掌握卡尔费休法测定微量水分的原理和操作方法。
(2) 掌握永停法终点的判断。

二、实验原理

在规定的溶剂中，有水存在时，碘和二氧化硫发生氧化还原反应。碘的消耗量与水的含量有定量关系，测出碘的消耗量即能求出有机物中水的含量。

主要反应：

$$I_2+SO_2+3C_5H_5N+CH_3OH+H_2O \rightarrow 2C_5H_5N\cdot HI+C_5H_5N\cdot HSO_4CH_3$$

终点的判断：永停点法。即：终点时，电流突然增加至一最大值，并保留 1min 以上。

三、仪器与试剂

(1) 仪器：永停点法滴定装置(见图 9.7)，10μL 注射器，2.00mL 刻度移液管。

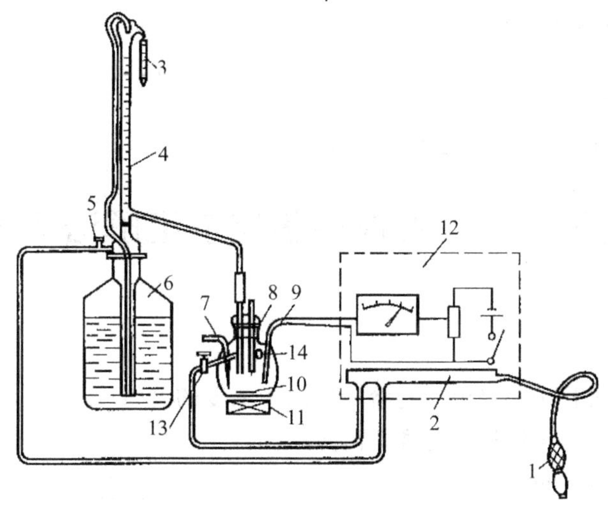

图 9.7　永停点法滴定装置

1. 双连球；2、3. 干燥管；4. 自动滴定管；5. 具塞放气口；6. 试剂储瓶；7. 废液排放口；8. 反应瓶；9. 铂电极；10. 磁棒；11. 搅拌器；12. 电量法测定终点装置；13. 干燥空气进气口；14. 进样口

(2) 试剂：无水甲醇，卡尔费休试剂。

四、实验内容

1. 卡尔费休试剂的标定

加 50mL 甲醇于反应瓶中，甲醇用量必须淹没电极，接通电源，开动磁力搅拌器，用卡尔费休试剂滴定甲醇中的微量水，滴定至电流计产生大的偏转并保持 1min 内不变，即为终点(不

必记录卡尔费休试剂的体积)。用微量注射器从进样口橡皮塞中准确注入 10μL 纯水于反应瓶中,按上述滴定甲醇中的微量水操作进行标定。

卡尔费休试剂对水的滴定度 $T(\mathrm{mg\cdot mL^{-1}})$ 按下式计算:

$$T=\frac{G}{V_b}$$

式中,G 为水的质量(mg);V_b 为滴定纯水时消耗卡尔费休试剂的体积(mL)。

2. 试样中水分的测定

按标定卡尔费休试剂的操作要求,首先用卡尔费休试剂滴去无水甲醇中的微量水(不计卡尔费休试剂的体积);然后打开进样口橡皮塞,迅速用移液管加入 2mL 试样于反应瓶中,按标定时操作要求进行滴定。

五、结果计算

试样中水分含量计算:

$$试样含水量=\frac{T\times V}{W}\times 100\%$$

式中,T 为卡尔费休试剂对水的滴定度(mg·mL);V 为滴定样品时所消耗的卡尔费休液的体积(mL);W 为样品的质量(mg)。

六、思考题

卡尔费休试剂中的甲醇、吡啶起什么作用?

实验五十二　控制阴极电位电解法测定铜

一、实验目的

(1) 了解在电解过程中阴极电位与溶液中离子浓度的关系。

(2) 掌握控制阴极电位法进行分离和测定原理。

(3) 掌握电定量沉积技术。

二、实验原理

当电流通过电解质溶液时,导致电极上发生化学反应的现象,称为电解。电解时,试样中的金属离子能以金属或组成一定的化合物形式沉积在电极(常用铂电极)上,称量电极在电沉积前后的重量,可计算其含量,这一方法称为电重量法。

用控制阴极电位的方式进行电解,可以将某些离子从溶液中析出,而使另一些离子留在溶液中,以达到分离的目的,即电解分离法。

实验测定铜、铅、铋的硝酸溶液中铜的含量,在被测试样中加入酒石酸钠络合剂,由于形成络合物的稳定性不同,可使铜、铋、铅之间的分解电位差增大;此外,选择合适的 pH 值,可增加络合物的稳定性,获得铜、铋、铅的最大分解电位差。

使用盐酸羟胺为阳极去极化剂，它在阳极上的反应为：

$$2NH_2OH \rightarrow N_2 \uparrow + 4H^+ + H_2O + 4e$$

它使阳极电位保持稳定，防止在阳极上析出二氧化铅。

电解池以铂网为阴极，铂螺旋为阳极，为了控制阴极电位，插入饱和甘汞电极作为参比电极，用电位计测量参比电极与阴极的电位差，控制阴极电位在－0.2～－0.3V范围，使铜沉积完全，通过称量电解前后铂网重量，计算样品溶液中铜离子浓度。

三、仪器与试剂

(1) 仪器：JWD-315稳压电源，铂网电极，铂螺旋电极，饱和甘汞电极，玻璃电极，磁力搅拌器，酸度计。

(2) 试剂：硝酸铜、硝酸铋和硝酸铅的样品溶液，酒石酸钠（固体），盐酸羟胺（固体），6mol · L^{-1} HNO_3，6mol · L^{-1} NaOH，丙酮。

四、实验内容

1. 电解液的配制

吸取25mL样品溶液，置250mL烧杯中，加入5g酒石酸钠，2g盐酸羟胺，用蒸馏水稀释到约180mL，用玻璃电极和饱和甘汞电极放于pH为4.00的标准缓冲溶液中，接上pH计进行定位，然后在缓慢搅拌的情况下，在样品溶液中逐滴加入6mol · L^{-1}的NaOH调节pH约5.9，此时溶液呈深蓝色。

2. 电解装置的准备

将铂网阴极在6mol · L^{-1}的HNO_3中浸洗片刻，取出电极，用水洗净，再在丙酮中浸一下，待自然晾干后，放入红外干燥箱内烘2min，冷却后将铂网准确称重，记下初读数。

按图9.8接好线路，将电极装入电解池，使阳极在阴极中间位置，先上下移动几次，排除附在铂网上的气泡，然后，让电极稍露出液面，再固定。

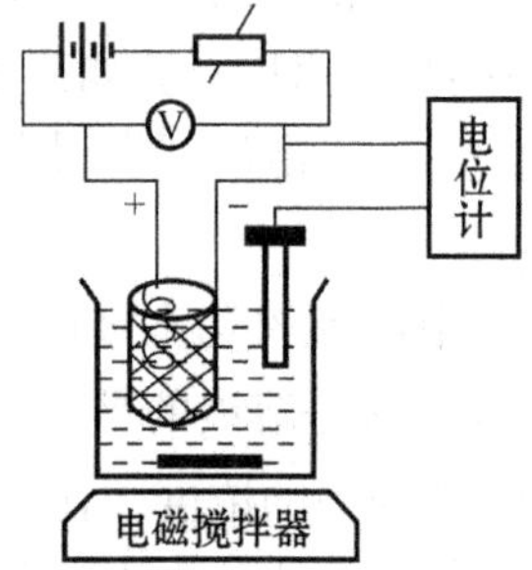

图9.8 电解装置

3. 铜的电解

电解应在搅拌下进行，先控制阴极电位在－0.2V(对饱和甘汞电极)，不使电解电流超过1A，10min后，电位逐渐降低，调节稳压电源上的粗调和微调电位器，控制阴极电位在－0.35V，此时电解电流小于100mA，直到接近于零，然后加入少量水，使液面升高，原来露在液面上的铂阴极浸入溶液中，继续电解5min，观察新浸入电极部分是否有铜析出，若没有，且溶液蓝色已褪尽，说明电解已经完成。

电解完成后，在不中断电流的情况下，将铂电极上移至离开电解液，浸入存有蒸馏水的烧杯中充分浸洗，然后中断电源，取下阴极，在丙酮中稍浸，取出放入红外干燥箱内烘干，冷却后将铂网准确称重，记下末读数。

4. 铂网电极处理

将铂网阴极浸入温热的 HNO_3 中，使沉积的金属全部溶解，用水洗净。

五、数据处理

记录铂网阴极在沉积铜前后的重量，并计算铜的含量，以 $mg \cdot mL^{-1}$ 表示。

六、思考题

(1) 为什么用控制阴极电位电解法，可用于电解分离，并能准确测定某种金属离子在溶液中的含量?

(2) 实验中所用的酒石酸钠，盐酸羟胺，氢氧化钠等试剂的作用是什么?

(3) 电解完毕后，为什么必须在电极离开液面，经洗净后，方可切断电源?

实验五十三　溶出伏安法测定微量金属离子

一、实验目的

(1) 掌握阳极溶出伏安法的基本原理。

(2) 熟悉电化学工作站仪器的溶出伏安测定功能。

二、实验原理

阳极溶出伏安法分为两步：第一步是预电解，通过控制电位选择性地将待测离子沉积到工作电极表面；第二步是溶出，以某种特定的扫描方式使工作电极的电位由负向正的方向扫描，电极上富集的金属重新氧化成离子回到溶液中。溶出峰的电流大小与被测离子的浓度成正比，据此可以对金属离子进行定量分析。

阳极溶出产生很大的氧化电流。对汞膜电极，峰电流

$$i_P = Kn^2 D_0{}^{2/3}\omega^{1/2}\eta^{-1/6}AvC_0t$$

式中，n 是参与电极反应的电子数，D_0 是被测物质在溶液的扩散系数，ω 为电解富集时的搅拌速度，η 是溶液的黏度，A 是汞膜电极表面积，v 是扫描速度，t 是电解富集时间，C_0 是被测物质在溶液中的浓度。在实验条件一定时，i_p 与 C_0 成正比。

峰电流的大小与预电解时间、预电解时搅拌溶液的速度、预电解电位、工作电极以及溶出的方式等因素有关。为了得到再现性的结果，实验时必须严格控制实验条件。

三、仪器与试剂

(1) 仪器：CHI600 电化学工作站，玻碳汞膜电极，银/氯化银电极(或饱和甘汞参比电极)，铂丝对电极。

(2) 试剂：Cd 标准溶液($1\mu g \cdot mL^{-1}$)，Pb 标准溶液($1\mu g \cdot mL^{-1}$)，$1mol \cdot L^{-1}$ KCl 溶液或 KNO_3 溶液，饱和 Na_2SO_3 溶液，$HgCl_2$ 溶液($1\mu g \cdot mL^{-1}$)，样品试液。

四、实验内容

1. 仪器准备及实验参数设定

依次将工作电极、参比电极和铂丝对电极用绿色夹子、白色夹子和红色夹子与电化学工作站连接(注意不要接错);开启计算机。然后开启电化学系统电源,启动电化学程序,在菜单中依次选择 Setup、Technique、Parameter,按表 9.2 输入有关参数。

表 9.2　溶出伏安实验参数

设置初始电位	终止电位	富集电位	富集时间	静止电位	静止时间	扫描速率
−1.3V	0.0V	−1.2V	120s	−1.2V	30s	$0.1V \cdot s^{-1}$

2. 测定

将容量瓶中配好的溶液倒在电解杯中,插入三电极系统。点击"Run"键,开始扫描,得到扫描图。富集时慢速搅拌,静止时停止搅拌。

3. 标准曲线法测定

(1) 向 6 个 10mL 容量瓶中分别加入含 Pb^{2+},Cd^{2+} 各 $0.050\mu g \cdot mL^{-1}$ 的标准溶液 0.00mL,0.40mL,0.80mL,1.20mL,1.60mL,2.00mL,$0.5mol \cdot L^{-1}$ KCl 溶液 1mL,饱和 Na_2SO_3 溶液 1 滴,$HgCl_2$ 溶液($1\mu g \cdot mL^{-1}$)4 滴,用蒸馏水稀释到刻度,摇匀待用。

将配好的溶液转入电解池中,按选定条件进行阳极溶出测定,记录溶出伏安图。并按空白扣除方式分别对 Pb^{2+},Cd^{2+} 制作标准曲线。

(2) 样品中 Pb^{2+},Cd^{2+} 的测定:准确移取 5mL 样品溶液于 10mL 容量瓶中,同标准曲线制作方法配制溶液,在相同条件下测定。

4. 标准加入法测定

在上述已测定的样品溶液中用微量注射器准确加入标准溶液 $15\mu L$(含 Cd,Pb 各 $0.1000\mu g \cdot mL^{-1}$),同上操作,记录加入后的溶出伏安图。

五、数据记录与处理

1. 标准曲线法测定

	Pb^{2+}	Cd^{2+}
底液峰高(i_p)		
标准溶液 1 峰高(i_p)		
标准溶液 2 峰高(i_p)		
标准溶液 3 峰高(i_p)		
标准溶液 4 峰高(i_p)		
标准溶液 5 峰高(i_p)		

（续表）

	Pb^{2+}	Cd^{2+}
样品峰高（i_p）		

做标准曲线，并求出样品中 Pb^{2+}，Cd^{2+} 的分别含量。

2. 标准加入法测定

	Pb^{2+}	Cd^{2+}
底液峰高（i_p） 样品峰高（i_p） 加标准液后峰高（i_p）		

用标准加入法计算样品中 Pb^{2+}，Cd^{2+} 的分别含量。

3. 比较两种方法得到的结果

六、思考题

（1）设计用阳极溶出微分脉冲极谱法测定高纯锌中痕量铜的方法及步骤。

（2）为什么阳极溶出伏安法的灵敏度高？

七、注意事项

（1）本实验中样品测定浓度极低，在样品处理及操作过程中都要严格防止污染，容量仪器要清洗干净，试剂纯度要求很高，否则难以获得可靠结果。

（2）每进行一次溶出测定后，应在扫描终止电位－0.1V 处停扫约 30s，使镉溶出。经扫描检验溶出曲线的基线基本平直后，再进行下一次测定。

（3）为了防止汞膜电极被氧化，扫描终止电位应在－0.1V 处。

附 1 CHI 电化学工作站

1. 电化学分析仪/工作站简介

CHI600B 系列电化学分析仪/工作站为通用电化学测量系统，内含快速数字信号发生器，高速数据采集系统，电位电流信号滤波器，多级信号增益 iR 降补偿电路，以及恒电位仪/恒电流仪（CHI660B）。电位范围为±10V，电流范围为±250mA，电流测量下限低于 50pA，可直接用于超微电极上的稳态电流测量。如果与 CHI200 微电流放大器及屏蔽箱连接，可测量 1pA 或更低的电流。600B 系列也是十分快速的仪器，信号发生器的更新速率为 5MHz，数据采集速率为 500kHz，循环伏安法的扫描速度为 $500V \cdot s^{-1}$ 时，电位增量仅 0.1mV，当扫描速度为 $5\,000V \cdot s^{-1}$ 时，电位增量为 1mV。又如交流阻抗的测量频率可达 100kHz，交流伏安法的频率可达 10kHz。仪器可工作于二、三或四电极的方式，四电极对于大电流或低阻抗电解池（例如电池）十分重要，可消除由于电缆和接触电阻引起的测量误差。仪器还有外部信号输入通道，可在记录电化学信号的同时记录外部输入的电压信号，例如光谱信号等。这对光谱电化学等实验极为方便。此外仪器还有一高分辨辅助数据采集系统(24bit@10Hz),对于相对较慢的实验可允许很大的信号动态范围和很高的信噪比。

仪器由外部计算机控制,在视窗操作系统下工作。仪器十分容易安装和使用,不需要在计算机中插入其他电路板。用户界面遵守视窗软件设计的基本规则。如果用户熟悉视窗环境,则无需用户手册就能顺利进行软件操作。命令参数所用术语都是化学工作者熟悉和常用的。一些最常用的命令都在工具栏上有相应的键,从而使得这些命令的执行方便快捷。软件还提供详尽完整的帮助系统。

仪器软件具有很强的功能,包括极方便的文件管理,全面的实验控制,灵活的图形显示,以及多种数据处理。软件还集成了循环伏安法的数字模拟器。模拟器采用快速隐式有限差分法,具有很高的效率。算法的无条件稳定性使其适合于涉及快速化学反应的复杂体系。模拟过程中可同时显示电流以及随电位和时间改变的各种有关物质的动态浓度剖面图。这对于理解电极过程极有帮助。这也是一个很好的教学工具。可帮助学生直观地了解浓差极化以及扩散传质过程。

2. 仪器操作

将电极夹头夹到实际电解池上。设定实验技术和参数后,便可进行实验。实验中如果需要电位保持或暂停扫描(仅对伏安法而言),可用 Control 菜单中的 Pause/Resume 命令。此命令在工具栏上有对应的键。如果需要继续扫描,可再按一次该键。对于循环伏安法,如果临时需要改变电位扫描极性,可用 Reverse(反向)命令,在工具栏也有相应的键。若要停止实验,可用 Stop(停止)命令或按工具栏上相应的键。

如果实验过程中发现电流溢出(Overflow,经常表现为电流突然成为一水平直线或得到警告),可停止实验,在参数设定命令中重设灵敏度(Sensitivity)。数值越小越灵敏(1.0×10^{-6} 要比 1.0×10^{-5} 灵敏)。如果溢出,应将灵敏度调低(数值调大)。灵敏度的设置以尽可能灵敏而又不溢出为准。如果灵敏度太低,虽不致溢出,但由于电流转换成的电压信号太弱,模数转换器只用了其满量程的很小一部分,数据的分辨率会很差,且相对噪声增大。对于 600 和 700 系列的仪器,在 CV 扫速低于 $0.01\text{V}\cdot\text{s}^{-1}$ 时,参数设定时可设自动灵敏度控制(Auto Sens)。此外,TAFEL,BE 和 IMP 都是自动灵敏度控制的。

实验结束后,可执行 Graphics 菜单中的 Present Data Plot 命令进行数据显示。这时实验参数和结果(例如:峰高、峰电位和峰面积等)都会在图的右边显示出来。你可做各种显示和数据处理。很多实验数据可以用不同的方式显示。在 Graphics 菜单的 Graph Option 命令中可找到数据显示方式的控制,例如 CV 可允许你选择任意段的数据显示,CC 可允许 Q−t 或 Q−$t_{1/2}$ 的显示,ACV 可选择绝对值电流或相敏电流(任意相位角设定),SWV 可显示正反向或差值电流,IMP 可显示波德图或奈奎斯特图,等。

要存储实验数据,可执行 File 菜单中的 Save As 命令。文件总是以二进制(Binary)的格式储存,用户需要输入文件名,但不必加.bin 的文件类型。如果你忘了存数据,下次实验或读入其他文件时会将当前数据抹去。若要防止此类事情发生,可在 Setup 菜单的 System 命令中选择 Present Data Override Warning。这样,以后每次实验前或读入文件前都会给出警告(如果当前数据尚未存的话)。

若要打印实验数据,可用 File 菜单中的 Print 命令。但在打印前,你需先在主视窗的环境下设置好你的打印机类型，打印方向（Orientation）请设置在横向（Landscape）。如果 Y 轴标记的打印方向反了，请用 Font 命令改变 Y 轴标记的旋转角度（90°或 270°）。你若要调节打印图的大小，可用 Graph Options 命令调节 X Scale 和 Y Scale。

若要切换实验技术，可执行 Setup 菜单中的 Technique 命令，选择新的实验技术，然后重新设定参数。如果要做溶出伏安法，则可在 Control 的菜单中执行 Stripping Mode 命令，在显示的对话框中设置 Stripping Mode Enabled。如果要使沉积电位不同于溶出扫描时的初始电位（也是静置时的电位），可选择 Deposition E，并给出相应的沉积电位值。只有单扫描伏安法才有相应的溶出伏安法，因此 CV 没有相应的溶出法。

一般情况下，每次实验结束后电解池与恒电位仪会自动断开。做流动电解池检测时，往往需要电解池与恒电位仪始终保持接通，以使电极表面的化学转化过程和双电层的充电过程结束而得到很低的背景电流。用户可用 Cell（电解池控制）命令设置“Cell On between I－t Runs”。这样，实验结束后电解池将保持接通状态。

常用的软件命令，如 Open（打开文件），Sace As（储存数据），Print（打 印），Technique（实验技术），Parameters（实验参数），Run（运行实验），Pause/Resume（暂停/ 继续），Stop（终止实验），Reverse Scan Direction（反转扫描极性），iR Compensation（iR 降补偿），Filter（滤波器），Cell Control（电解池控制），Present Data Display（当前数据显示），Zoom（局部放大显示），Manual Result（手工报告结果），Peak Definition（峰形定义），Graph Options（图形设置），Color（颜色），Font（字体），Copy to Clipboard（复制到剪贴板），Smooth（平滑），Derivative（导数），Semi－derivative and Semi－integral（半微分和半积分），Data List（数据列表）等都在工具栏上有相应的键。执行一个命令只需按一次键。这可大大提高软件使用速度。

附 2 固体电极表面处理

1. 固体电极的抛光

固体电极处理的第一步是进行机械研磨、抛光至镜面程度。通常用于抛光电极的材料有金刚砂、CeO_2、ZrO、MgO 和 Al_2O_3 粉及抛光液。抛光时按抛光剂粒度降低的顺序依次进行研磨，对新的电极表面应先经金刚砂纸粗磨和细磨后，再用 Al_2O_3 粉按照 1. 0μm，0. 3μm，0. 05μm粒度在平板玻璃或抛光布上分别进行抛光。每次抛光后先洗去表面污物，再移入超声水浴中清洗，每次 2～3min，重复 3 次。最后用乙醇、稀酸和水彻底洗涤，得到一个平滑光洁、新鲜的电极表面。

2. 固体电极的电化学处理

固体电极经抛光后接着进行化学的或电化学的处理，尤其电化学处理，是最常用的清洁、活化电极表面的手段。电化学处理常用强酸或中性电解质溶液，有时也用具有弱的络合性的缓冲溶液在恒电位、恒电流或循环电位扫描下极化，根据扫描电位终止的电位不同，可获得氧化的、还原的或干净的电极表面。电化学处理方法还能在试液中直接进行电极处理，方法简单易行。

3. 玻碳电极预处理及镀汞

将玻碳电极用蒸馏水冲洗后用滤纸擦干，在抛光粉上反复打磨，直至电极表面平滑光洁，再用蒸馏水冲洗粘在电极表面多余抛光粉，移入超声水浴中清洗 2min，用滤纸擦干即可。

将清洗过的三电极插入 3～10μg・mL^{-1} $HgCl_2$ 镀汞液，在 0V 处富集 300s，让汞沉积到玻碳电极表面，静止 30s，然后快速从－1.0V 反扫描到－0.1V，使一些与汞共沉积的杂质金属离子溶出，这样重复镀汞 5 遍。镀完的汞膜应均匀平整，表面呈灰色。

把新镀汞膜的玻碳电极用蒸馏水冲洗后插入电解质溶液，在－0.1V 处静止 30s，然后快速由－1.2V 反扫描到－0.1V，反复扫描几次待基线走稳后即可进行实验。

实验五十四　循环伏安法测定电极反应的可逆程度

一、实验目的

(1) 理解循环伏安法的原理及电极过程可逆性的判断方法。

(2) 学习并掌握循环伏安法的实验技能。

二、实验原理

循环伏安法是在工作电极上施加一个对称的三角波扫描电压，记录工作电极上电流随电位的变化曲线，即循环伏安图(见图 9.9)。从伏安图的波形、氧化还原电流的数值及其比值、峰电位等可以判断电极反应机理。

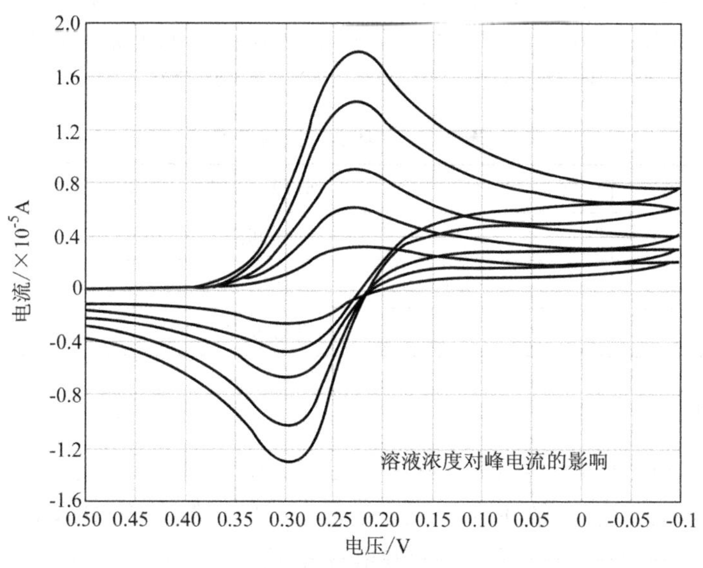

图 9.9　循环伏安图

可逆电对在电极反应中传递的电子数由两个峰电位的差决定：

$$\Delta E_p(\text{mV}) = E_{pa} - E_{pc} \approx 56.5/n(25℃)$$

第一个循环正向扫描可逆体系的峰电流可由 Randles－Sevcik 方程表示：

$$i_p = 2.69 \times 10^5 n^{3/2} D^{1/2} A v^{1/2} c$$

式中，i_p 为峰电流，单位 A；n 为转移电子数；D 为扩散系数，单位 cm^2・s^{-1}；A 为电极面积，单位 cm^2；v 为扫描速率，单位 V・s^{-1}；c 为浓度。

因此，i_p 随 $v^{1/2}$ 的增加而增加，并和浓度成正比。对于简单的可逆(快反应)电对 i_{pa} 和 i_{pc} 的值很接近，即：$i_{pa}/i_{pc}\approx 1$

三、仪器与试剂

(1) 仪器：CHI 电化学工作站，铂圆盘工作电极，铂丝对电极，饱和甘汞参比电极或 Ag/AgCl 参比电极，JB-型电磁搅拌器。

(2) 试剂：0.1mol·L^{-1} 的 $K_3Fe(CN)_6$ 溶液(溶解 32.72g$K_3Fe(CN)_6$ 固体并稀释至 1 000mL)，1mol·L^{-1}KCl 或 1mol·L^{-1}KNO_3 溶液，麂皮抛光布和 α-Al_2O_3 抛光粉。

四、实验内容

1. 电极处理

用 α-Al_2O_3 粉按照 1.0μm，0.3μm，0.05μm 粒度在平板玻璃或麂皮抛光布上分别进行抛光。每次抛光后先洗去表面污物，再移入超声水浴中清洗，每次 2～3min，重复 3 次。最后用乙醇、稀酸和水彻底洗涤，得到一个平滑光洁、新鲜的电极表面。

2. 仪器准备

依次将工作电极、参比电极和铂丝对电极用绿色夹子、白色夹子和红色夹子与电化学工作站连接(注意不要接错)；开启计算机。然后开启电化学系统电源，启动电化学程序，在菜单中依次选择 Setup、Technique、Parameter，按表 9.3 输入实验参数。

表 9.3 循环伏安实验参数

初始电位/V	0.5	分段	2
最高电位/V	0.5	采样间隔/V	0.001
最低电位/V	−0.1	静止时间/s	2
扫描速率/(V/s)	0.06	灵敏度/(A/V)	2e−5

3. 溶液准备

在 50mL 容量瓶中移入 1mL10^{-1}mol·L^{-1}的 $K_3Fe(CN)_6$ 溶液，定容至刻度线，待用。

待测溶液配好后，倒在电解杯中，插入电极，点击 Run 键，开始扫描，得到扫描图。将扫描图存盘后，记录氧化还原峰电位 E_{pc}、E_{pa} 及峰电流 i_{pc}、i_{pa}。

4. 测定

1) 扫描速率试验

在 10mL 容量瓶中移入 1mL 上述稀释后的溶液，加 5mL 的 1mol·L^{-1}的 KCl 溶液，定容后，倒入电解杯中，插入电极。以不同的扫描速率：0.01V·s^{-1}，0.03V·s^{-1}，0.06V·s^{-1}，0.1V·s^{-1}，0.2V·s^{-1}，分别记录从＋0.5～−0.10V 的循环伏安图。

将五个伏安图叠加，打印。

2）浓度试验

在 5 个 10mL 容量瓶中分别加入 0.5mL，1mL，1.5mL，2.5mL，3mL 的上述稀释后的 $K_3Fe(CN)_6$ 溶液，用 1mol・L^{-1}KCl 溶液定容至刻度线。插入三电极系统，点击"Run"开始扫描。以 0.06V・s^{-1}的扫描速率从 +0.5～−0.1V 进行扫描，记录循环伏安图。

五、数据记录与处理

1. 扫描速率试验

记录不同扫描速率时测得的峰电流和峰电位（格式参见表 9.4），并求出对应的 i_{pc}/i_{pa} 和 ΔE_p。

根据表 9.4 所得数据分别以阳极峰电流 i_{pa} 和阴极峰电流 i_{pc} 对 $v^{1/2}$ 作图，说明电流和扫描速率间的关系，并求出对应的线性方程。

表 9.4　扫描速率峰对电流的影响

扫描速率/($V \cdot s^{-1}$)	$v^{1/2}$	i_{pc}	i_{pa}	i_{pc}/i_{pa}	E_{pc}	E_{pa}	ΔE_p
0.01							
0.03							
0.06							
0.10							
0.20							
		i_{pc}/i_{pa}平均值			ΔE_p 平均值		

2. 溶液浓度的影响

将不同溶液浓度时测得的峰电流和峰电位记录在如表 9.5 格式的表中，并求出对应的 i_{pc}/i_{pa} 和 ΔE_p。

表 9.5　溶液浓度的影响

溶液浓度/($mol \cdot L^{-1}$)	i_{pc}	i_{pa}	i_{pc}/i_{pa}	E_{pc}	E_{pa}	ΔE_p
	i_{pc}/i_{pa}平均值			ΔE_p 平均值		

根据表 9.5 所得数据分别以阳极峰电流 i_{pa} 和阴极峰电流 i_{pc} 对溶液浓度作图，说明电流和浓度的关系。

3. 根据实验结果说明电极反应过程的可逆性

六、思考题

理解电极反应过程的可逆性，解释 $K_3Fe(CN)_6$ 的循环伏安图形状。

七、注意事项

(1) 工作电极表面必须仔细清洗，否则严重影响循环伏安图图形。

(2) 每次扫描之间，为使电极表面恢复初始状态，应将电极提起后再放入溶液中；或将溶液搅拌，等溶液静止 1～2min 后再扫描。

实验五十五　混合有机溶剂的气相色谱分析

一、实验目的

(1) 了解气相色谱仪的基本构造。

(2) 初步掌握气相色谱仪的一般操作和微量注射器的进样技术。

(3) 了解热导池检测器的检测原理。

(4) 掌握用相对保留值进行定性，用面积归一化法进行定量计算的方法。

二、实验原理

气相色谱仪由载气系统、色谱柱、检测器和记录仪所组成。

在气相色谱分析中，被分离、测量的混合物组分由一种惰性气体(即载气)携带过柱，样品混合物在载气和色谱柱的固体相之间分配，固定相上的不挥发溶剂根据样品组分的分配系数，有选择地对它们加以阻滞，一直到它们在载气当中形成各自分离的谱带为止。这些组分的谱带随着载气流依次离开柱子，经由检测器转换为电信号，然后用记录仪将各组分的浓度随时间的变化记录下来，即得到色谱图。色谱图是进行色谱定性，定量分析及研究色谱分离机理的依据。

1. 定性分析

在一定的色谱条件下，组分有固定的保留值。在具备已知标准样的情况下，可采用保留值直接对照定性。以保留时间作为定性指标虽然简便，但由于保留时间的测定受载气流速等色谱操作条件的影响较大，可靠性较差；若采用仅与柱温和固定相种类有关而不受其他操作条件影响的相对保留值 r_{is} 作为定性指标，则更适用于色谱定性分析。相对保留值 r_{is} 定义为：

$$r_{is}=\frac{t'_{Ri}}{t'_{Rs}}=\frac{t_{Ri}-t_M}{t_{Rs}-t_M}$$

式中，t_M，t'_{Ri}，t'_{Rs} 分别为死时间、被测组分 i 及标准物质 s 的调整保留时间，t_{Ri}，t_{Rs} 分别为被测组分 i 及标准物质 s 的保留时间。

2. 定量分析

色谱常用的定量方法有面积归一化法、内标法和外标法等。其中内标法是精度最高的色谱定量方法，但要选择一个或几个合适的内标物并不总是易事，而且在分析样品之前必须将内标物加入样品中。外标法简便易行，但定量精度相对较低，且对操作条件的重现性要求较严。本实验采用面积归一化法。

以面积归一化法计算混合样品中各组分的百分含量，计算公式为：

$$C_i = \frac{m_i}{\sum_{i=1}^{n} m_i} \times 100\% = \frac{f_i A_i}{\sum_{i=1}^{n} f_i A_i} \times 100\%$$

可见以面积归一化法进行定量分析必须要求样品中所有组分全部都出色谱峰。然而由于同种检测器对不同物质具有不同的响应值，因此不能直接用各组分的峰面积来计算物质的含量。为了使检测器的响应值能真实反映出物质的含量，需要对各响应值进行校正，即需要测定定量校正因子 f_i'（绝对定量校正因子）。

$$f_{\mathrm{i}}' = \frac{m_{\mathrm{i}}}{A_{\mathrm{i}}}$$

可见 f_{i}'就是单位峰面积所代表的样品质量。但由于 f_{i}'值与色谱操作条件有关，主要由仪器的灵敏度决定，常常难于准确测定，所以在色谱定量分析中还是习惯于使用相对定量校正因子 f_{i}（通常省略“相对”两字）。

$$f_{\mathrm{i}} = \frac{f_{\mathrm{i}}'}{f_{\mathrm{s}}'} = \frac{m_{\mathrm{i}}/A_{\mathrm{i}}}{m_{\mathrm{s}}/A_{\mathrm{s}}} = \frac{m_{\mathrm{i}}A_{\mathrm{s}}}{m_{\mathrm{s}}A_{\mathrm{i}}}$$

f_{i} 是被测物质 i 与标准物质 s 的绝对定量校正因子之比值。因此准确称量被测物质和标准物质的质量，混合后进行色谱测定，得到两个物质的对应峰面积后，即可按照上式求出定量校正因子 f_{i}。

由于 f_{i} 值只与试样、标准物质和检测器类型有关（一般热导池检测器以苯作为标准物质，氢火焰检测器以正庚烷作为标准物质）而与色谱操作条件无关，因此在检测器类型固定的情况下，f_{i} 值是个能通用的常数，故也可由手册或者文献查得。

在分别得到了样品中所有组分的峰面积（A_{i}）和校正因子（f_{i}）后，即可按照下式依次求出各组分的质量百分含量了：

$$C_i = \frac{m_{\mathrm{i}}}{\sum_{i=1}^{n} m_{\mathrm{i}}} \times 100\% = \frac{f_{\mathrm{i}} A_{\mathrm{i}}}{\sum_{i=1}^{n} f_{\mathrm{i}} A_{\mathrm{i}}} \times 100\%$$

本实验用氢气作载气，PEG－20M 作固定液，以热导池检测器，对乙醇、苯、正丁醇，异戊醇的混合溶剂进行气相色谱分析，以相对保留值法对组分进行定性分析（以苯作为标准物质），用面积归一化法进行定量测定（其中各组分的质量校正因子可参见表 9.6）。

表 9.6　各组分的质量校正因子

化合物	乙醇	苯	正丁醇	异戊醇
校正因子 f_{i}	0.64	0.78	0.78	0.80

三、仪器与试剂

(1) 仪器：GC9160 或其他型号气相色谱仪（色谱条件：长 2m、内径 3mm 的不锈钢柱色谱柱，内装 60～80 目 102 酸洗白色担体，涂 5%～10%PEG－20M 固定液；柱温 100℃；气化温度

150℃；检测温度 150℃；载气为氢气，流速 32 mL/min，；桥电流：80mA)，色谱工作站，5μL 微量注射器。

(2) 试剂：乙醇(AR)，苯(AR)，正丁醇(AR)，异戊醇(AR)，混合有机溶剂样品。

四、实验内容

1. 熟悉仪器装置

2. 仪器的调节

打开主机启动开关，调节载气流速、柱温、汽化温度、桥电流至分离条件中所需数值。

3. 色谱数据工作站的调节

输入适当的分析参数，调节工作站界面至可进样状态，待基线平直时即可进样。

4. 进样操作

用微量注射器抽取一定量的试样，将针头直立向上，推动针芯赶出气泡(但本实验中的空气泡可进入色谱柱内用以显示死时间)，并用滤纸片擦拭针头外壁附着的样品溶液。取好样后应立即进样，注射器应与进样口垂直。左手扶着针头，以防弯曲，针头刺穿硅橡胶垫圈后，应迅速插到底，瞬间注入试样，完成后立即拔出注射器。

5. 色谱图的测绘及数据打印和处理

用 5μL 微量注射器进样(各种标准样品均进样 0.2μL，混合物样品进样 2μL)，在进样同时，按下色谱工作站的起始键，观察出峰情况。样品各组分出峰完毕后，按下停止键，从色谱工作站打印出色谱图。

五、数据记录与处理

(1) 记录实验的色谱分离条件，包括固定相，载气及其流速，柱温，汽化温度，桥电流等。

(2) 按表 9.7 和表 9.8 记录实验数据，并对各色谱峰进行定性鉴定。

表 9.7 标准样品实验数据

标准样	t_R/min	t_M	t_R'/min	r_{is}
苯				
乙醇				
正丁醇				
异戊醇				

表 9.8 未知样实验数据及结论

色谱峰	t_R/min	t_M	t_R'/min	r_{is}	定性结论
1					
2					

(续表)

色谱峰	t_R/min	t_M	t_R'/min	r_{is}	定性结论
3					
4					

(3) 根据各组分的校正因子及各色谱峰面积按下式计算各组分在样品中的质量百分含量：

$$C_i = \frac{m_i}{\sum_{i=1}^{n} m_i} \times 100\% = \frac{f_i A_i}{\sum_{i=1}^{n} f_i A_i} \times 100\%$$

六、思考题

(1) 试述气相色谱仪的基本组成。
(2) 什么是定量校正因子？为什么要引入校正因子？
(3) 什么是面积归一化法？
(4) 用微量注射器进样时应注意什么？

实验五十六　色谱柱效能的评价
——板高(H)—流速(u)曲线的测定

(Ⅰ) 气相色谱柱效能的评价

一、实验目的

(1) 掌握板高(H)—流速(u)曲线的测定方法。
(2) 掌握用皂膜流量计测量柱后载气线速度的方法。
(3) 绘制板高(H)—流速(u)曲线，选择载气的最佳流速。

二、实验原理

色谱柱效能是指色谱柱在色谱分离过程中主要由动力学因素所决定的分离效能。通常用理论塔板数 n 或理论塔板高度 H 表示。理论塔板数 n 越多，则理论塔板高度 H 越小，对应的色谱柱效能也就越高。以塔板高度 H 作为衡量指标时，根据 van Deemter 方程式，有以下关系：

$$H = A + B/u + Cu$$

即在选定了固定相和柱温后，塔板高度(H)是与载气流速(u)密切相关的。用不同流速下测得的塔板高度 H 对流速 u 作图，可得到 H—u 曲线图(见图 9.10)。

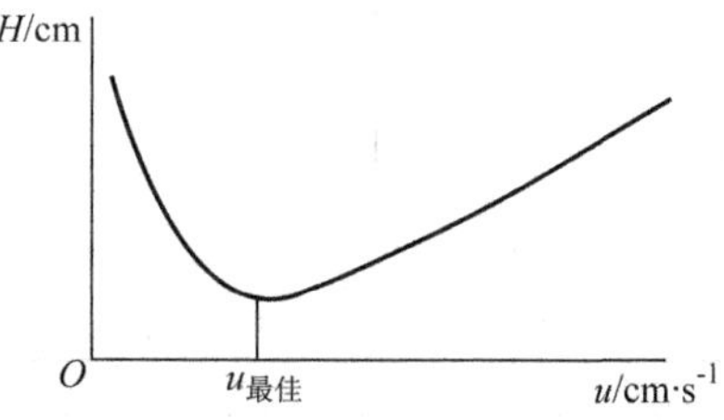

图 9.10　塔板高度与载气线速度的关系

由图 9.10 可见，在曲线的最低点，塔板高度 H 最小，即此时的柱效最高，则该点对应的流速即为最佳流速 $u_{最佳}$。找到最佳的载气流速，获得最小的塔板高度，便可得到最大的柱效，这对于评价色谱柱效能具有重要指导意义。在实际工作中,为了缩短分析时间,往往使流速稍高于最佳流速。

三、仪器与试剂

(1) 仪器:GC9160 或其他型号气相色谱仪(色谱操作条件:柱长 2m,内径 3mm 的不锈钢盘形柱,固定相为 PEG-20M,柱温 100℃,汽化温度 150℃,检测温度 150℃,热导池检测器,载气为 H_2,桥电流 80mA,进样量 1.0μL),色谱工作站,1μL 微量注射器。

(2) 试剂:含有异戊醇的混合样品。

四、实验内容

(1) 开启载气瓶,启动仪器。待仪器稳定,基线平直后,按照表 9.9 的顺序调节柱前压,用皂膜流量计测量对应的柱后载气线速度 u(单位:$cm \cdot s^{-1}$),并记录在表 9.9 中。

(2) 在上述各柱前压下用微量注射器进样品 0.2μL,同步揿下色谱工作站开始键。

(3) 出峰后根据异戊醇的保留时间确定异戊醇的色谱峰,由色谱工作站读出其理论塔板数(n),根据柱长 l(单位:cm) 换算成塔板高度(H)。

$$H = \frac{l}{n}$$

(4) 绘制 H—u 曲线,找出最佳载气流速。

五、数据记录与处理

按照表 9.9 格式记录实验数据,由色谱工作站读出理论塔板数 n 并换算成塔板高度 H(单位:cm)。根据记录的数据绘制 H—u 曲线,选择载气的最佳流速 $u_{最佳}$(单位:$cm \cdot s^{-1}$)。

表 9.9 不同载气流速下对应的塔板高度

序号	柱前压/($kg \cdot cm^{-2}$)	载气流速/(cm/s)	n	H/cm)
1	0.10			
2	0.20			
3	0.30			
4	0.40			
5	0.50			
6	0.60			
7	0.70			
8	0.80			
9	0.90			
10	1.00			

(Ⅱ) 液相色谱柱效能的评价

一、实验目的

(1) 掌握液相色谱柱板高(H)—流速(u)曲线的测定方法。

(2) 掌握塔板高度的计算方法。

(3) 绘制板高(H)—流速(u)曲线，选择最佳流速。

二、实验原理

色谱柱效能是指色谱柱在色谱分离过程中主要由动力学因素所决定的分离效能。通常用理论塔板数 n 或理论塔板高度 H 表示。理论塔板数 n 越多，则理论塔板高度 H 越小，对应的色谱柱效能也就越高。

以塔板高度 H 作为衡量指标时，根据 van Deemter 方程式，有以下关系：

$$H = A + B/u + Cu$$

式中，u 为流动相流动的线速度；A 为涡流扩散项：指固定相填充不均匀引起的扩散，色谱柱固定时是个常数；B/u 为纵向分子扩散项：指分子沿色谱柱轴向扩散引起的色谱谱带展宽，由于组分在液相中的扩散系数只有气体中的 $1/10^5$，因此在液相色谱中 B 可以忽略；Cu 为传质阻力项：指组分在流动相和固定相之间传质的阻力，是影响液相色谱柱效能的主要因素。

该理论模型对气相、液相都适用。因此在液相色谱中，也具有如图 9.10 所示的 H—u 曲线图，并借此找出最佳的流动相流速，获得最小的塔板高度，得到最大的柱效。

流动相流速 u 和塔板高度 H 均由实验测得：

$$u = \frac{l}{t_0}$$

$$H = \frac{l}{n}，其中\ n = 5.54\left(\frac{t_R}{W_{1/2}}\right)^2$$

式中，l 为色谱柱长(单位：cm)，t_0 为死时间(单位：s)，t_R 为样品保留时间(单位：s)，$W_{1/2}$ 为色谱峰的半峰宽(单位：s)，可由色谱工作站数据工具查得。

本实验采用 C_{18} 毛细管填充色谱柱(45cm×20cm×100μm)，甲醇作为流动相，丙酮作为探针化合物兼做死时间标记物，在 270nm 波长下进行液相色谱柱板高(H)—流速(u)曲线的测定。

三、仪器与试剂

(1) 仪器：微型毛细管色谱仪(TriSepTM－2100，Unimicro Technologies InC.，USA.)，(色谱条件：C_{18} 毛细管填充色谱柱(45cm×20cm×100μm)，甲醇作为流动相，丙酮作为探针化合物兼做死时间标记物，检测波长为 270nm，环境温度 25℃，流动相流速为 0.03～0.12mL・min^{-1})，微量进样器。

(2) 试剂：丙酮(AR)。

四、实验内容

(1) 开启微型毛细管色谱仪，待自检通过后，按下面板 FUNC 键，显示屏中流量部分(FLOW)光标闪烁，按数字键输入流动相的最初流量后，ENTER 确认；设置下一参数，反复按面板 FUNC 键，至显示屏中所要设置的参数处光标闪烁，按数字键输入后，ENTER 确认。主要参数设置完成后，按 CE 回到初始画面。常用参数包括流速 FLOW、最高/最低限压 P. MAX/P. MIN 等(最低限压一般设置大于 0 的数值，否则漏液、进气保护功能不能发挥作用)。

按PUMP键启动仪器。

(2) 待仪器压力稳定,基线平直后,准备进样。

(3) 进样操作:打开进样单元电源开关,确认LOAD旁边的红色指示灯已处于开启状态。用微量进样器进样(丙酮)5μL。按下INJECT键,旁边的绿色指示灯亮,表示样品开始进入色谱柱,同时工作站也开始采集数据。

(4) 按照表9.10的顺序由小到大调节流动相流量,待基线稳定后在各流量下分别进样。

(5) 在各流量下分别读取丙酮的出峰时间作为死时间 t_0,计算流动相线速度 u;由色谱工作站的数据工具读出其理论塔板数(n),然后根据柱长 l(单位:cm) 换算成塔板高度(H)。

$$H = \frac{l}{n}$$

(6) 根据表9.10数据在坐标纸上绘制 H—u 曲线。

五、数据记录与处理

按照表9.10格式记录实验数据,在坐标纸上绘制 H—u 曲线,并选择流动相的最佳流速 $u_{最佳}$(单位:cm·s^{-1})。

表9.10 不同流速下对应的塔板高度(柱长 l=20cm)

序号	流动相流量/(mL·min^{-1})	t_0/s	u/(cm·s^{-1})	n	H/cm
1	0.03				
2	0.04				
3	0.05				
4	0.06				
5	0.07				
6	0.08				
7	0.09				
8	0.10				
9	0.11				
10	0.12				

六、思考题

(1) 塔板高度(H)应如何计算?

(2) 每次的进样量为什么要一致?如不一致将会产生什么后果?

(3) 如何选择最佳流动相流速?

第十章　应用性实验

实验五十七　水中溶解氧的测定(碘量法)

一、实验目的

(1) 巩固氧化还原滴定分析法的原理和方法,了解氧化还原滴定分析法在环保分析中的具体应用。

(2) 掌握碘量法测定水中溶解氧的原理和方法。

(3) 了解膜电极法测定水中溶解氧的原理和方法。

二、实验原理

碘量法是基于溶解氧的氧化性能,于水样中加入硫酸锰和氢氧化钠-碘化钾溶液,生成三价锰的氢氧化锰棕色沉淀,当水中溶解氧充足时,生成四价锰的氢氧化物棕色沉淀。高价锰的氢氧化物沉淀,在有碘离子存在下,加酸溶解,即释放出与溶解氧量相当的游离碘,然后用硫代硫酸钠标准溶液滴定游离碘,从而测得溶解氧含量。

其反应式如下:

$$Mn^{2+} + 2OH^- \rightarrow Mn(OH)_2 \downarrow \text{(白色沉淀)}$$

$$2Mn(OH)_2 + \frac{1}{2}O_2 + H_2O \rightarrow 2Mn(OH)_3 \downarrow \text{(棕色沉淀)}$$

$$2Mn(OH)_3 + 2I^- + 6H^+ \rightarrow 2Mn^{2+} + I_2 + 6H_2O$$

$$I_2 + 2S_2O_3^{2-} \rightarrow 2I^- + S_4O_6^{2-}$$

当水中溶解氧充足时,则为:

$$Mn^{2+} + 2OH^- \rightarrow Mn(OH)_2 \downarrow \text{(白色沉淀)}$$

$$Mn(OH)_2 + \frac{1}{2}O_2 \rightarrow MnO(OH)_2 \downarrow \text{(棕色沉淀)}$$

$$MnO(OH)_2 + 2I^- + 4H^+ \rightarrow Mn^{2+} + I_2 + 3H_2O$$

三、仪器与试剂

(1) 仪器:250mL 或 300mL 棕色细口溶解氧瓶,磨口塞打斜 45°(见图 10.1)或用 250mL 碘量瓶,250mL 锥形瓶,25mL 碱式滴定管或溶解氧专用滴定管,2mL 刻度吸管,50mL 移液管。

(2) 试剂:

①硫酸锰溶液:称取 480g$MnSO_4 \cdot 4H_2O$ 或 364g$MnSO_4 \cdot H_2O$ 溶解于蒸馏水中,过滤后稀释至 1L。此溶液在酸性时,加入碘化钾后,遇淀粉不得变蓝。

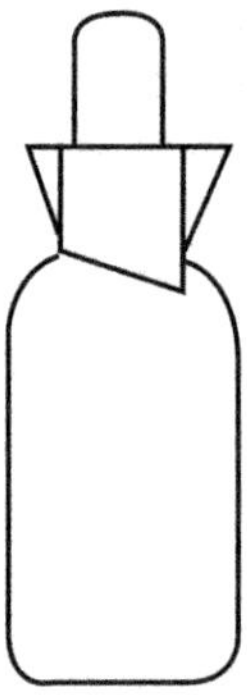

②碱性碘化钾溶液：称取 500g 氢氧化钠溶解于 300～400mL 蒸溜水中，另称取 150g 碘化钾溶于 200mL 蒸馏水中，待氢氧化钠溶液冷却后将两种溶液合并，混合。用水稀释至 1L。若有沉淀则放置过夜后倾出上层清液。贮于塑料瓶中，用黑纸包裹避光。

③浓硫酸。

④0.5%淀粉溶液：称 0.5g 可溶性淀粉，用少量水调成糊状，再用刚煮沸的水冲到 100mL，冷却后，加入 0.1g 水杨酸或 0.4g 二氯化锌防腐。

⑤0.1mol・L^{-1}硫代硫酸钠标准溶液：

将基准试剂安培瓶打破，定容稀释于容量瓶中(用新鲜去离子水或刚煮沸冷却的蒸馏水)，加入 0.2g 碳酸钠或 5mL 氯仿，贮于棕色瓶中，此溶液在室温下可稳定较长时间；若无基准试剂，可称 25g 硫代硫酸钠($Na_2S_2O_3 \cdot 5H_2O$)溶于 1L 煮沸放冷的蒸馏水中，加 0.2g 碳酸钠，贮于棕色瓶中。此溶液临用前稀释并用重铬酸钾标准溶液标定。

图 10.1 溶解氧瓶

四、实验步骤

1. 水样的采集

用 250mL 碘量瓶采取水样，要注意不使水样曝气或有气泡残存在采样瓶中。可用水样冲洗采样瓶后，沿瓶壁直接倾注水样或用虹吸法将细管插入采样瓶底部，注入水样至溢流出瓶容积的 1/3～1/2 左右。

2. 溶解氧的固定(一般在取样现场固定)

用吸管插入溶解氧瓶的液面下，加入 2mL 硫酸锰溶液，再加入 2mL 碱性碘化钾溶液，盖好瓶塞(注意加盖时不得留有气泡)，颠倒混合数次，静置。待棕色沉淀物降至瓶内一半时，再颠倒混合一次，待沉淀物下降到瓶底。

3. 析出碘

轻轻打开溶解氧瓶塞，立即用吸管插入液面下，加入 1.5～2.0mL 浓硫酸，小心盖好瓶塞，颠倒混合摇匀至沉淀物全部溶解为止。若溶解不完全，可继续加入少量浓硫酸，但此时不可溢流出溶液。然后放置暗处 5min。

4. 滴定

用移液管吸取 50.00mL 上述溶液，注入 250mL 锥形瓶中，用 0.01mol・L^{-1}硫代硫酸钠标准溶液滴定到溶液呈微黄色，加入 1mL 淀粉溶液，用硫代硫酸钠溶液继续滴定至恰使蓝色褪去为止，记录用量。

五、计算

(1) 溶解氧(mg/L)$=\dfrac{M \cdot V \times 8 \times 1000}{V'}$

式中，M 为硫代硫酸钠标准溶液浓度($mol \cdot L^{-1}$)；V 为滴定时所消耗硫代硫酸钠标准溶液体积(mL)；V' 为滴定时所取的水样体积(mL)。

(2) $溶解氧饱和度=\frac{测得的溶解氧值}{采样时的水温、大气压和盐度下的饱和溶解氧值}\times 100\%$

六、思考题

(1) 空气中的氧气是影响溶解氧测定的重要因素，如何在采样和测定过程中避免或减少它的影响？

(2) 将溶解氧定量完全转换为碘溶液，实验中应注意哪些关键的事项？

(3) 测定时每次加试剂后均会引起溶液的溢出，如何通过操作来避免因此可能带来对实验结果的偏差？

七、注意事项

如水样中含有游离氯大于 0.1mg·L^{-1} 时，应预先加硫代硫酸钠去除。可先用两个溶解氧瓶，各取出一瓶水样，对其中一瓶加入 5mL(1+5)硫酸和 1g 碘化钾，摇匀。此时游离出碘，用硫代硫酸钠标准溶液以 0.5%淀粉作指示剂滴定，记下用量。然后向另一瓶水样中，加入上述测得的硫代硫酸钠标准溶液，摇匀，再按前述操作步骤进行固定和测定。

附：膜电极法（YSI-58 型溶解氧测定仪的应用）

1. 原理

YSI-58 型溶解氧测定仪系根据极谱的原理来测定溶解氧的仪器，采用了复合高分子薄膜的极谱型氧电极作为溶解氧的感应部件。图 10.2 中展示了 YSI-58 型溶解氧测定仪的溶解氧电极，它以金作为阴极材料，银作为阳极材料，内部以半饱和的氯化钾溶液作为电解质溶液，在电极的顶端覆盖了一层聚四氟乙烯薄膜，这层薄膜将氯化钾电解质与被测溶液分隔开，但允许气体比如溶解氧透过。当外加一个固定极化电压时，水中溶解氧透过薄膜，在阴极上还原，产生扩散电流。在两极发生反应如下：

阴极反应

$$O_2 + 2H_2O + 4e \rightarrow 4OH^-$$

阳极反应

$$4Ag^+ + 4Cl^- - 4e \rightarrow 4AgCl$$

此电极系统产生的稳定状态的扩散电流可用下式表示

$$i^{\infty} = nFA\frac{P_m}{L}C_s$$

式中，i^{∞} 为稳定状态扩散电流；n 为电极反应中释放电子数；A 为阴极表面积；F 为法拉第常数，96 500 库仑；P_m 为薄膜的渗透系数；L 为薄膜的厚度；C_s 为试样中溶解氧的浓度($\times 10^{-6}$)。

A、P_m、L 根据电极构造以及薄膜材料而定。当采用一定电极构造，选用一定薄膜材料时，这些均为常数，此时，扩散电流与溶解氧浓度成正比关系。

$$i_{\infty} = KC_s$$

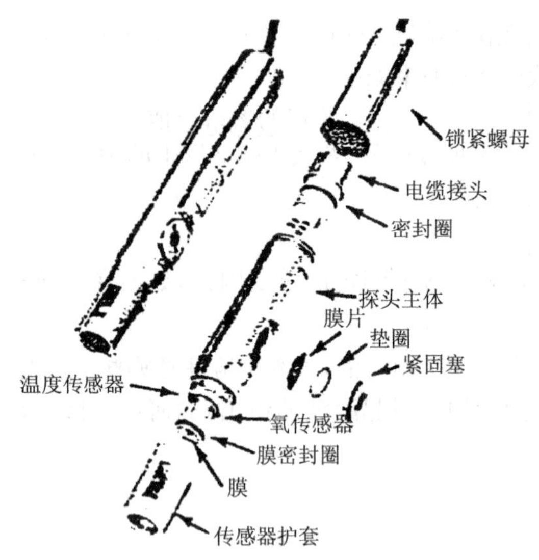

图 10.2 溶解氧电极

电极输出的电流信号，通过一负载电阻，经放大器放大，直接显示氧浓度（$\times 10^{-6}$）。另外，该电极上附设有温度探测头，可同时显示测定时的温度。

2. 仪器的使用

YSI-58 型溶解氧测定仪的面板如图 10.3 所示。

1）仪器的准备

（1）将仪器放在工作台上（竖直、水平或斜放均可），把电极接线端插入电极插孔 5，并旋紧。

（2）将功能开关 3 置于 ZERO 处，调节零点调节钮 2 使数字显示为 00.0。

（3）如果使用本仪器所配备的搅拌器的话，将搅拌器接上（本实验不使用，故略）。

（4）等待 15min 使电极稳定。每次重新开机或重新接上电极后，都需有此 15min 的等待时间。

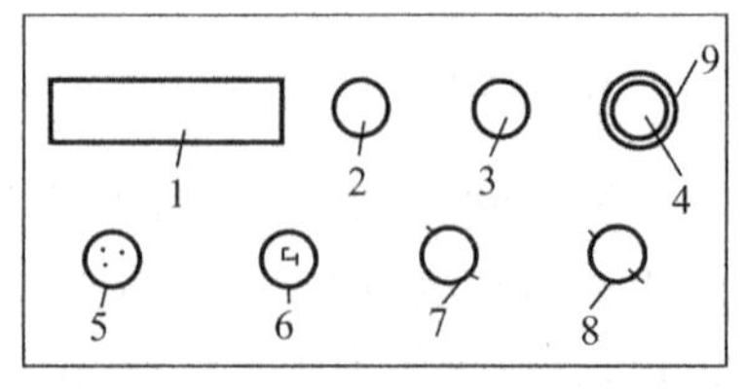

图 10.3 YSI-58 型溶解氧测定仪面板图

1. 数字显示；2. 零点调节钮；3. 功能开关；4. 校正旋钮；5. 电极插孔；6. 搅拌器接孔；7. 搅拌开关；8. 盐度校正钮；9. 校正钮锁键

2）校正

溶解氧测定仪的校正是通过将电极置于一个已知氧浓度的环境中进行的。比如将电极放入一个相对湿度为 100%的空气或已知氧含量的水中，然后调节校正钮，使指示值等于该值即可。

校正可以采用下述几种方法。

（1）空气校正：当水中溶解氧饱和时，液相中氧分压等于液相上面氧分压，也就是说，在平衡状态时，由水面上的空气进入水中溶解氧速率，与从水中逸回空气中的氧速率是相等的。氧电极是感应氧分压的元件，因此，假如盛水容器与水面上空气等温，且被水饱和，那么，不管电极浸在水中或暴露在液相上空气中，氧电极将产生相对电流，空气校正技术就是建立在此原理基础上的。

具体校正步骤如下：

①将功能开关 3 置于%。

②将一个湿润的棉球或布放入一无底的塑料校正瓶中，松开瓶盖约 1/2 圈，并将塑料校正瓶套在电极上，将电极置于温度不变的地方（或者用布裹住，或者采取其他隔热措施）。因为在调零和校正时的温度不一致将引起很大的误差，被测样品的温度也尽可能一致。

③将功能开关 3 置于 ZERO，调节零步调节钮 2 使数字显示为 0.00，再将功能开关 3 回置到%处。

④当数字显示稳定后，从表中（表 1）查出即时压力和海拔高度下的校正值，松开校正钮锁键 9，调节校正旋钮 4 使数字显示为该校正值，然后再将校正钮锁键 9 锁住，以防改变。

(2) 化学方法校正

①将一个接近被空气饱和的水分成四份。其中三份用化学方法测定其中的溶解氧，取它们的平均值。如果其中一个数据与另外两个相差大于 $0.5mg \cdot L^{-1}$（$\times 10^{-6}$）的话，则舍去此数据，而取另外两个的平均值。

②将电极放入第四份水样中，并启动搅拌器进行搅拌。

③将盐度校正钮 8 置于 0(FRESH)或样品的盐度近似值。

④如果零点发生变化，则重新调节零点。

⑤将功能开关 2 置于 $0.01mg \cdot L^{-1}$ 处，在不断搅拌下，让电极在水样中至少保持 2min，然后调节校正钮 4 至上面所测得的平均值，将电极在水样中停留 2min，以确定数值稳定即可。

如果需要可再重新校正一次。

(3) 饱和空气水的校正：在一定温度与压力下，水中饱和溶解氧为一定值，因此，可以利用经过空气饱和的水来进行校正。具体操作如下：

①在烧杯内放入蒸溜水，在恒温下曝气至少 15min。

②放入电极，并启动搅拌器，将功能开关 3 置于 TEMP，测定水温，从表 10.1 中查出相应温度下的溶解氧值。

③测出本地的海拔高度或确切的大气压（用压力计测出），利用表 10.2 得出该压力或海拔高度下的校正值。

表 10.1　在 101.3kPa 的大气压力下，不同温度下的饱和溶解氧

温度/℃	溶解氧 /$mg \cdot L^{-1}$	温度/℃	溶解氧 /$mg \cdot L^{-1}$	温度/℃	溶解氧 /$mg \cdot L^{-1}$	温度/℃	溶解氧 /$mg \cdot L^{-1}$
0	14.60	12	10.76	24	8.40	35	6.93
1	14.19	13	10.52	25	8.24	36	6.82
2	13.81	14	10.29	26	8.09	37	6.71
3	13.44	15	10.07	27	7.95	38	6.61
4	13.09	16	9.85	28	7.81	39	6.51
5	12.75	17	9.65	29	7.67	40	6.41
6	12.43	18	9.45	30	7.54	41	6.31
7	12.12	19	9.26	31	7.41	42	6.22
8	11.83	20	9.07	32	7.28	43	6.13
9	11.55	21	8.90	33	7.16	44	6.04
10	11.27	22	8.72	34	7.05	45	5.95
11	11.01	23	8.56				

表 10.2 不同大气压和海拔高度的校正值

大气压			海拔高度		校正值
Inches Hg	mmHg	kPa	ft.	m	
30.23	768	102.3	−276	−84	101
29.92	760	101.3	0	0	100
29.61	752	100.3	278	85	99
29.33	745	99.3	558	170	98
29.02	737	98.3	841	256	97
28.74	730	97.3	1 126	343	96
28.43	722	96.3	1 413	431	95
28.11	714	95.2	1 703	519	94
27.83	707	94.2	1 995	608	93
27.52	699	93.2	2 290	698	92
27.24	692	92.2	2 587	789	91
26.93	684	91.2	2 887	880	90
26.61	676	90.2	3 190	972	89
26.34	669	89.2	3 496	1 066	88
26.02	661	88.2	3 804	1 160	87
25.75	654	87.1	4 115	1 254	86
25.43	646	86.1	4 430	1 350	85
25.12	638	85.1	4 747	1 447	84
24.84	631	84.1	5 067	1 544	83
24.53	623	83.1	5 391	1 643	82
24.25	616	82.1	5 717	1 743	81
23.94	608	81.1	6 047	1 873	80
23.62	600	80.0	6 381	1 945	79
23.35	593	79.0	6 717	2 047	78
23.03	585	78.0	7 058	2 151	77
22.76	578	77.0	7 401	2 256	76
22.44	570	76.0	7 749	2 362	75
22.13	562	75.0	8 100	2 469	74
21.85	555	74.0	8 455	2 577	73
21.54	847	73.0	8 815	2 687	72
21.26	540	71.9	9 178	2 797	71
20.94	532	70.9	9 545	2 909	70
20.63	524	69.9	9 917	3 023	69
20.35	517	68.9	10 293	3 137	68
20.04	509	67.9	10 673	3 253	67
19.76	502	66.9	11 508	3 371	66

④将从表 10.1 中得到的溶解氧值乘以从表 10.2 中得到的校正值，并除以 100，即得到了饱和水样的准确的氧含量（$mg \cdot L^{-1}$）。

例如：21℃时，海平面或 1kPa 大气压的溶解氧值为 8.90$mg \cdot L^{-1}$，海拔高度为 1 400ft

(430m)时的校正值=95,则准确的校正值$=\frac{8.90\times95}{100}=8.45mg\cdot L^{-1}$。

⑤重新调节零点。

⑥检查盐度校正钮 8 是否置于 0。调节校正旋钮 4 至刚才所得到校正值,等待 2min 使其稳定。如果需要,重新校正。

以上三种校正方法中,第二种操作麻烦,消耗化学试剂,条件误差情况和现场测量时,不太方便。第三种方法不太可靠,因为一般很难得到一个完全确切而稳定的饱和氧水,第一种方法是最快和最简单的校正技术,并且又有足够的精度,是一种推荐的校正方法。

3) 测量

①在仪器准备和电极校正完毕后,将电极放入待测水样中,启动搅拌器进行搅拌。

②调节盐度校正钮 8 于样品的盐度值。

③改变功能开关 3 于 O_2ZERO 处,如果零点发生变化重新调节之。

④改变功能开关 3 于需要的读数精度处(0.1$mg\cdot L^{-1}$或 0.01$mg\cdot L^{-1}$),读取稳定的溶解氧值($mg\cdot L^{-1}$)。

⑤将功能开关 3 置于%,即可得到溶解氧饱和百分数。

3. 注意事项

1) 流速

测量时电极浸入溶液于静止与流动两种不同状态下,读数有很大差异。电极的灵敏度随着流速增加而升高,最后到达稳定值。所以在实验室测量中,被测溶液搅拌是必要的,可以采用电磁搅拌或电机搅拌,也可以在测量时,轻微摇动电极,但是要注意搅拌不可太剧烈,不能造成空气与被测样品的氧的交换。在连续测量的情况下,电极必须安装在流动的地方,一般在最低流速 10～30cm/s 之间。

2) 温度

在测定溶解氧时,温度的影响很大,每变化 1℃即会使电极输出电流变化约 3.5%,温度对测量精度有很大影响。尽管在仪器中可进行温度自动补偿,但是,在很宽的温度范围内,要完全进行自动补偿而又保持最高的测量精度是相当困难的。因此,在使用时,校正温度应力求与测量温度接近。

3) 压力

在 YSI-58 型溶解氧测定仪的电极边上有一个很好的压力补偿孔,可以确保在深水区的精确读数。当压力达到 4.45MPa 时(约近 60 米深),压力校正仍可使读数误差在 0.5%以内。所以该电极既可以在浅水区使用,也可以在深水区使用。

4) 电极薄膜的更换

电极在使用了一段时期后,由于薄膜会被玷污,尤其是在测量生活污水,工业废水时,电极性能很快变化,甚至会毁坏电极;或者如果发生电解液泄漏严重时,都应经常、及时地更换电极薄膜和电解液。

实验五十八　化学需氧量(COD)的测定

一、实验目的

(1) 巩固氧化还原滴定分析法的原理和方法，熟悉氧化还原滴定分析法在环保分析中的具体应用。

(2) 了解化学需氧量(COD)的基本概念及其在环境分析中的作用。

(3) 掌握重铬酸钾法测定化学需氧量的原理和方法。

二、实验原理

化学需氧量，是指在一定条件下，用强氧化剂处理水样时所消耗的氧化剂的量，以氧的mg/L表示。它是指示水体被还原性物质污染的主要指标。还原性物质包括各种有机物、亚硝酸盐、亚铁盐和硫化物等，但水体受有机物污染是极为普遍的，因此，化学需氧量可作为衡量水体中有机物相对含量的指标之一。

重铬酸钾方法是在强酸性溶液中，加入准确过量的重铬酸钾，将水样中还原性物质(主要是有机物)氧化，过量的重铬酸钾以试亚铁灵作指示剂，用硫酸亚铁铵溶液回滴，根据所消耗的重铬酸钾量算出水样中的化学需氧量。

三、仪器与试剂

(1) 仪器：回流装置：24mm或29mm标准磨口500mL全玻璃回流装置，球形冷凝器，长度为30cm；加热装置：功率大于1.4W/cm的电热板或电炉，以保证回流液充分沸腾；50mL酸式滴定管；250mL锥形瓶；10mL、20mL移液管。

(2) 试剂：

①0.04167mol·L^{-1}重铬酸钾标准溶液($c_{1/6K_2Cr_2O_7}=0.2500\text{mol}\cdot\text{L}^{-1}$)：称取12.258g优级纯重铬酸钾(预先在105～110℃烘箱中干燥2h，并贮存于干燥器中冷却至室温)溶于水中，移入1000mL容量瓶中，用蒸馏水稀释至标线，摇匀。

②试亚铁灵指示剂：称取1.49g邻菲罗啉($C_{12}H_8N_2\cdot H_2O$，1，10－Phenanthroline)，0.695g硫酸亚铁($FeSO_4\cdot 7H_2O$)溶于水中，稀释至100mL，贮于棕色试剂瓶中。

③0.1mol·L^{-1}硫酸亚铁铵标准溶液：称取39.2g硫酸亚铁铵($FeSO_4\cdot(NH_4)_2SO_4\cdot 6H_2O$)溶于水中，加入20mL浓硫酸，冷却后稀释至1000mL，摇匀。临用前用重铬酸钾标准溶液标定。

标定方法：用移液管吸取10.00mL重铬酸钾标准溶液于250mL锥形瓶中，用水稀释至100mL，加8mL浓硫酸，冷却后加入2～3滴试亚铁灵指示剂，用硫酸亚铁铵标准溶液滴定到溶液由黄色经蓝绿色刚变为红褐色为止。

硫酸亚铁铵溶液的浓度可用下式计算：

$$c(\text{mol}\cdot\text{L}^{-1})=\frac{c_1\times V_1\times 6}{V}$$

式中：c_1为重铬酸钾标准溶液的浓度(mol·L^{-1})；V_1为吸取的重铬酸钾标准溶液的体积

(mL)；V 为消耗的硫酸亚铁铵标准溶液的体积(mL)。

④硫酸银—硫酸溶液：于1000mL浓硫酸中加入10g硫酸银，放置1～2天，不时摇动使其溶解。

⑤硫酸汞：(结晶状)。

四、实验步骤

(1) 用移液管吸取20.00mL的均匀水样于500mL回流装置锥形瓶中，准确加入10.00mL重铬酸钾标准溶液，再慢慢加入30mL硫酸银—硫酸溶液，边加边摇，使溶液混合均匀，加入少许沸石(以防爆沸)，加热回流2h(溶液沸腾时开始计时)。

若水样中氯离子浓度大于30mg·L^{-1}时，取水样20.00mL，加0.4g硫酸汞和5mL浓硫酸，摇匀，待硫酸汞溶解后，再依次加入重铬酸钾溶液10.00mL，30mL硫酸银—硫酸溶液和少许沸石，加热回流2h。

(2) 稍冷后，用少许水冲洗冷凝器壁，然后取下锥形瓶。再用蒸馏水稀释至约140mL(溶液体积不应小于140mL，否则因酸度太大终点不明显)。

(3) 溶液冷至室温后，加2～3滴试亚铁灵指示剂，用硫酸亚铁铵标准溶液滴定到溶液由黄色经蓝绿色刚变为红褐色为止。记录消耗的硫酸亚铁铵标准溶液的体积。

(4) 在测定水样的同时，以20mL蒸馏水代替水样，按水样测定步骤平行地进行空白试验。

五、计算

化学需氧量(O_2，mg·L^{-1})按下式计算

$$COD = \frac{(V_0 - V_1) \times c \times 8 \times 1000}{V_2}$$

式中：c 为硫酸亚铁铵标准溶液的浓度(mol·L^{-1})；V_0 为空白消耗的硫酸亚铁铵标准溶液体积(mL)；V_1 为水样消耗的硫酸亚铁铵标准溶液体积(mL)；V_2 为水样的体积(mL)。

六、思考题

(1) 测定COD有什么意义？

(2) 实验中为什么要加入硫酸银和硫酸汞？

(3) 本实验进行空白试验的目的是什么？

(4) 回流时几只烧瓶内的溶液沸腾程度不同会带来什么结果？

(5) 做空白时若忘记加代替水样的蒸馏水，则可能造成什么结果？

七、注意事项

(1) 反应混合物必须微沸而不能爆沸。爆沸说明溶液有局部过热，这将导致假结果。急剧过热或防爆沸粒无效也会引起爆沸。

(2) 回流过程中若溶液颜色变绿，说明水样的化学需氧量太高，需将水样适当稀释后重新测定。

(3) 水样加热回流后，溶液中重铬酸钾剩余量是加入量的1/5～4/5为宜。

(4) 虽然试亚铁灵的量不是决定性的，但每次滴定时加入量应尽可能保持一定。取第一次由蓝绿色变为红棕色的明显变色为终点，几分钟后可能再次出现蓝绿色。

实验五十九　水中砷的测定（二乙基二硫代氨基甲酸银(SDDC)光度法）

一、实验目的

(1) 了解分光光度分析法在环保分析中的具体应用。

(2) 掌握 SDDC 分光光度法测定水中砷的原理和方法。

(3) 熟悉并使用砷化氢发生装置。

二、实验原理

砷一般以砷酸根的形式存在，在酸性条件及有碘化钾和氯化亚锡存在下，使五价的砷还原为三价，三价砷与由锌粒和酸作用产生的新生态氢作用，生成气态砷化氢，使之导入二乙基二硫代氨基甲酸银—三乙醇胺—氯仿吸收液中，生成红色胶体银，在 530nm 处用分光光度计测定。

反应式如下：

$$H_3AsO_4 + 2KI + H_2SO_4 \rightarrow H_3AsO_3 + I_2 + K_2SO_4 + H_2O$$

$$H_3AsO_4 + SnCl_2 + 2HCl \rightarrow H_3AsO_3 + SnCl_4 + H_2O$$

$$H_3AsO_3 + 3Zn + 3H_2SO_4 \rightarrow AsH_3\uparrow + 3ZnSO_4 + 3H_2O$$

$$AsH_3 + 6AgDDC \rightarrow 6Ag + 3HDDC + As(DDC)_3$$

某些金属如铬、钴、铜、汞、铝、镍、铂均可干扰砷化氢的发生，但它们在水样中的含量一般达不到产生干扰的程度。只有锑和铋，既能生成氢化物，又能与显色剂生成红色溶液而干扰测定。

大量硫化物对测定有干扰，可使用醋酸铅棉花去除。

三、仪器与试剂

(1) 仪器：砷化氢发生和吸收装置（见图 10.4），分光光度计。

(2) 试剂：

①无砷锌粒。

②15%碘化钾溶液：15g 碘化钾溶于 100mL 蒸馏水中，贮于棕色瓶中。

③40%氯化亚锡溶液：称 40g 氯化亚锡（$SnCl_2 \cdot 2H_2O$）溶于 40mL 浓盐酸中，溶液澄清后，加水至 100mL。加数粒金属锡粒保存。

④醋酸铅棉花：将 10g 脱脂棉浸于 100mL10%醋酸铅溶液中，2h 后取出，自然晾干。

⑤(1+1)硫酸：1 体积浓硫酸与 1 体积水混合。

⑥二乙基二硫代氨基甲酸银—三乙醇胺—氯仿溶液：称取 0.25g 二乙基二硫代氨基甲酸银（Silver diethyl dithio carbamate），研碎后用少量氯仿溶解，加入 1mL 三乙醇胺，再用氯仿稀释至 100mL，静置后，过滤于棕色瓶内，贮于冰箱中。

⑦砷标准溶液：称取 0.6600g 三氧化二砷，溶于 5mL20％氢氧化钠溶液中，溶解后用 $2mol \cdot L^{-1}$ 硫酸溶液中和至中性后再加入 $15mL2mol \cdot L^{-1}$ 硫酸溶液，用蒸馏水稀释至 500mL。此溶液砷含量为 $1.0mg \cdot mL^{-1}$。临用时稀释 1000 倍，成为每毫升含 $1.0\mu g$ 砷的标准溶液。

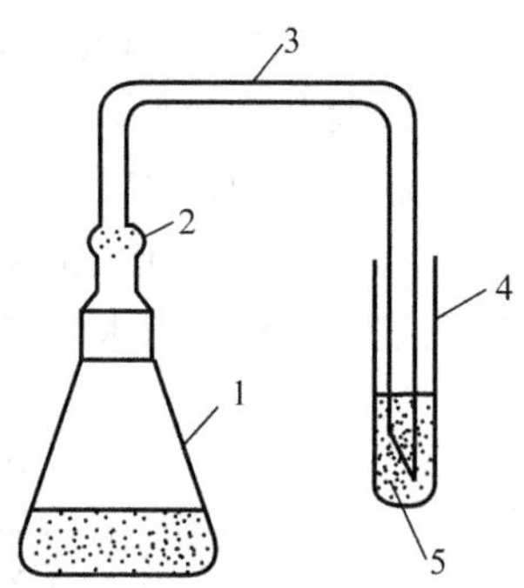

图 10.4　砷化氢发生和吸收装置

1. 砷化氢发生瓶；2. 醋酸铅棉花；3. 导气管；4. 砷化氢吸收管；5. 吸收液

四、实验步骤

(1) 洁净的水样可直接测定，污染严重的水样须按下法消解：取适量水样(使含量为 $1\sim20\mu g$ 微克)，置于长颈烧瓶(凯氏烧瓶)中，加入 2mL 浓硫酸及 5mL 浓硝酸，煮沸消解至产生白色烟雾，如溶液仍不清澈可再加 5mL 浓硝酸，继续加热消解至产生白色烟雾，冷却后小心加入 25mL 蒸馏水，再加热至冒白烟，冷却后加少量蒸馏水稀释，溶液转入 25mL 容量瓶中，稀释至标线，供测定用。

(2) 取 25.0mL 水样(澄清水样或经过消解的水样)，置于砷化氢发生瓶中。另取六个砷化氢发生瓶，分别加入砷标准溶液 0mL，1.00mL，5.00mL，10.00mL，15.00mL，20.00mL，各加蒸馏水至 25mL。

(3) 向水样及标准瓶中各加 4mL(1＋1)硫酸(经过消解的水样不必再加硫酸)，2mL 碘化钾溶液及 2mL 氯化亚锡溶液，混匀，放置 15min。

(4) 于各吸收管中分别加入 5.0mL 二乙基二硫代氨基甲酸银—三乙醇胺—氯仿吸收液，插入导气管。迅速向各发生瓶中倾入预先称好的 2g 无砷锌粒，塞紧瓶塞，在室温下反应 1h。

(5) 反应完毕后，用氯仿将吸收液体积补充至 5.0mL。

(6) 用分光光度计在 530nm 波长处，用 1cm 比色皿，以试剂空白为对照，测其吸光度，绘制标准曲线。

五、计算

$$\text{砷(mL)} = \frac{\text{相当于标准砷的微克数}}{\text{水样毫升数}}$$

六、思考题

(1) 实验中哪些玻璃器皿需要洗净干燥后使用？

(2) 试样消解为什么要加热至冒白烟？

(3) 反应完毕后，为什么要用氯仿补充吸收液体积？

七、注意事项

(1) 若水样中含砷量低于 $0.02mg \cdot L^{-1}$，可使用沉淀法富集：

①取 1L 水样，加入 3mL 硝酸，滴加 0.3％高锰酸钾溶液，煮沸，保持红色不褪。

②滴加(1＋30)过氧化氢溶液，使红色刚好褪去。加 1mL5％氯化亚铁(5g 氯化亚铁，10mL(1＋1)盐酸，加蒸馏水至 100mL)，保持液温约 80℃，加入数滴酚酞指示剂，加入(1＋2)氨水使呈紫红色，使砷与氢氧化铁共沉淀(pH9～10 为宜)。

③静置使氢氧化铁沉淀下来，用倾泻法过滤，弃去清液。将沉淀连同滤纸一起转入100mL 烧杯中，加入少量稀盐酸使沉淀溶解。如果沉淀未全部溶解，将溶液过滤，收集滤液于测砷瓶中，加水使体积正好 25mL，备测定。

(2) 酸度对砷化氢的发生和吸收有强烈影响，可严格控制锌粒的规格和溶液酸度，绘制标准曲线时要与分析水样的条件一致。

实验六十　水中氰化物的测定
（异烟酸—吡唑啉酮分光光度法）

一、实验目的

(1) 熟悉分光光度分析法在环保分析中的具体应用。

(2) 掌握异烟酸—吡唑啉酮分光光度法测定水中氰化物的原理和方法。

(3) 掌握氰化物标准溶液的配制和稀释方法，了解含氰水样的保存条件。

二、实验原理

在分光光度法测定氰化物时，存在着一定的干扰因素，因此，通常需用酒石酸—硝酸锌或磷酸—EDTA 对水样进行预蒸馏。即利用氰在酸性条件下，转变成为氰化氢气体被蒸馏出来，再用氢氧化钠溶液吸收，从而达到使氰和大部分干扰物质分离的目的。

异烟酸—吡唑啉酮分光光度法，是在中性条件下，水样中的氰离子与氯胺 T 反应生成氯化氰，再与异烟酸作用，并经水解而生成戊烯二醛衍生物，再与吡唑啉酮进行缩合反应生成蓝色的染料。其染料色度和水样中的氰含量成正比，用分光光度计在 638nm 处测吸光度。其反应式如下：

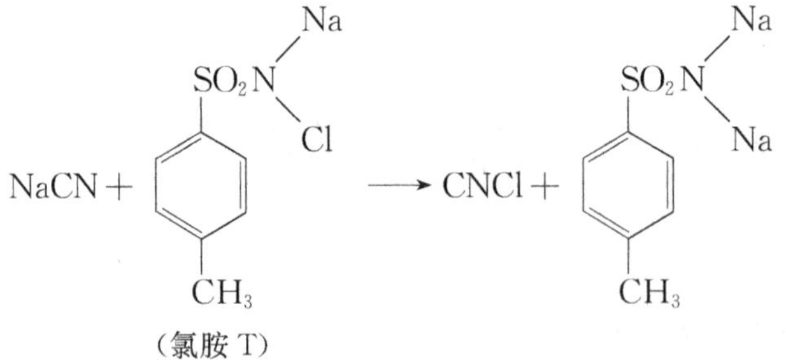

$$NaCN + CH_3\text{-}C_6H_4\text{-}SO_2N(Na)Cl \longrightarrow CNCl + CH_3\text{-}C_6H_4\text{-}SO_2NNa_2$$

（氯胺 T）

$$CNCl + \underset{\text{(异烟酸)}}{HOOC\text{-}C_5H_4N} \longrightarrow HOOC\text{-}C_5H_4N(CN)Cl + 2H_2O \rightarrow NH_4CN + HCl$$

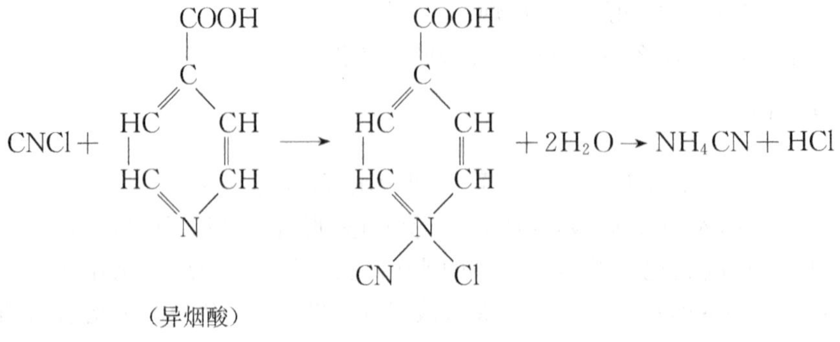

（异烟酸）

$$+\ O{=}\overset{}{\underset{H}{C}}{-}\overset{H}{C}{=}\underset{COOH}{C}{-}\overset{H}{\underset{H}{C}}{-}\underset{H}{C}{=}O$$

（戊烯二醛）

$$O{=}\underset{H}{C}{-}\overset{H}{C}{=}\underset{COOH}{C}{-}\overset{H}{\underset{H}{C}}{-}\underset{H}{C}{=}O\ +2\left[\ \text{N-苯基-3-甲基-5-吡唑啉酮（}C_6H_5{-}N{-}C(=O){-}CH_2{-}C(CH_3){=}N\text{，环状）}\ \right]$$

$$\xrightarrow{\text{缩合}}\ \text{（吡唑啉酮环）}C{=}\overset{H}{C}{-}\overset{H}{C}{=}\underset{COOH}{C}{-}\overset{H}{\underset{H}{C}}{-}\underset{H}{C}\text{（}C(=O){-}N{-}C_6H_5\text{，}C(CH_3){=}N\text{）}\ +2H_2O$$

（蓝色染料）

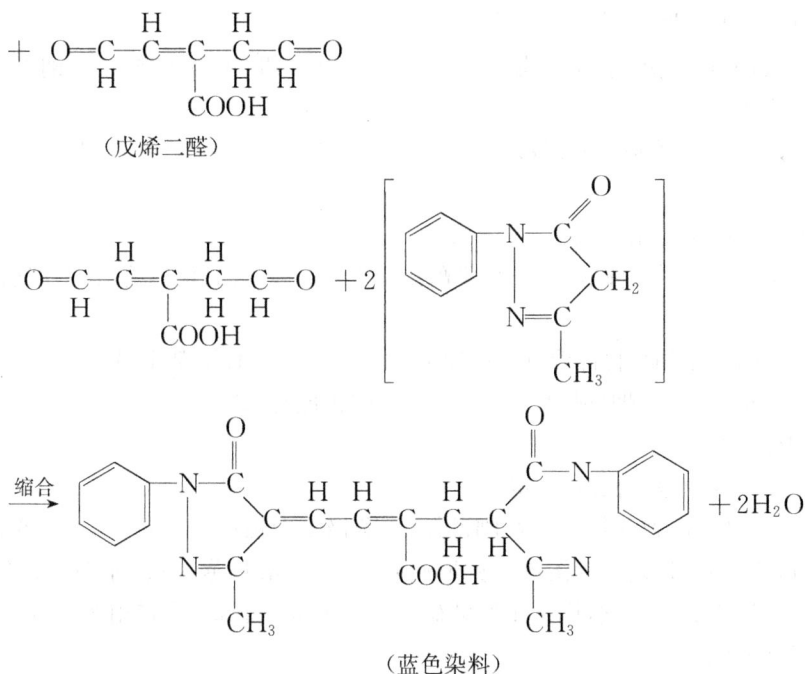

三、仪器与试剂

(1) 仪器：分光光度计，25mL 具塞比色管。

(2) 试剂：

①试银灵指示剂：称取 0.02g 试银灵(对二甲氨基亚苄叉罗丹宁)溶于 100mL 丙酮中。

②铬酸钾指示剂：称取 10g 铬酸钾溶于少量水中，徐徐加入硝酸银溶液，至产生微橙红色沉淀为止，放置过夜，过滤。用水稀释至 100mL。

③氯化钠标准溶液：称取 1.169g 优级纯氯化钠(预先在瓷皿内经 400～500℃灼烧至无爆裂声后，在干燥器内冷却)于烧杯中，用水溶解，移入 1 000mL 容量瓶，用水稀释至标线，摇匀。此溶液为 0.020 0mol・L^{-1}。

④硝酸银标准溶液：称取 3.27g 硝酸银溶于水中，稀释至 1L，贮于棕色试剂瓶中，待标定后使用。

硝酸银标准溶液的标定：

(ⅰ) 吸取 10.00mL0.020 0mol・L^{-1}氯化钠标准溶液于带柄瓷皿中(100mL 或 150mL)，加入 50mL 蒸馏水，同时另取一只瓷皿加入 60mL 水作空白。

(ⅱ) 向溶液中加入 4 滴铬酸钾指示剂，用待标定的硝酸银溶液进行滴定，用玻璃棒不断搅拌，直至溶液由黄色变成浅砖红色为止。记下读数。

同样滴定空白溶液。

则硝酸银标准溶液的浓度$=\dfrac{c_1\times 10.00}{V_1-V_2}$。

式中，c_1 为氯化钠标准溶液的浓度(mol・L^{-1})；V_1 为滴定氯化钠标准溶液时所用硝酸银溶液的体积(mL)；V_2 为滴定空白溶液时所用硝酸银溶液体积(mL)。

⑤0.025mol・L^{-1}及2%氢氧化钠溶液。

⑥磷酸盐缓冲溶液(pH=7)：称取34.0g磷酸二氢钾和35.5g磷酸氢二钠于烧杯内，加水溶解后稀释至1L。

⑦1%氯胺T溶液：称取1.0g氯胺T溶于水中稀释至100mL，摇匀，贮于棕色瓶中。临用现配。

⑧异烟酸—吡唑啉酮溶液(临用现配)：

(ⅰ)异烟酸溶液配制：称取1.5g异烟酸溶于24mL2%氢氧化钠溶液中，然后用水稀释至100mL。

(ⅱ)吡唑啉酮溶液配制：称取0.25g吡唑啉酮溶于20mL甲基甲酰胺中。

(ⅲ)将异烟酸溶液与吡唑啉酮溶液按5∶1(体积比)混合。

⑨氰化钾标准溶液：

(ⅰ)氰化钾贮备液配制及其标定：

配制：称取0.2503g氰化钾(注意：剧毒)溶于蒸馏水中稀释至100mL，贮于聚乙烯瓶中。

标定：吸取10.00mL氰化钾溶液于锥形瓶中，加入50mL蒸馏水，加1mL2%氢氧化钠溶液，加入7～8滴试银灵指示剂，用标定好的硝酸银标准溶液滴定，终点由黄刚变橙色为止。记录消耗硝酸银溶液的体积。

同时作空白试验(要求同上)。

计算：

氰化钾标准贮备液的浓度：

$$CN^{-}\ (mg \cdot L^{-1}) = \frac{c \times (V_1 - V_2) \times 52.04 \times 1\,000}{10 \times 1\,000}$$

式中，c为硝酸银标准溶液浓度(mol・L^{-1})；V_1为滴定氰化钾标准贮备液时消耗硝酸银溶液的体积(mL)；V_2为滴定空白时消耗硝酸银溶液的体积(mL)。

(ⅱ)氰化钾标准中间溶液：准确吸取由下列计算式计算出的体积数V_3(mL)氰化钾标准贮备液于250mL容量瓶中，用0.025mol・L^{-1}氢氧化钠溶液稀释至标线，摇匀。此溶液每毫升含10.0μg氰。

$$V_3 = \frac{10.0 \times 250}{T \times 1\,000}$$

式中，V_3为应取氰化钾标准贮备液体积(mL)；T为氰化钾标准贮备液浓度(mg・L^{-1})。

(ⅲ)氰化钾标准使用液：移取10.00mL氰化钾标准中间溶液于100mL容量瓶中，用0.025mol・L^{-1}氢氧化钠溶液稀至标线。此溶液每毫升含1.00μgCN^{-}(现用现配)。

四、实验步骤

1. 标准曲线的绘制

(1) 取6支25mL具塞比色管，分别加入氰化钾标准使用溶液0mL，1.00mL，2.00mL，3.00mL，4.00mL，5.00mL，加适量蒸馏水至10mL。

(2) 向各管中加入5mL磷酸盐缓冲溶液，摇匀。迅速加入0.2mL氯胺T，立即盖紧塞子，摇匀，放置3～5min。

(3) 向各管中加入异烟酸—吡唑啉酮混合溶液 5mL，摇匀，加蒸馏水稀释至刻度。在25～35℃的条件下(可用水浴控制)，放置 40min。

(4) 在分光光度计上于 638nm 波长处，用试剂空白作参比，用 1cm 比色皿进行测定，记录吸光度并作标准曲线。

2. 水样的测定

(1) 取 10.00mL 水样于 25mL 具塞比色管中。

(2) 各试剂加入量、加入顺序、操作步骤与标准曲线制作相同。

(3) 用 1cm 比色皿，在 638nm 波长下，以试剂空白作参比，测定吸光度，从标准曲线上查出相应的氰化物含量。

五、计算

$$\text{氰化物}(CN^-, mg \cdot L^{-1}) = \frac{A}{V}$$

式中，A 为根据标准曲线查出氰的微克数；V_1 为所取水样体积。

六、思考题

(1) 氰化物水样的保存条件是什么？

(2) 稀释氰化钾标准溶液为什么不可以用蒸馏水而用氢氧化钠溶液？

(3) 实验中各试剂加入顺序能否颠倒？若颠倒会产生怎样的结果？

七、注意事项

(1) 采集测定氰化物的水样时，必须加碱固定。加固体氢氧化钠至 pH>12。

(2) 氰化物的水样应当天尽快测定。

(3) 氰化物容易挥发，因此，从酸化后每一步骤都要操作迅速，并随时盖严瓶塞。

(4) 控制好水浴温度，温度过低反应慢，温度过高产物不稳定易褪色。

(5) 显色反应过程中，溶液颜色由红色转为蓝色，测定时溶液应呈纯蓝色。

实验六十一　天然水中氨氮的测定

一、实验目的

(1) 掌握纳氏试剂分光光度法测定水中氨氮的原理和方法。

(2) 了解凝聚沉淀法处理氨氮水样的方法。

(3) 根据对实际样品的测定，培养学生解决问题的能力。

二、实验原理

氨氮是指以游离态的氨或铵离子形式存在的氨，水样中的铵离子能与纳氏试剂反应生成棕色络合物，其色度与氨氮含量成正比，因而可用比色法进行定量。本法的最低检出浓度为

0.05mg·L^{-1},测定上限为2mg·L^{-1}。用本法测定水样中的氨氮,具有简便、灵敏等特点。

水中的钙、镁、铁等离子,硫化物、醛、酮等还原性物质,水的颜色或混浊等均干扰测定。

加入络合剂如酒石酸钾钠、EDTA等,可消除钙、镁等金属离子的干扰。若水样混浊、有色,可用凝聚沉淀法消除。若用加络合剂的方法仍不能除去金属离子的干扰时,则应进行预蒸馏处理。

三、仪器与试剂

(1) 仪器:分光光度计,50mL比色管。

(2) 试剂:

①纳氏试剂:称取5g碘化钾,溶于5mL水中,分次加入少量二氯化汞溶液(2.5g氯化汞($HgCl_2$)溶于10mL水中(可温热以增加氯化汞的溶解度)),不断搅拌至微有朱红色沉淀为止,冷却后,加入氢氧化钾溶液(15g氢氧化钾溶于30mL水中),充分冷却,加水稀释至100mL,静置一天,将上层清液贮于棕色瓶中,盖紧橡胶塞。有效期为一个月。

②酒石酸钾钠溶液:称取50g酒石酸钾钠($KNaC_4H_4O_6 \cdot 4H_2O$)溶于水中,加热煮沸以驱除氨,放冷,稀释至100mL。

③铵标准贮备液:称取3.819g在100℃干燥过的无水氯化铵,溶于水中,倒入1 000mL容量瓶中,稀释至标线。此溶液每毫升含1.00mg氨氮。

④铵标准中间液:吸取铵标准贮备液10.00mL于50mL容量瓶中,加水稀释至标线,此溶液每毫升含0.20mg氨氮。

⑤铵标准使用液(临用现配):吸取铵标准中间液10.00mL于100mL容量瓶中,加水稀释至标线,此溶液每毫升含0.020mg氨氮。

四、实验步骤(根据样品实际状况选择处理方法)

1. 水样的预处理

若水样混浊,用100mL具塞量筒取混匀的水样100mL,加入2mL10%$ZnSO_4$溶液,加0.1~0.2mL25% NaOH溶液,使pH在10.5左右,混匀,放置10min,待沉淀沉至底部后过滤,弃去25mL初滤液,收集剩余部分滤液待测定。若水样澄清可直接按以下步骤进行。

2. 标准工作曲线的绘制

吸取0mL、2.00mL、4.00mL、6.00mL、8.00mL和10.00mL铵标准使用液于50mL比色管中,加水至50mL标线,加1.0mL酒石酸钾钠溶液,混匀。加1.5mL纳氏试剂,混匀。放置10min后,在波长420nm处,用1cm比色皿,以试剂空白为参比,测定吸光度,绘制标准曲线。

3. 水样的测定

分取适量经絮凝沉淀预处理后的水样(使氨氮含量不超过0.1mg),加入50mL比色管中,稀释至50mL标线,加1.0mL酒石酸钾钠溶液,加1.5mL纳氏试剂,混匀。放置10min后同标准工作曲线步骤测量吸光度。由水样测得的吸光度减去空白试验的吸光度后,从标准工作曲线上查得氨氮含量(mg),计算水样中的氨氮含量(mg·L^{-1})。

五、思考题

(1) 在水样的预处理中为什么要弃去25mL初滤液?

(2) 本实验测定中所加入的酒石酸钾钠溶液和纳氏试剂的体积是否一定要准确? 为什么?

(3) 本实验中,在样品和标准系列溶液的测定中均采用先稀释至标线,然后再加试剂的步骤,是否可以先加试剂后稀释至标线? 为什么?

六、注意事项

(1) 络合剂也可用1mL5%EDTA溶液,如用EDTA溶液,则应加入2mL。

(2) 若水样中的氨氮含量过高,当加入纳氏试剂时,有红棕色沉淀产生。

附:水杨酸分光光度法测定水中的氨氮

一、实验原理

在亚硝基铁氰化钠存在下,水中的氨、铵离子在碱性溶液中与水杨酸盐和次氯酸离子反应生成蓝色化合物,其色度与氨氮含量呈正比,可在697nm处用分光光度计测量吸光度。本法的最低检出浓度为0.01mg·L^{-1},测定上限为1mg·L^{-1}。

二、仪器与试剂

(1) 仪器:分光光度计,10mL比色管

(2) 试剂:

①亚硝基铁氰化钠溶液:称取0.1g亚硝基铁氰化钠{$Na_2[Fe(CN)_5NO]\cdot 2H_2O$}置于溶解于10ml水中。

②水杨酸-酒石酸钾钠溶液 :称取50g水杨酸[$C_6H_4(OH)COOH$],加入100ml水,再加入160ml 2mol·L^{-1}氢氧化钠溶液,搅拌使之完全溶解;再称取50g酒石酸钾钠,溶于水中,与上述溶液合并移入1000ml容量瓶中,加水稀释至标线,贮存于加橡胶塞的棕色玻璃瓶中。

③次氯酸钠使用液:取次氯酸钠,用水和氢氧化钠溶液稀释成含有效氯浓度3.5g·L^{-1},游离碱浓度0.75mol·L^{-1}(以NaOH计)的次氯酸钠使用液,存放于棕色滴瓶内。

④氨氮标准贮备液:称取3.8190g在100℃干燥过的氯化铵,溶于水中,移入1000mL容量瓶中,稀释至标线。此溶液每毫升含1.00mg氨氮。

⑤氨氮标准中间液:吸取10.00ml氨氮标准贮备液于100mL容量瓶中,加水稀释至标线。此溶液每毫升含0.10mg氨氮。

⑥氨氮标准使用液:吸取1.00ml氨氮标准中间液于100mL容量瓶中,稀释至标线,临用现配。此溶液每毫升含0.0010mg氨氮。

三、实验步骤

1. 水样的预处理

同纳氏试剂分光光度法。

2. 标准工作曲线的绘制

吸取0.00mL、1.00mL、2.00mL、4.00mL、6.00mL和8.00mL氨氮标准使用液于10mL比色管中，用水稀释至8.00mL。加入1.00mL水杨酸一酒石酸钾钠溶液和2滴亚硝基铁氰化钠，混匀。再加入2滴次氯酸钠使用液，加水稀释至标线，充分混匀。放置60min后，在波长697nm处，用1cm比色皿，以试剂空白为参比测量吸光度，绘制标准曲线。

3. 水样的测定

吸取经处理后的水样（当水样中氨氮质量浓度高于1.0mg・L^{-1}时，可适当稀释后取样）8.00mL，加入1.00mL水杨酸一酒石酸钾钠溶液和2滴亚硝基铁氰化钠，混匀。再加入2滴次氯酸钠使用液，加水稀释至标线，充分混匀。放置60min后，同标准工作曲线步骤测量吸光度。由水样测得的吸光度减去空白试验的吸光度后，从标准工作曲线上查得氨氮含量，计算水样中的氨氮含量（mg・L^{-1}）。

实验六十二　污水中总磷的测定

一、实验目的

（1）加深对分光光度计的了解。
（2）学习总磷水样的消解方法。
（3）掌握吸光光度法测定水中总磷的原理和方法。

二、实验原理

在天然水和废水中，磷几乎都以各种磷酸盐的形式存在。它们分别为正磷酸盐、缩合磷酸盐（焦磷酸盐、偏磷酸盐和多磷酸盐）和有机结合的磷酸盐。化肥、冶炼、合成洗涤剂等行业的工业废水及生活污水中常含有较大量磷。磷是生物生长的必需的元素之一，但水体中磷含量过高，可造成藻类的过度繁殖，是导致水体富营养化的因素之一。为了保护水质，控制危害，在环境监测中，总磷量已列入正式的监测项目。

总磷分析方法由两个步骤组成：第一步可用氧化剂如过硫酸钾、硝酸—高氯酸或硝酸—硫酸等，将水样中不同形态的磷转化成正磷酸盐。第二步测定正磷酸，从而求得总磷含量。

本实验采用过硫酸钾氧化—磷钼蓝光度法测定总磷。在微沸条件下，过硫酸钾将试样中不同形态的磷氧化为磷酸根。磷酸根在硫酸介质中同钼酸铵生成黄色的磷钼杂多酸。反应式如下：

$$\text{P(缩合磷酸盐或有机磷中的磷)} + 4K_2S_2O_8 + 4H_2O \rightarrow PO_4^{3-} + 8KHSO_4$$

$$PO_4^{3-} + 12MoO_4^{2-} + 24H^+ + 3NH_4^+ \rightarrow (NH_4)_3PO_4 \cdot 12MoO_3 + 12H_2O$$

生成的磷钼杂多酸遇抗坏血酸立即被还原，生成蓝色的低价钼的氧化物即钼蓝，其颜色的深度与磷含量在一定范围内符合朗伯-比耳定律，通过标准工作曲线的定量方法，用分光光度计进行测定，以此得到水样中的总磷含量。

三、仪器与试剂

(1) 仪器：分光光度计。

(2) 试剂：

①50g・L^{-1}过硫酸钾溶液。

②100g・L^{-1}抗坏血酸溶液(贮存于棕色瓶中，可稳定几周，若颜色变黄，则弃去重配)。

③钼酸盐溶液：溶解 13g 钼酸铵[$(NH_4)_6MoO_{24}\cdot 4H_2O$]于 100mL 水中。溶解 0.35g 酒石酸锑钾$\left[KSbC_4H_4O_7\cdot\frac{1}{2}H_2O\right]$于 100mL 水中。在不断搅拌下，将钼酸铵溶液徐徐加到 300mL(1+1)硫酸中，再加入酒石酸锑钾溶液，混匀。贮存于棕色玻璃瓶中，于冷处保存，可至少稳定 2 个月。

④磷标准贮备溶液：称取(0.219 7±0.001)g 于 110℃干燥 2h 并在干燥器中放冷的磷酸二氢钾(KH_2PO_4)，用水溶解后转移至 1 000mL 容量瓶中，加入大约 800 mL 水，再加入 5mL (1+1) H_2SO_4，用水稀释至标线并混匀。

⑤磷标准操作溶液：吸取 10.00mL 磷标准贮备溶液于 250mL 容量瓶中，用水稀释至标线并混匀。此标准溶液 1.00mL 含 2.0μg 磷。使用当天配制。

⑥(3+7)、(1+1) H_2SO_4 溶液。

⑦1mol・L^{-1} H_2SO_4 溶液。

⑧1mol・L^{-1}、6mol・L^{-1}NaOH 溶液。

⑨10g・L^{-1}酚酞 95%的乙醇溶液。

四、实验内容

1. 水样预处理

从水样瓶中吸取适量混匀水样(含磷不超过 30μg)于 150mL 锥形瓶中，加水至 50 mL，加数粒玻璃珠，加 1mL(3+7) H_2SO_4 溶液，5mL50g・L^{-1}过硫酸钾溶液。加热至沸，保持微沸 30～40min，至体积约 10mL 止。放冷，加 1 滴酚酞指示剂，边摇边滴加氢氧化钠溶液至刚呈微红色，再滴加 1mol・L^{-1}硫酸溶液使红色刚好退去。如溶液不澄清，则用滤纸过滤于 50 mL 比色管中，用水洗涤锥形瓶和滤纸，洗涤液并入比色管中，加水至标线，供分析用。

2. 标准工作曲线的绘制

取 7 支 50mL 比色管，分别加入磷标准操作溶液 0.00 mL，0.50mL，1.00 mL，3.00 mL，5.00 mL，10.00 mL，15.00 mL，加水至 50mL。向比色管中加入 1mL 抗坏血酸溶液，混匀。30s 后加 2mL 钼酸盐溶液，充分混匀。放置 15min 后用 3cm 比色皿于 700nm 波长处，以试剂空白溶液为参比，测量吸光度。绘制标准曲线。

3. 试样测定

将消解后并稀释至标线的水样，按标准工作曲线绘制步骤进行显色和测量。从标准曲线上查出含磷量，计算水样中总磷的含量($P_{总}$ 以 mg・L^{-1}表示)。

五、思考题

(1) 本实验测量吸光度时,以空白溶液为参比,这同以水做参比时比较,在扣除试剂空白方面,做法有何不同?

(2) 如果只需测定水样中可溶性正磷酸盐或可溶性总磷酸盐,应如何进行?

实验六十三　污水中油的测定

一、实验目的

(1) 了解荧光光度分析法在环保分析中的具体应用。

(2) 掌握荧光光度法测定污水中油的原理和方法。

(3) 巩固和掌握水样萃取的正确操作方法。

(4) 学会荧光光度计的使用。

二、实验原理

石油中的芳烃和多环芳烃经紫外光照射后,以光致发光的形式辐射出荧光。荧光强度与样品浓度的关系如下:

$$F = K\phi I_0(1 - e^{-\varepsilon Lc})$$

式中,F 代表荧光强度,K 是仪器常数,φ 是量子化率,I_0 是激发光强,ε 是光分子吸收系数,L 是样品池光径,c 是样品浓度。

当溶液较稀时,$e^{-\varepsilon Lc} = 1 - \varepsilon Lc$

则
$$F = K\phi I_0 \varepsilon Lc$$

从上面公式可以看出,在稀溶液中,当激发光强度和样品池光径不变时,样品的荧光强度和它的浓度成正比。

三、仪器与试剂

(1) 仪器:960 型荧光分光光度计,1000mL 分液漏斗,10mL 比色管,25mL、50mL 容量瓶。

(2) 试剂:无水硫酸钠,浓硫酸,石油醚(60～90℃沸程),油标准贮备液(准确称取标准油品 0.1g 溶于石油醚中,移入 100mL 容量瓶中,并用石油醚稀释至刻度。此溶液含油量为 1 000mg · L^{-1},贮于冰箱中备用),氯化钠固体。

四、实验步骤

1. 标准曲线的绘制

将油标准贮备液用石油醚逐级稀释为 40mg · L^{-1}的油标准液。分别吸取 0mL,2.0mL,4.0mL,6.0mL,8.0mL,10.0mL 油标准液于 6 支 10mL 比色管中,用石油醚稀释至标线,其相应的浓度依次为 0mL,8.0mL,16.0mL,24.0mL,32.0mL,40.0mg · L^{-1}的标准系列,然后用荧光分光光度计，在激发波长为360nm，发射波长为530nm处，用1cm石英比色皿测定标准系列的荧光强度，并作荧光强度与浓度的关系曲线。

2. 水样的测定

用500mL的玻璃采样瓶采取500mL水样。然后将此500mL水样全部倒入1 000mL分液漏斗中，加入2.5mL浓硫酸及20g氯化钠，加盖摇匀。用10mL石油醚洗采样瓶，并把此洗液移入分液漏斗内，充分振摇3min(注意放气)，静置分层后，把下层水样放入原采样瓶中，上层石油醚放入25mL容量瓶中。对水样再重复提取一次，合并提取液于25mL容量瓶中，加石油醚到容量瓶标线，摇匀。若容量瓶里有水珠或混浊，可用少量无水硫酸钠脱水。

在激发波长为360nm，发射波长为530nm处，用lcm石英比色皿，以石油醚为空白，测定其荧光强度，并在标准曲线上找出相应的浓度值，计算水样中油的含量。

五、计算

$$油(mg \cdot L^{-1}) = \frac{c \times V_2}{V_1}$$

式中：c为水样在标准曲线上找出相应的浓度(mg · L^{-1})，V_1为被测水样体积(mL)；V_2为石油醚定容体积(mL)。

六、思考题

(1) 哪些化合物会产生较强的荧光?

(2) 石油醚相在水相的上层还是下层?

七、注意事项

(1) 所使用的器皿要避免有机物的污染，分液漏斗的活塞不能涂凡士林。

(2) 标准曲线绘制及样品测定所用的石油醚应同一批号，否则会由于空白值不同而产生误差。

(3) 由于油与水的互溶性较差，所以取样时样品要充分摇匀。

附：960MC型荧光光度计操作流程

开启仪器总电源开关和灯电源开关，预热30min后，按如右图所示流程进行定量测定操作。

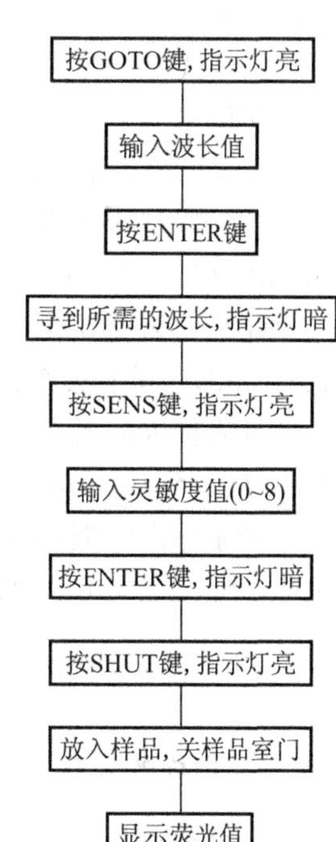
按GOTO键，指示灯亮
输入波长值
按ENTER键
寻到所需的波长，指示灯暗
按SENS键，指示灯亮
输入灵敏度值(0~8)
按ENTER键，指示灯暗
按SHUT键，指示灯亮
放入样品，关样品室门
显示荧光值

实验六十四　头发中汞含量的测定

一、实验目的

(1) 理解冷原子吸收分光光度法的测定原理和方法。

(2) 掌握冷原子吸收分光光度法测定头发中汞含量的方法。

(3) 学会冷原子吸收分光光度计的使用方法。

(4) 学会头发的采集和预处理方法,掌握发样的消解方法。

二、实验原理

以发汞作为慢性汞中毒研究最适宜,因为取样容易,不伤身体,不会腐败,可长期保存和检验,并且已知其浓度远比尿、血液中汞的含量高。

头发中汞化合物(有机汞、无机汞)经氧化、消化成 Hg^{2+} 溶液,用氯化亚锡还原成 Hg^0,立即在测汞仪中测定其含量。

汞是常温下唯一的液态金属,且有较大的蒸气压。因而测汞仪在常温下可以利用汞蒸气对由光源发射的 253.7nm 谱线具有特征吸收来测定汞的含量。吸收的大小与汞原子蒸气浓度的关系符合比耳定律。

三、仪器与试剂

(1) 仪器:F732-S 型测汞仪,25mL 容量瓶,50mL 烧杯(配表面皿、玻棒),刻度吸管 1mL、5mL。

(2) 试剂:

①浓硫酸。

②5%高锰酸钾溶液。

③10%盐酸羟胺溶液:称取 10g 盐酸羟胺($NH_2OH \cdot HCl$)溶于蒸馏水中,稀释至 100mL,以 2.5L·min^{-1}的流量通过氮气或干净空气 30min,以驱除微量汞。

④10%氯化亚锡溶液:称 10g 氯化亚锡($SnCl_2 \cdot 2H_2O$)溶于 10mL 浓盐酸中,再加蒸馏水到 100mL。同上法通氮或干净空气驱除微量汞,加几粒金属锡,密塞保存。

⑤汞标准贮备液:准确称取 0.135 4g 氯化汞,溶于含有 0.05%重铬酸钾的(5+95)硝酸溶液中,转移到 1000mL 容量瓶中并稀释至标线,此溶液每毫升含 100.0μg 汞。

⑥汞标准溶液:临用时将贮备液用含有 0.05%重铬酸钾的(5+95)硝酸溶液稀释至汞含量为 0.05μg·mL^{-1}的标准溶液。

四、实验步骤

1. 发样的处理

将发样用 50℃中性洗涤剂水溶液洗 15min,然后用自来水冲洗干净后,用蒸馏水冲洗 3~5 次,再用 95%乙醇洗涤 5min,最后用乙醚浸洗 5min。上述过程目的是去除油脂污染物。将洗净的发样在空气中晾干,用不锈钢剪刀剪成 3mm 长,保存备用。

2. 发样消化及测定

准确称取洗净干燥的发样 30~50mg 于 50mL 烧杯中,加入 5%高锰酸钾溶液 8mL,小心加入浓硫酸 5mL,盖上表面皿,小心加热至发样完全消化。如消化过程中紫红色消失,应立即滴加高锰酸钾溶液,使溶液的紫红色保持不消失。待溶液冷却后,滴加盐酸羟胺溶液至紫红色刚消失,以除去过量的高锰酸钾,所得溶液不应有黑色残留物或发样,稍静置(去氯气),转移到

25mL 容量瓶中，并用蒸馏水稀至标线，立即用测汞仪测定。

3. 标准曲线绘制

在 6 个 50mL 烧杯中分别加入汞标准溶液 0mL，1.00mL，2.00mL，3.00mL，4.00mL 及 5.00mL(即 0μg，0.05μg，0.10μg，0.15μg，0.20μg 及 0.25μg 汞)，各加蒸馏水至 10mL，再加 2mL 浓硫酸和 2mL5％高锰酸钾溶液，煮沸 10min(加入玻璃珠防崩沸)，冷却后滴加盐酸羟胺至紫红色消色，转移到 25mL 容量瓶，稀释至标线，立即用测汞仪测定。

4. 测定

按规定调好测汞仪，将处理好的标准溶液和样品溶液分别倒入翻泡瓶，加 2mL10％氯化亚锡溶液，迅速塞紧瓶塞，开动仪器，待指针达到最高点，记录吸收值。其测定次序应按浓度从小到大进行。

五、数据处理

以标准系列溶液作吸收值-微克数的标准曲线。根据试样吸收值查出相应的汞微克数，并计算出发样中汞的含量($\mu g \cdot g^{-1}$，即$\times 10^{-6}$)。

六、思考题

(1) 汞标准溶液的配制和稀释要用含有 0.05％重铬酸钾的(5＋95)硝酸溶液，其中的重铬酸钾和硝酸分别起什么作用?

(2) 消化过程中为什么要使溶液的紫红色保持不褪?

(3) 冷原子吸收法测定汞的基本原理是什么? 为什么称为“冷”原子吸收?

七、注意事项

(1) 由于汞蒸气的发生受到较多外界因素的影响，如温度、酸度、反应容器和气液体积比等，因此每次测定均应同时绘制工作曲线。

(2) 汞是环境中普遍存在但含量较低的元素，测定中应尽量降低试剂空白，为此须用无汞试剂。

(3) 仪器吸收回路管内不允许有水珠，否则造成测定误差，所以在操作及冲洗时均需注意。若玷污时应用酒精或乙醚清洗干燥处理。

(4) 消解过程中注意安全，戴好防护镜。

附：F732-S 型测汞仪的使用方法

(1) 将测汞仪平放在工作台上，用塑料软管将翻泡瓶(见图 10.5)与仪器的连接头相连，连接时注意“出气”与“进气”口的连接。接通 220V、20Hz 交流电流。

(2) 开启电源开关，预热 1～2h，使汞灯发光稳定。

(3) 预热完毕后，开启泵开关。打开仪器前盖用一块载玻片插入工作光路中，调节灵敏度旋钮(一般设在 2～4)，至显示为≥1 000(调好后，

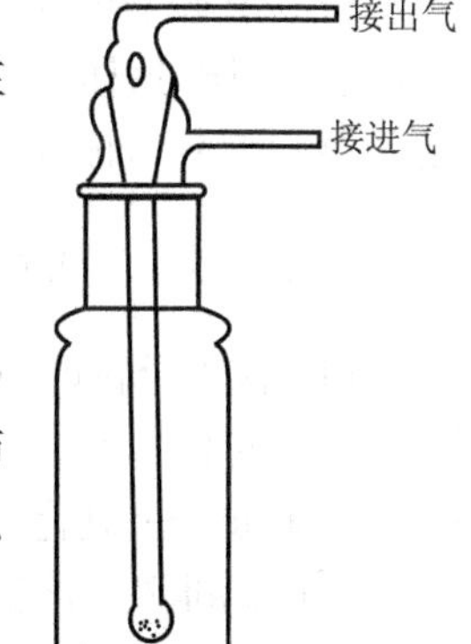

图 10.5　翻泡瓶
(即还原瓶)

测定过程中此旋钮禁止乱动)，取出载玻片，用调零旋钮使读数显示 000，(即 $A=0$，可反复调整)。此时仪器即可进行测定。

(4) 把已处理好的被测溶液移入翻泡瓶内，再加入还原剂，迅速盖紧瓶塞，并仔细观察、记录仪器读数显示的最大值。

(5) 读数后，倒掉翻泡瓶内的溶液，并进行清洗，略等片刻，待泵将管道内的残余气体吹尽，读数显示器应返回 000 处。如稍有出入可用调零旋钮微调至 000 处。再进行下一份溶液的测定。

实验六十五　用火焰原子吸收法测定人发中 Fe、Cu、Zn、Mn 的含量

一、实验目的

(1) 了解原子吸收分光光度法在环保分析中的具体应用。

(2) 掌握原子吸收分光光度法测定头发中微量元素含量的方法。

(3) 学会微波消解仪的使用方法。

(4) 学会头发的微波消解预处理方法。

二、实验原理

通过人发中微量元素的测定，可探讨某些疾病和环境污染程度的相关性，所以已越来越受到环境科学和分析测试等科研部门的重视。头发经硝酸—高氯酸的混合酸的消解处理后，用原子吸收光谱分析测定其中的微量金属元素是较为理想的一种分析测试手段。

火焰原子吸收光度法是根据某元素的基态原子对该元素的特征谱线产生选择性吸收来进行测定的分析方法。将试样喷入火焰，该元素的化合物在火焰中离解形成原子蒸气，由光源发射的该元素的特征谱线光辐射通过原子蒸气层时，该元素的基态原子对特征谱线产生选择性吸收。在一定条件下，特征谱线光强的变化与试样中被测元素的浓度成比例。通过对吸光度的测量，便可确定试样中该元素的浓度。

微波消解是直接通过物质吸收微波能量来达到快速加热的目的，用密闭容器又能同时获得高温、高压，这样不仅能提高反应的速率，而且还可以提高试样的分解能力，以达到理想的消解效果。微波消解具有省时、节约试剂、消解完全、空白值低等优点。

三、仪器与试剂

(1) 仪器：SpectrAA-220 型原子吸收分光光度计，MDS-6 型微波消解仪。

(2) 试剂：

①硝酸—过氧化氢的混合试剂：用优级纯的硝酸和优级纯过氧化氢以 4∶1 混合。

②锰标准贮备溶液：准确称取光谱纯二氧化锰 1.582 3g，用 50mL 盐酸溶解，蒸发至干后，用去离子水溶解完全，移入 1 000mL 容量瓶中，稀至刻度，摇匀。此溶液浓度为 $1mg \cdot mL^{-1}$ 锰。

③铁标准贮备溶液：准确称取光谱纯三氧化二铁 1.429 2g，用 40mL1∶1 盐酸加热溶解，

移入 1 000mL 容量瓶中，用去离子水稀至刻度，摇匀。此溶液浓度为 1mg · mL^{-1}铁。

④铜标准贮备溶液：准确称取 99.99%金属铜 1.000 0g 于 250mL 烧杯中，加入 20mL1 : 1 硝酸，加热溶解后，再加入 10mL1 : 1 硝酸，移入 1 000mL 容量瓶中，用去离子水稀至刻度，摇匀。此溶液浓度为 1mg · mL^{-1}铜。

⑤锌标准贮备溶液：准确称取 99.99%金属锌 1.000g 于 250mL 烧杯中，加入 20mL1 : 1 硝酸，加热溶解后，再加入 10mL1 : 1 硝酸，移入 1 000mL 容量瓶中，用去离子水稀至刻度，摇匀。此溶液浓度为 1mg · mL^{-1}锌。

⑥各种金属离子的标准中间溶液：将上述储备液中铜、锌、锰用去离子水稀释成 20.0μg · mL^{-1}，铁用去离子水稀释成 100.0μg · mL^{-1}。

⑦各种金属离子的标准溶液（临用配制）：将上述标准中间溶液中的铜、锌、锰用去离子水稀释成 2.0μg · mL^{-1}，铁用去离子水稀释成 10.0μg · mL^{-1}。

四、实验步骤

1. 采样及预处理

采取枕部头发 5g，封于塑料袋中备用。

在测定时，先用不锈钢（擦亮的）剪刀将头剪成 0.5cm 长，混合均匀后称取 1g 试样（余样仍封于塑料袋中），用 50mL1%表面活性剂在烧杯中于 50℃下搅拌洗涤 30min，然后倾去洗涤液，先用自来水冲洗，再用去离子水以倾泻法清洗 3 次。洗涤后，发样于 90℃烘箱中干燥，冷却后待测。

2. 发样的消解

准确称取备用发样 0.20～0.30g 放入微波消化罐内，加入硝酸-过氧化氢混合液 5mL，旋紧瓶盖，置于微波炉内消解，设置的消解程序为：0.2MPa，1min，800W；1.0MPa，1min，1 000W。消解完毕，取出消解罐待冷却至室温。将罐内消化液移入 10mL 容量瓶内，用去离子水少量多次清洗消化罐，洗液并入容量瓶，再定容至 10mL，摇匀备用。铜、铁、锰直接以此试液测定。将此溶液吸出 1.0mL，稀释至 25mL，留作测定锌用。同时做空白试验。

3. 测定

（1）接通原子吸收仪器外界电源。

（2）检查气路及空气压缩机工作是否正常。

（3）开启仪器总电源，预热 1～2min，装好所测元素的空心阴极灯。同时打开计算机，点击计算机桌面上的 SpectrAA 的图标，进入原子吸收分光光度计的工作界面。

（4）软件操作。

（5）灯优化（每一次换灯都需要此操作）。点击优化，选择灯优化，同时旋转灯后座上的螺丝使信号达最大。各元素测定条件见表 10.3。

（6）点火测试：气路检查无误后，按点火按钮（注意!! 不要马上松手，一般保持 3s 左右）。

对进样量进行优化，进样的同时调节进样量的大小以及燃烧头的高度使进样吸收的吸光度为最大。然后，点击计算机菜单中的 Star 按钮（点击前此按钮为绿灯），进行测试。

(7) 绘制标准曲线。

按表 10.4 所列配制标准系列浓度的溶液。

表 10.3　火焰原子吸收的测定条件

元素	锌	铜	铁	锰
波长/nm	213.9	324.8	248.3	279.5
灯电流/mA	5.0	4.0	6.0	4.0
狭缝/nm	0.5	0.5	0.5	0.2
空气流量/(L·min^{-1})	3.50	3.50	3.50	3.50
乙炔流量/(L·min^{-1})	1.00	1.00	1.50	1.50
燃烧头高度/mm	5.0	5.0	5.0	5.0
扣背景情况	开	关	开	开

表 10.4　各元素标准系列溶液的浓度

Cu/(μg·mL^{-1})	0.00	0.20	0.40	0.60	0.80	1.00
Zn/(μg·mL^{-1})	0.00	0.20	0.40	0.60	0.80	1.00
Mn/(μg·mL^{-1})	0.00	0.20	0.40	0.60	0.80	1.00
Fe/(μg·mL^{-1})	0.00	1.00	2.00	3.00	4.00	5.00

(8) 样品溶液测定：测定未知样品的吸光度，由工作曲线上查出相应的浓度，计算出发样中铜、锌、铁、锰的含量(用 μg/g 来表示)。

(9) 结束工作：测定完毕后喷去离子水 5～10min 清洗仪器燃烧头。

熄火：移去去离子水后，关掉乙炔钢瓶总阀，再关掉空气压缩机。切不可在熄火后继续喷溶液。气路切断后再关电源。

清理：燃烧器灯缝清理，用滤纸擦拭缝口。

退出程序，关闭计算机。

五、思考题

(1) 消解的目的是什么？

(2) 空白溶液的含义是什么？本实验如何进行空白试验？

(3) 微量元素与人体健康有什么关系？

(4) 若不使用微波消解仪，应如何消解发样？

六、注意事项

(1) 发样消解时应严格按照操作规程进行，注意安全。

(2) 在仪器灯室架上切勿旋开锁扣，以免元素灯弹出损坏。

(3) 换灯或调试时，琴键开关应按下 T%，不得在“响应时间”各档按下时换灯或调试，否则易打坏表头。

(4) 仪器熄火，应首先将燃气开关关闭，然后再关闭助燃气开关，切忌先断助燃气。否则有回火的危险！

(5) 如遇临时停电，须以最快速度关闭燃气阀，然后，再将部分开关、旋钮恢复到启动前的状态，待通电后，再按仪器操作顺序重新开启。

附：MDS-6 型非脉冲式微波消解操作

(1) 插上主机电源插座，打开位于主机正面右下方的黑色电源开关，预热 30min 后使用。

(2) 根据提示选择方案的页面，按数字键键入“00”～“29”；具体如表 10.5 所示。

表 10.5　方案号对应的程序

方 案	对 应 程 序
“00”～“04”	微波消解(单罐)压力主控
“05”～“09”	微波消解(多罐)压力主控
“10”～“14”	微波消解(单罐)温度主控
“15”～“19”	微波消解(多罐)温度主控
“20”～“24”	微波消解(单罐)温度主控
“25”～“29”	微波消解(多罐)温度主控

若 3s 无数字键入，则显示方案“00”；之后，在任意界面下，都可按“复位”键，重新选择方案。

(3) 选择所需程序及其设置方法：

方案“05”～“09”：微波消解(多罐)压力主控(每个方案下最多可预置 6 个升压的步骤)，以“N”表示。

按“预置”键，此时，“N”下显示“1”(为第 1 步骤)，然后按照顺序分别输入：“P”压力(MPa)、“t”时间(min)，“W”功率(有 4 个功率上限供选择：“1”为 400W；“2”为 600W；“3”为 800W；“4”为 1 000W；“1”～“4”用数字键键入)，按“确认”键后，“N”显示“2”(为第 2 步骤)，之后的设置方法同上输入；当设置完所需最后一步骤按“确认”后，当前方案不需要设置时，则直接按“确认”键(若在第 6 步骤设完后按“确认”键，则程序自动结束步骤输入，此时，在屏幕左上方出现提示：“No. 00 * No. 00～04”(提示把当前所输入的程序存入第几方案)，通过数字键键入所需方案，按“确认”键后，主机就进入了待启动状态；通过如上操作，可增加新的方案或覆盖旧的方案。

注意：预置压力时，第一步骤应小于 0. 5MPa，建议 0. 2～0. 5MPa(未知样品或易反应的样品，先设 0. 2MPa)，功率为“1”(400W)，时间为 2～3min；之后，每个步骤间压力的升幅也需小于 0. 5MPa(避免升压过快，导致剧烈反应)；因最后一步骤为主要消解步骤，所以时间相应延长，中间压力步骤的时间可短些(1～2min)；功率可任意设置，一般从低往高。

(4) 开始做样：

①放入已装好的消解罐或萃取罐，关上炉门，按下位于主机正面右下方的“启动”键(此时程序并没有运行)，然后放下防护罩，按控制面板上的“运行”键，此时，微波开始加热，程序按照设定运行。

②运行时，左面箭头所指的步骤为当前运行的步骤，“计时”为倒计升压、升温曲线页面显

示；如需更改当前步骤运行时间，可按“改时”键，通过数字键重新输入新的时间后，按“确认”键确认(注：在按“改时”键后，微波停止加热，输入新的时间并按“确认”键后，微波再开始加热)。

③待程序运行结束后，主机发出提示音，此时，取出罐体，冷却。若下个样品仍为该方案，则放入罐体后，只需“启动”，按再“运行”即可，无需重新设定。

实验六十六　磷化液中游离酸度和总酸度的测定

一、实验目的

(1) 学会磷化液中总酸度和游离酸度的测定；

(2) 理解多元酸的滴定及指示剂的选择。

二、实验原理

磷酸是三元酸，以强碱中和时有三个理论终点，其化学反应式如下：

$$H_3PO_4 + NaOH = NaH_2PO_4 + H_2O$$

$$NaH_2PO_4 + NaOH = Na_2HPO_4 + H_2O$$

$$Na_2HPO_4 + NaOH = Na_3PO_4 + H_2O$$

第一个终点可用甲基橙或溴酚蓝(pH2.8～4.6)作指示剂；第二个终点可用酚酞(pH8.3～10.0)作指示剂；第三步反应无适当指示剂，不能准确确定滴定终点。

第一个终点滴定的是游离酸；第二个终点滴定的是磷酸二氢钠。

在磷化液中除了游离酸外尚有大量的 $Zn(H_2PO_4)_2$ 和 $Mn(H_2PO_4)_2$ 等，它们也同时被滴定。在工艺上规定，以甲基橙(或溴酚蓝)作指示剂，滴定所消耗的碱量称为游离酸度；以酚酞作指示剂，滴定所消耗的碱量称为总酸度。

三、仪器与试剂

(1) 仪器：常用定量玻璃器皿。

(2) 试剂：

①溴酚蓝指示剂：0.1%乙醇溶液(或甲基橙指示剂)。

②酚酞指示剂：1%乙醇溶液。

③氢氧化钠标准溶液：0.1mol·L^{-1}(溶液配制和浓度标定参阅实验十六)。

④磷化液。

四、实验内容

1. 总酸度的测定

移取 1mL 磷化液，置于 250mL 锥形瓶中，加水 50mL，2～3 滴酚酞指示剂，用氢氧化钠标准溶液滴定至溶液呈淡红色为终点，滴定所消耗的碱量记作 V_1(mL)。

2. 游离酸度的测定

移取 5mL 磷化液，置于 250mL 锥形瓶中，加水 50mL，8 滴溴酚蓝指示剂，用氢氧化钠标准溶液滴定至溶液由黄绿色恰变为蓝紫色为终点，滴定所消耗的碱量记作 V_2(mL)。

五、结果计算

$$SD_{总}=\frac{cV_1}{V_{试}};\quad SD_{游}=\frac{cV_2}{V_{试}}$$

式中，$SD_{总}$ 为测得的磷化液总酸度(mol·L^{-1})；$SD_{游}$ 为测得的磷化液游离酸度(mol·L^{-1})；c 为氢氧化钠标准溶液的浓度(mol·L^{-1})；$V_{试}$ 为测定时移取的磷化液的体积(mL)；V_1 为测定总酸度时消耗的氢氧化钠标准溶液的体积(mL)；V_2 为测定游离酸度时消耗的氢氧化钠标准溶液的体积(mL)。

六、思考题

(1) 磷化液的主要成分是什么？
(2) 磷化液在表面处理工艺中的主要作用是什么？

七、注意事项

(1) 滴定时溶液若变浑浊，可适当补加指示剂，以便观察终点。
(2) 工艺上，游离酸度和总酸度一般用"点"表示，即用酚酞作指示剂，用 0.100 0mol·L^{-1} 氢氧化钠标准溶液滴定 10mL 磷化液所消耗的毫升数为总酸度的"点"数。同样以溴酚蓝作指示剂，滴定 10mL 磷化液所消耗的毫升数为游离酸度的"点"数，即：

$$SD_{总}=\frac{cV_1}{V_{试}}\times 100(点);\quad SD_{游}=\frac{cV_2}{V_{游}}\times 100(点)$$

实验六十七　酸铜镀液中铜的测定

一、实验目的

(1) 掌握氧化还原滴定法测定镀液中铜离子含量的方法。
(2) 理解测定中各种试剂的作用。

二、实验原理

在酸性溶液中，二价铜离子与碘化钾反应，析出与铜的物质的量相当的碘，用淀粉作指示剂，用硫代硫酸钠标准溶液滴定，由此可计算出酸铜镀液中铜含量。

溶液中铁、铝离子的干扰可用氟化钠掩蔽。

三、仪器与试剂

(1) 仪器：常用定量玻璃器皿。
(2) 试剂：硫代硫酸钠标准溶液：0.1mol·L^{-1}(溶液配制和浓度标定参阅实验二十一)；硫酸：ρ=1.84g·L^{-1}；碘化钾溶液：20%；淀粉指示剂：0.5%；冰醋酸；氨水；氟化钠固体；硫氰酸钾溶液：10%；酸铜镀液。

四、实验内容

先移取镀液 2mL 于 250mL 锥形瓶中，按下述方法进行预滴定。根据硫代硫酸钠标准溶液消耗的体积确定移取镀液的体积(1～5mL)。

准确移取适量镀液于 250mL 锥形瓶中，加水 50mL，氟化钠 1g，摇匀。滴加氨水至溶液变深蓝色，再滴加冰醋酸使变浅蓝色，过量 5mL，加碘化钾溶液 10mL，用硫代硫酸钠标准溶液滴定至淡黄色，加淀粉指示剂 5mL，继续滴定至浅蓝色，加入硫氰酸钾溶液 10mL，继续滴定至蓝色消失为终点。根据消耗的硫代硫酸钠标准溶液体积，计算试样中铜的含量，用 $CuSO_4 \cdot 5H_2O(g \cdot L^{-1})$表示。

五、思考题

(1) 加入氨水和冰醋酸的作用是什么?

(2) 加入硫氰酸钾的作用是什么? 什么时候加入? 为什么?

实验六十八　焦磷酸盐溶液中铜和总焦磷酸根、正磷酸盐的连续测定

一、实验目的

(1) 掌握配位滴定法测定镀液中铜离子含量的方法。

(2) 理解镀液中总焦磷酸根、正磷酸盐含量的测定方法。

(3) 掌握连续测定的方法及相关的计算。

二、实验原理

1. 铜含量的测定

由于 EDTA 与铜形成的配合物比镀液中的二焦磷酸合铜稳定，所以用 PAN 作指示剂，用 EDTA 标准溶液可直接滴定镀液中的铜含量。

2. 总焦磷酸根含量的测定

焦磷酸根在 pH=3.8～4.1 时，能与锌盐或镉盐进行定量反应，生成焦磷酸锌或焦磷酸镉沉淀。用 PAN 作指示剂，用 EDTA 标准溶液滴定过量的锌或镉，从而求得焦磷酸根的含量。反应式：

$$P_2O_7^{4-} + 2Zn^{2+} \longrightarrow Zn_2P_2O_7 \downarrow$$

3. 正磷酸盐的测定

硫酸镁溶液能与磷酸根生成磷酸铵镁沉淀，再用 EDTA 标准溶液滴定过量的硫酸镁，从而可求得磷酸根的含量。

三、仪器与试剂

(1) 仪器:常用定量玻璃器皿。

(2) 试剂:

①EDTA 标准溶液:0.02mol·L^{-1}。

②铬黑 T 指示剂,固体。

③PAN 指示剂:0.2gPAN 溶解于 100mL 乙醇。

④缓冲溶液:pH=10。

⑤醋酸溶液:1mol·L^{-1}。

⑥溴甲酚绿指示剂:0.1g 溴甲酚绿溶解于 0.05mol·L^{-1}氢氧化钠溶液中,再加水稀至 250mL。

⑦0.2mol·L^{-1}醋酸锌标准溶液:43.9g 醋酸锌溶解于水,加数滴溴甲酚绿指示剂(pH3.8~5.2),用冰醋酸调至黄色,再加水稀至 1L。在 pH=10,铬黑 T 作指示剂的条件下,用 EDTA 标准溶液标定其准确浓度。

⑧氨水,ρ=0.89g·cm^{-3}。

⑨0.05mol·L^{-1}硫酸镁标准溶液:准确称取 12.325g 硫酸镁溶于水后,于 1L 容量瓶中定容。

⑩精密 pH 试纸。

四、实验内容

1. 铜含量的测定

吸取镀液 1mL 于 250mL 锥形瓶中,加约 40℃温水 100mL,摇匀,加 PAN 指示剂 6~8 滴,用 0.02mol·L^{-1}EDTA 标准溶液滴定至试液由蓝紫色变至黄绿色为终点。计算镀液中铜的含量,用 Cu(g·L^{-1})表示。

2. 总焦磷酸根含量的测定

在上述测定过铜的试液里,加入 1mol·L^{-1}醋酸溶液 5mL 左右,使溶液的 pH 为 3.8~4.0(调整 pH 时,需用精密 pH 试纸测试,可先加 4mL,然后边试边加)。再准确加入醋酸锌标准溶液 25mL,此时溶液由橙绿变紫,加沸石少量,煮沸,稍冷趁热滤入 250mL 容量瓶中,稀释至刻度,摇匀。然后从容量瓶中准确移取滤液 50mL 于 250mL 锥形瓶中,加 10mL 缓冲溶液,视情况可补加 2~3 滴 PAN 指示剂,用 EDTA 标准溶液滴定,溶液由紫色变绿色为终点。计算焦磷酸根含量,用 $P_2O_7^{4-}$(g·L^{-1})表示。

注:此溶液可留作正磷酸盐的测定用。

3. 正磷酸盐的连续测定

在滴定焦磷酸根后的溶液中,加入一定量且过量的硫酸镁标准溶液,使其与磷酸根生成磷酸铵镁沉淀,再用 EDTA 标准溶液滴定过量的硫酸镁,从而求得磷酸根的含量。

在滴定焦磷酸根后的溶液中,准确加入硫酸镁标准溶液 20mL,此时溶液由橙绿变紫红色，加入氨水 10mL，加热至沸，使生成 $MgNH_4PO_4 \cdot 6H_2O$ 结晶沉淀，再加氨水 5mL，冷却至 30～40℃，用 EDTA 标准溶液滴定，溶液由紫红色变橙绿色为终点。计算磷酸根含量，用 $PO_4^{3-}(g \cdot L^{-1})$ 表示。

五、思考题

(1) 测定铜的含量还有哪些方法？

(2) 测定总焦磷酸根含量时，为什么用要调整溶液的 pH 为 3.8～4.0？

附：0.02mol · L^{-1} EDTA 标准溶液的配制和标定

(1) 配制：在台秤上称取 4gEDTA 二钠盐固体于烧杯中，用少量水加热溶解，冷却后转入 500 mL 试剂瓶中加去离子水稀释至 500 mL。长期放置时应贮于聚乙烯瓶中。

(2) 标定：准确称取基准 ZnO0.3～0.5g 于 100mL 烧杯中，逐滴加入蒸馏水使之湿润，加入 1∶1HCl5～6mL，同时用玻璃棒小心搅拌，使 ZnO 溶解完全，然后定量转移入 250mL 容量瓶中，用水稀释至刻度，摇匀，备用。

用 25mL 移液管吸取上述 250mL 容量瓶中的锌标准溶液，于 250mL 锥形瓶中，加 50mL 水，滴加 10％氨水至开始出现白色沉淀，这时溶液 pH＝7～8，再加 10mL$NH_3 \cdot H_2O$—NH_4Cl 缓冲溶液，铬黑 T 指示剂少许，然后用 EDTA 标准溶液滴定.溶液颜色由酒红色转变为蓝色，即到达滴定终点，记下消耗的 EDTA 的体积。平行滴定 3 次，根据消耗的 EDTA 的体积和 ZnO 的质量计算 EDTA 溶液的准确浓度。

实验六十九　含铬废水中微量铬的测定

一、实验目的

(1) 掌握二苯碳酰二肼分光光度法测定微量铬的方法。

(2) 学会废水的硝化处理方法。

(3) 理解测定中各种试剂的作用。

二、实验原理

在碱性溶液中，试样的铬离子被高锰酸钾全部氧化成六价铬，过量的高锰酸钾用乙醇除去，然后用二苯碳酰二肼与六价铬反应生紫红色化合物，于波长 540nm 处进行分光光度测定。反应式如下：

$$Cr_2(SO_4)_3 + KMnO_4 + 8NaOH \rightarrow 2NaCrO_4 + 2MnO_2 \downarrow + 2Na_2SO_4 + K_2SO_4 + 4H_2O$$

$$4KMnO_4 + 3C_2H_5OH \rightarrow 3CH_3COOK + 4MnO_2 \downarrow + 2Na_2SO_4 + KOH + 4H_2O$$

三、仪器与试剂

(1) 仪器：分光光度计。

(2) 试剂：

①氢氧化钠溶液：1mol · L^{-1}；

②高锰酸钾溶液：3%；

③硫酸溶液：1mol·L^{-1}；

④氧化镁固体；

⑤尿素溶液：10%；

⑥亚硝酸钠溶液：5%；

⑦氨水溶液：1∶1；

⑧硫酸溶液：1∶1；

⑨铬标准贮备液：称取于110℃干燥2h的重铬酸钾($K_2Cr_2O_7$，优级纯)0.282 2g，用水溶解后，移入1 000mL容量瓶中，用水稀释至标线，摇匀。此溶液1mL含0.10mg六价铬

⑩铬标准溶液：吸取10.00mL铬标准贮备液置于100mL容量瓶中，用水稀释至标线，摇匀。此溶液1mL含10.00μg六价铬。在使用当天配制此溶液。

⑪二苯碳酰二肼溶液：称取二苯碳酰二肼($C_{13}H_{14}N_4O$)0.1g溶于50mL乙醇中搅拌溶解，再加200mL硫酸溶液(1∶9)，摇匀，贮于棕色瓶，置冰箱中。此试剂应无色。若色变深则不能使用。

注：①所有玻璃器皿内壁须光洁，以免吸附铬离子。不得用重铬酸钾洗液洗涤。可用硝酸、硫酸混合液或合成洗涤剂洗涤，洗涤后要冲洗干净。

②测定过程中，所有试剂应不含铬。

四、实验内容

1. 废水样品的处理与测定

准确移取废水试样(含六价铬1～100μg)约100mL于300mL锥形瓶中，加几粒玻璃珠，用1mol·L^{-1}氢氧化钠溶液1mL调节溶液pH值为碱性(如酸度太大，可多加氢氧化钠溶液)。加3%高锰酸钾溶液使试液保持紫红色。加热煮沸5～10min(如紫红色褪去，应继续滴加高锰酸钾至有明显的红色为止)。在不断搅拌下，沿瓶壁滴加乙醇2mL，继续加热至溶液变成棕色为止。取下锥形瓶，加氧化镁固体0.5g，摇匀，待完全冷却后滴加1mol·L^{-1}硫酸溶液至试液呈中性，摇匀，过滤，滤液用50mL容量瓶收集，用水洗涤滤纸数次。加2.50mL二苯碳酰二肼溶液，用水稀释至标线。10min后，在540nm波长处，测定吸光度。

2. 标准曲线的制作

在一系列50mL容量瓶中分别加入0.00mL、0.50mL、1.00mL、2.00mL、4.00mL、6.00mL、8.00mL和10.0mL铬标准溶液，加2.50mL二苯碳酰二肼溶液，用水稀释至标线。10min后，在540nm波长处，测定吸光度。绘制标准曲线。

样品中六价铬含量c(mg·L^{-1})按下式计算：

$$c=\frac{m}{V}$$

式中，m为由标准曲线查得的试样含六价铬量(μg)；V为试样的体积(mL)。

3. 一般水样测定

一般水样可直接取样，按如下方法测定：

混浊水样处理：100mL 水样于 300mL 锥形瓶中，加 10mL 浓硫酸，10mL 浓硝酸，加热至溶液无色透明为止。用 100mL 容量瓶定容。

移取处理后的无色透明试样 25mL 置于 100mL 烧杯中，以甲基橙为指示剂，用 1∶1 氨水调至溶液变黄色，滴加 1∶1 硫酸至溶液变微红色，再加水 15mL，小火煮沸，加 3%高锰酸钾溶液使试液保持紫红色。再小火煮沸 3min，冷却，加 2mL10%尿素溶液后，迅速滴加 5%亚硝酸钠至溶液褪色。将溶液转移到 50mL 容量瓶定容中，加 2.50mL 二苯碳酰二肼溶液，用水稀释至标线。10min 后，在 540nm 波长处，测定吸光度。用标准曲线法求得样品中六价铬的含量。

五、思考题

(1) 试样的铬离子为什么用高锰酸钾氧化成六价铬？

(2) 过量的高锰酸钾用什么方法除去？不除去高锰酸钾有什么影响吗？

(3) 分光光度法测定微量铬的操作中的注意事项有哪些？

实验七十　铵盐镀锌溶液中杂质铁、铅元素的测定

一、实验目的

(1) 熟悉原子吸收光谱仪的结构和操作。

(2) 学习用原子吸收光谱法测定电镀溶液中杂质元素含量的方法。

二、实验原理

电镀溶液中杂质元素含量，如铜、锌、镍、铬、镉、镁、铁、铅等，均可以用原子吸收光谱法测定。

三、仪器与试剂

(1) 仪器：原子吸收光谱分析仪，铁、铅空心阴极灯。

(2) 试剂：

①硝酸、盐酸(均为优级纯)。

②纯金属铁、铅标样(光谱纯)。

③铁标准储备液：称取 0.500 0g 纯金属铁，用 1∶1 盐酸 15mL，1∶1 硝酸 25mL 溶解，移入 500 mL 容量瓶中，用水稀释至刻度，配成浓度为 1 000mg · L^{-1}的标准铁储备液。

④铅标准储备液：称取 0.500 0g 纯金属铅，溶解于少量 1∶1 硝酸，移入 500mL 容量瓶中，用 1%硝酸稀释至刻度，配成浓度为 1 000mg · L^{-1}的标准铅储备液。

四、实验内容

1. 仪器的工作条件

设定仪器的工作条件如表 10.6 所示。

表 10.6　仪器工作条件

测定元素	测定波长/nm	灯电流/mA	空气流量/$L\cdot min^{-1}$	乙炔流量/$L\cdot min^{-1}$	空气压力/mPa	乙炔压力/mPa	入射狭缝宽度/nm
铁	248.3	15	5.0	1.0	0.2	0.05	0.05
铅	217.0	16	5.0	1.2	0.2	0.05	0.2

2. 铁的测定

移取镀液 5mL 于 50mL 容量瓶，定容。

移取 1 000mg·L^{-1}的铁标准储备液 10mL 于 200mL 容量瓶中，定容。再依次从中移取 1.00mL、2.00mL、3.00mL、4.00mL、5.00mL 于 5 个 50mL 容量瓶中，定容。分别含铁量为 1.00mg·L^{-1}、2.00mg·L^{-1}、3.00mg·L^{-1}、4.00mg·L^{-1}、5.00mg·L^{-1}。

依次用原子吸收光谱分析仪测定标准溶液系列和试液的吸光度，作标准曲线，并用标准曲线法求得样品中杂质铁的含量(mg·L^{-1})。

3. 铅的测定

移取镀液 10mL 于 50mL 容量瓶，定容。

移取 1 000mg·L^{-1}的铅标准储备液 10mL 于 200mL 容量瓶中，定容。再依次从中移取 1.00mL、2.00mL、4.00mL、6.00mL、8.00mL 于 5 个 50mL 容量瓶中，定容。分别含铅量为 1.00mg·L^{-1}、2.00mg·L^{-1}、4.00mg·L^{-1}、6.00mg·L^{-1}、8.00mg·L^{-1}。

依次用原子吸收光谱分析仪测定标准溶液系列和试液的吸光度，作标准曲线，并用标准曲线法求得样品中杂质铅的含量(mg·L^{-1})。

五、思考题

(1) 原子吸收光谱分析仪适合于测定哪些元素？

(2) 简述元素灯的工作原理。

实验七十一　荧光法测定核黄素含量

一、实验目的

(1) 学习和掌握荧光光度分析法测定核黄素(即维生素 B_2，简称 VB_2)的基本原理和方法。

(2) 熟悉荧光分光光度计的结构及使用方法。

二、实验原理

在紫外光或波长较短的可见光照射后，一些物质会发射出比入射光波长更长的荧光。以测量荧光的强度和波长为基础的分析方法叫做荧光光度分析法。

对同一物质而言，若 $\varepsilon lc \ll 0.05$，即对很稀的溶液，荧光强度 F 与该物质的浓度 c 有以下的关系：

$$F = 2.30\Phi_f I_0 \varepsilon lc$$

式中，Φ_f 为荧光过程的量子效率；I_0 为入射光强度；ε 为荧光分子吸收系数；l 为试液的吸收光程；c 为试液浓度。

I_0 和 l 不变时：

$$F = Kc$$

式中 K 为常数。因此，在低浓度的情况下，荧光物质的荧光强度与浓度呈线性关系。

VB_2（即核黄素）在激发波长 λ=430～440nm 的蓝光照射下，发出绿色荧光，其发射波长的峰值为 535nm。维生素 B_2 的荧光在 pH= 6～7 时最强，在 pH=11 时消失。

进行荧光分析实验首先考虑选择激发波长和荧光发射波长，其基本原则是使测量获得最强荧光，且受背景影响小。激发光谱是指改变激发光波长测量荧光强度的变化，用荧光强度 F 对激发光波长 λ 作图所得的谱图。荧光发射光谱是将激发光波长固定在最大波长处，然后扫描发射波长，测定不同发射波长处的荧光强度，用荧光强度 F 对发射光波长 λ 作谱图。如图 10.6 为 VB_2 的激发光谱及荧光发射光谱示意图。

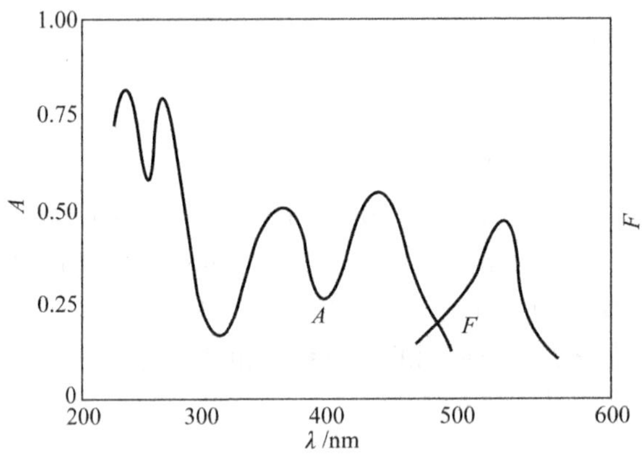

图 10.6　VB_2 的激发（吸收）光谱及荧光发射光谱示意图

A. 吸收光谱；F. 荧光光谱

本实验采用标准曲线法来测定 VB_2 的含量。

三、仪器与试剂

（1）仪器：Carry Bio 荧光分光光度计，吸量管（5mL），容量瓶（50mL，100mL）。

（2）试剂：

①10.0μg・mL^{-1} 的 VB_2 标准溶液：准确称取 10.0mgVB_2，将其溶解于少量的 1%HAc 溶液中，转移至 1L 容量瓶中，用 1%HAc 稀释至刻度，摇匀。该溶液应装于棕色试剂瓶中，置阴凉处保存。

②待测液：取市售 VB_2 一片，用 1%HAc 溶液溶解，定容成 1 000mL，贮于棕色试剂瓶中，置阴凉处保存。

四、实验内容

1. 系列标准溶液的配制

在五个干净的 50mL 容量瓶中，分别加入 1.00mL，2.00mL，3.00mL，4.00mL 和

5.00mL VB_2 标准溶液，用蒸馏水稀释至刻度，摇匀，得到浓度为 0.20μg·mL^{-1}，0.40μg·mL^{-1}，0.60μg·mL^{-1}，0.80μg·mL^{-1}，1.00μg·mL^{-1}的标准系列溶液。

2. 测定波长预扫描(初定激发波长和荧光发射波长)

开启荧光分光光度计，在光谱扫描界面，取上述配制好的 0.60μg·mL^{-1}标准溶液，置于石英比色皿中，合上样品室盖，进行预扫描。根据预扫描的曲线，初定最大激发波长 $\lambda_{max激}$ 和最大荧光发射波长 $\lambda_{max发}$。

3. 测定波长的精确扫描(确定激发波长和荧光发射波长)

先把荧光发射波长固定在初定的 $\lambda_{max发}$ 波长处，选择合适的波长范围，精确扫描激发波长，得到激发光谱图，从图中精确地确定最大激发波长 $\lambda_{max激}$。

然后把激发波长固定在最大激发波长 $\lambda_{max激}$ 处，精确扫描荧光发射波长，得到荧光发射光谱图，从图中精确地确定最大荧光发射波长 $\lambda_{max发}$。

4. 标准溶液测定

在光谱测定界面，将荧光分光光度计的激发波长和荧光发射波长分别固定在 $\lambda_{max激}$ 和 $\lambda_{max发}$ 处，从稀到浓依次测定上述配制好的标准系列溶液的荧光强度 F，绘制 $F\sim c$ 标准曲线。

5. 未知试样的测定

取待测液 2.50mL 置于 50mL 容量瓶中，用蒸馏水稀释至刻度，摇匀。用测定标准系列溶液时相同的条件，测量其荧光强度 F_x。

五、数据处理

(1) 用标准系列溶液的荧光强度绘制 $F\sim c$ 标准曲线。

(2) 根据待测液的荧光强度，从标准曲线上求得其浓度。

(3) 计算药片中 VB_2 的含量，用 mg/片表示。

六、思考题

(1) 怎样选择激发光波长和荧光波长?

(2) 荧光仪中为什么不把激发光和荧光安排在一条直线上进行测定?

实验七十二 库仑滴定法测定维生素 C 药片中的抗坏血酸

一、实验目的

(1) 熟悉库仑仪的使用方法和有关操作技术。

(2) 学习和掌握库仑滴定法测定抗坏血酸的基本原理和计算方法。

二、实验原理

库仑滴定法是由电解产生的滴定剂来滴定待测物质的一种电化学分析法。本实验是以电

解产生的 Br_2 来测定抗坏血酸的含量。抗坏血酸与溴能发生以下氧化—还原反应：

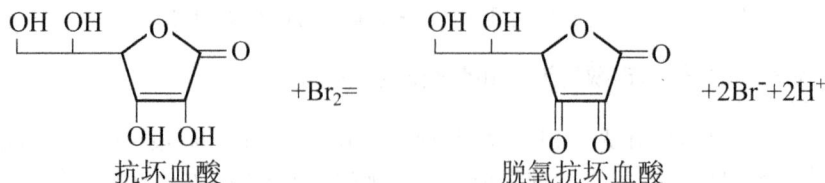

抗坏血酸 $+Br_2=$ 脱氧抗坏血酸 $+2Br^-+2H^+$

上述反应能快速而又定量地进行，因此通过电解产生 Br_2 来滴定抗坏血酸(即库仑滴定)。本实验用 KBr 作为电解质来电解产生 Br_2，电极反应为：

阳极：$2Br^-=Br_2+2e$　使用电极(双铂片，红线)

阴极：$2H^++2e=H_2\uparrow$　辅助电极(铂丝)

滴定终点用双铂指示电极法来指示。

在终点前，电解产生出的 Br_2 立即被抗坏血酸还原为 Br^-，因此溶液未形成电对 Br_2/Br^-。指示电极没有电流通过(仅有微小的残余电流)，但当达到终点后，存在过量的 Br_2，则指示电极上发生如下反应，形成 Br_2/Br^- 电对：

阳极：$2Br^--2e=Br_2$

阴极：$Br_2+2e=2Br^-$

这时，指示电极的电流迅速增大，使电流表的指针明显偏转，指示终点到来。此指示电流信号经过微电流放大器进行放大，然后经微分电路输出一脉冲信号触发电路，再推动开关执行电路自动关断电解回路，此时终点指示红灯亮。这时仪器显示数即为所消耗电量(毫库仑数)。

若此过程中电解的电流效率为 100%，电解产生的滴定剂与被测物质的反应是完全的，而且有灵敏的确定终点的方法，那么，所消耗的电量与被测定物质的量成正比，其量可根据法拉第定律来计算。计算式如下：

$$m=\frac{Q}{F}\cdot\frac{M}{n}$$

式中，m 为被滴定抗坏血酸的质量(mg)；Q 为电极反应所消耗的电量(本仪器所示电量为毫库仑，故 m 的单位相应为 mg)；F 为 Faraday(法拉第)常数，96 485；M 为被测物抗坏血酸的相对分子质量(176.1)；n 为电极反应的电子转移数。

正式滴定前需进行预电解，以清除体系内存在的还原性的干扰物质，从而提高测定的准确度。

三、仪器与试剂

(1) 仪器：KLT-1 型通用库仑仪，电磁搅拌器，电解池装置(包括双铂工作电极、双铂指示电极)，1mL 移液管，100mL 量筒。

(2) 试剂：

①KBr 电解液：$V_{冰醋酸}:V_{水}=2:1$ 的醋酸水溶液与 0.5mol·L^{-1}的 KBr 水溶液等体积混合。

②抗坏血酸标准溶液：0.5mg·mL^{-1}。

③维生素 C 药片。

四、实验内容

1. 仪器的准备

开起电源前将所有按键全部释放，“工作、停止”开关置“停止”位置，电解电流量程选择根据样品含量大小、样品量多少及分析精度选择合适的档位，电流微调旋钮置最大值。电解电流一般先选 10mA 档(可根据需要选择其他档)，“补偿极化电位”反时针旋至“0”，开启电源，仪器预热 20min。

2. 清洗玻璃器皿(小心不要将搅拌磁子倒入下水道)

3. 样品溶液配制

准确称取一片 Vc 药片，记为 W_{V_C}(g)，用少量蒸馏水浸泡片刻，用玻璃棒小心捣碎，尽量溶解(药片中有少量填充料不溶)，把溶液连同残渣全部转移到 250mL 容量瓶中，用蒸馏水定容至刻度，编号备用。

4. 测量

1) 预电解

用量筒量取 KBr 电解液 100mL 于电解池中，放入搅拌磁子。用滴管取电解液滴入工作阴极套管内，使其高出外部液面。将清洁的电极插入溶液，把电解池放在磁力搅拌器上，连接好电解电极和指示电极接线(黑线接铂丝电极，红线接双铂片电极，大二芯两夹子分别接两个铂片指示电极)。然后将电解池置于搅拌器上。

按下“极化电位”键和“电流”、“上升”键，调节“补偿极化电位”旋钮，使 mA 表指针摆至 20(这时表示施加到指示电极上的电位为 200mV)，然后使“极化电位”键复原弹出。

开启搅拌器，调节适当的转速。“工作/停止”开关置于“工作”位置。按下“启动”键，再按一下“电解”按钮。如终点指示灯未亮，则此时开始预电解；数码显示器开始计数。电解到终点时表头指针向右突偏。红灯亮，这时仪器显示数即为所消耗的电量，毫库仑数(如指示灯已亮，说明已是终点，则不用预电解)。释放“启动”琴键，使读数回零。

2) 测量

取 1.00mL 抗坏血酸标准溶液于电解池中，插好电极，揿下“启动”键，按下“电解”钮。这时指示灯灭并开始电解，即开始库仑滴定，同时显示屏上显示出不断增加的毫库仑数。电解至近终点时，可看到 mA 表指针向右偏转，指示电流不断上升，直至上升到一定值时指示红灯亮，计数停止，即滴定终点到达(这时电解池内存在少许过量的 Br_2，形成 Br_2/Br^- 可逆电对)。此时显示屏中的数值，即为滴定终点时所消耗的毫库仑数，记录数据。

再移取 1.00mL 抗坏血酸标准溶液于电解池中重复测定，共测 3 次。

取 Vc 样品溶液 1.00mL 按照上述的操作步骤再重复测定 3 次，若电解池中溶液过多，可倒去部分溶液后继续使用。

实验结束后应洗净电解池及电极，并注入蒸馏水(小心勿把转子倒掉)。

五、数据处理

根据法拉第定律和电解过程所消耗的电量，求算 Vc 药片中抗坏血酸的含量，并把有关数据列入表 10.7 中。

表 10.7　库仑滴定测定结果

测定序号	消耗电量测定值/(mC)	
	抗坏血酸标样	Vc 样
1		
2		
3		
测定平均值		
相对平均偏差/%		

(1) 根据参与库仑滴定的抗坏血酸标样的质量 m，计算电流效率 η(注：抗坏血酸的相对分子质量为 176)。

①已知 $m_{标}=0.5\text{mg}\cdot\text{mL}^{-1}\times1\text{mL}=0.5\text{mg}$

根据法拉第定律：

$$m=\frac{Q}{F}\cdot\frac{M}{n}$$

$$0.5\text{mg}=\frac{Q_{标样理论}}{F}\cdot\frac{M}{n}$$

故　$Q_{标样理论}=$____

②

$$\eta=\frac{I_{标样理论}}{I_{标样测得}}=\frac{Q_{标样理论}}{Q_{标样测得}}=\_\_\_\_$$

(2) 根据法拉第定律，代入样品测定结果，计算药片中抗坏血酸的含量 $w\%$。

$$w\%=\frac{m_{样品抗坏血酸}\times250}{W_{V_C}}\times100\%$$

式中，

$$m_{样品抗坏血酸}=\frac{Q_{样品理论}}{F}\cdot\frac{M}{n}$$

$$=\frac{\eta Q_{样品测得}}{F}\cdot\frac{M}{n}$$

$m=$____

六、思考题

(1) 写出该实验中库仑滴定的反应式及两个工作电极上的电极反应式。

(2) 电解液中加入 KBr 和醋酸的作用是什么？

七、注意事项

(1) 溶液应新鲜配制，储备液存放在冰箱中。

(2) 为了保护仪器，在断开电极连线或电极离开溶液时，要预先弹出“启动”键。

实验七十三　染料结合法测量牛奶中的蛋白质

一、实验目的

(1) 熟悉和理解减色法的原理和应用。

(2) 学会高速离心机的使用。

(3) 掌握染色结合法测定牛奶中蛋白质含量的方法。

二、实验原理

所有的蛋白质具有用静电力和氢键的方法结合其他化学物质的能力。例如,胆红素、类固醇、大多数激素和许多药物都可被血白蛋白在体内进行传送。许多阴离子形式的有色染料也具有与蛋白质结合的性质,而正是这种性质可用于染料结合法测定蛋白质。在染料结合的方法中,只有那些与蛋白质分子具有强结合能力的染料或指示剂可使用,这样使将近100%的蛋白质与染料结合。结合了蛋白质的染料的颜色不同于自由染料,如最大吸收波长发生移动。然后,通过测量过量的染料来测得蛋白质的浓度。最常用的染料或指示剂是甲基橙、溴甲酚绿、酰胺黑等。

该方法广泛用于牛奶、谷物、肉类和血液中蛋白质的分析。

三、仪器与试剂

(1) 仪器:分光光度计,高速离心机。

(2) 试剂:

①标准蛋白质溶液(白蛋白):1.0%W/V。

②酰胺黑溶液:0.616 5g 酰胺黑溶解于 1L 的 0.3mol·L^{-1}柠檬酸溶液中。

③脱脂牛奶:脂肪在牛奶中会有干扰,所以使用脱脂牛奶。

四、实验内容

(1) 取 10mL 脱脂牛奶,用蒸馏水稀释至 250mL 容量瓶中。

(2) 在 10mL 容量瓶中做下列标准系列:

标准蛋白质溶液体积/mL	0.50	1.00	1.25	1.50	1.75	2.00
H_2O 体积/mL	9.50	9.00	8.75	8.50	8.25	8.00

(3) 在一小试管中,加 2.5mL 稀释的牛奶,加 5mL 酰胺黑溶液。

(4) 在另 6 个小试管中分别加 2.5mL 由(2)所配制的系列标准蛋白溶液,然后各试管中加 5mL 酰胺黑溶液。

(5) 另取一小试管中加 2.5mL 水和 5mL 酰胺黑溶液,作为空白。

(6) 将每个小试管混匀,静置 10min。然后在 4 000r·min^{-1}的转速下离心 5min。

(7) 离心结束,取出试管,从各试管中移取 2.50mL 上层清液,分别于 50mL 容量瓶中,用蒸馏水稀释到 50mL。

(8) 用蒸馏水作参比,在 615nm 下测各溶液的吸光度。

五、数据处理

(1) 根据测得数据,将空白的吸光度值减去每个白蛋白标准液的吸光度值,绘制吸光度对 2.5mL 白蛋白标准液中所含蛋白质的质量的标准工作曲线。

(2) 将空白的吸光度值减去牛奶样品的吸光度值,然后从标准曲线上查得 2.5mL 稀释的牛奶中蛋白质的含量,计算脱脂牛奶样品中蛋白质的百分含量。

六、思考题

(1) 减色法和增色法的区别是什么?
(2) 空白试验有什么作用? 本实验可以不进行空白试验吗?

实验七十四　毛细管气相色谱法测定酒中醇系物的含量

一、实验目的

(1) 学习定量校正因子的测定方法。
(2) 掌握内标法进行色谱定量分析。

二、实验原理

色谱常用的定量方法有面积归一化法、内标法和外标法等,其中内标法是精度最高的一种色谱定量方法,该方法在分析测定样品中某组分含量时,加入一种内标物质以校准和消除出于操作条件的波动而对分析结果产生的影响,以提高分析结果的准确度。

使用内标法的做法是:准确称取样品 m 克,准确加入内标物 m_s 克(要求此内标物既可以被色谱柱所分离,又不受试样中其他组分峰的干扰),混匀后进样,只要测定内标物和待测组分的峰面积 A(或峰高 h)与相对质量校正因子 f(参见实验五十四的实验原理部分关于相对质量校正因子 f 的介绍),即可求出待测组分在样品中的百分含量。

对于狭窄的色谱峰,当各种操作条件保持严格不变时,在一定的进样范围内,峰的半峰宽不变,因此也可用峰高 h_i 代替峰面积 A_i 来定量。故组分 i 的质量百分含量 c_i(%或)质量—体积浓度 c_i' 可由以下的公式推导进行计算:

因为,
$$\frac{m_i}{m_s}=\frac{h_i f_i}{h_s f_s}$$

故,
$$m_i=m_s\frac{h_i f_i}{h_s f_s}$$

所以,
$$c_i=\frac{m_i}{m}\times 100\%=\frac{m_s}{m}\frac{h_i f_i}{h_s f_s}\times 100\%$$

或,
$$c_i'(\text{mg}\cdot\text{mL}^{-1})=\frac{m_i}{V}=\frac{m_s}{V}\frac{h_i f_i}{h_s f_s}$$

式中,V 代表液体样品的总体积,h_i、h_s 分别代表组分 i 和内标物 s 的色谱峰高,f_i 和 f_s 分别代表组分 i 和内标物 s 的相对质量校正因子,需先由实验测得。

本实验采用内标法对酒样品中的醇系物(包括甲醇、乙醇、丙醇、丁醇、戊醇)进行分析测定,内标物和测量相对校正因子的内标物均选择同一物质——乙酸正丁酯,因此内标物的对质量校正因子 $f_s=1$。而各醇系物组分的峰高定量校正因子 f_i 则需要由标准品的混合物进行色谱测定,并按下式计算:

$$f_i=\frac{f'_i}{f'_s}=\frac{m_i/h_i}{m_s/h_s}$$

式中,m_i 和 h_i 分别为标准品混合物中甲醇、乙醇、正丙醇、正丁醇的质量和对应的色谱峰高;m_s 和 h_s 分别为标准品混合物中内标物乙酸正丁酯的质量和对应的色谱峰高。

三、仪器与试剂

(1) 仪器:

①GC9160 或其他型号气相色谱仪(色谱条件:色谱柱为白酒专用分析柱 KR-9 或相类似的色谱柱——30m×0.32mm,5μm 石英毛细管柱;氢火焰离子化检测器;柱温为 90℃;气化温度 150℃;载气为 N_2,流速为 20mL·min^{-1};燃气为 H_2,流量为 30～40mL·min^{-1};空气做助燃气,流量为 400～500mL·min^{-1};灵敏度为 10^8)

②WJK-6 净化空气源。

③1μL 微量注射器。

(2) 试剂:

①醇系物标准溶液:于 100mL 容量瓶中分别准确称取 700mg 的乙酸正丁酯(AR)、甲醇(AR)、正丙醇(AR)和正丁醇(AR),并用去离子水稀释至 100mL,至冰箱中保存备用。

②醇系物标准使用液:吸取 10mL 标准溶液于 100mL 容量瓶中,加入一定量的乙醇,控制其含量在 60%,并用去离子水稀释至刻度,至冰箱中保存备用。

③已添加乙酸正丁酯(内标物)的酒样品:于 50mL 容量瓶中分别准确称取 40mg 的乙酸正丁酯(AR)以市售的白酒样品定容至 50mL,备用。

四、实验内容

(1) 打开氮气钢瓶总压阀,调节分压表至≥0.3MPa,打开净化干燥管开关。

(2) 调节柱前压、分流比、尾吹至所需压力。

(3) 打开主机电源,待仪器自检通过后,依次设定柱箱温度、进样器温度、离子室(检测器)温度。

(4) 待温度稳定后,打开净化空气源电源,调节空气、氢气至所需流量。

(5) 打开色谱工作站,输入适当的分析参数,调节工作站界面至可进样状态。

(6) 轻按点火按钮 10s,如基线显著漂移零点,则表示氢火焰已点燃;如基线迅速回零,表示氢火焰已熄灭,可加大氢气流量重新点火。

(7) 待基线平直稳定后,可进样分析。

(8) 用微量注射器注入 0.5μL 醇系物标准使用液,观察出峰情况,由色谱工作站读出各自的峰高。计算甲醇、乙醇、正丙醇、正丁醇的定量校正因子 f_i。

(9) 用微量注射器注入 0.5μL 前述配制好的酒样品,观察出峰情况,利用保留值法对各醇系物组分进行定性,由色谱工作站读出各自的峰高,用内标法计算甲醇、乙醇、正丙醇、正丁醇的质量-体积浓度。

五、数据记录与处理

（1）记录实验的色谱分离条件，包括固定相、载气、燃气、助燃气的流速、柱温、气化温度和检测温度等。

（2）各醇系物的峰高校正因子的计算：

$$f_i = \frac{f'_i}{f'_s} = \frac{m_i/h_i}{m_s/h_s}$$

式中，m_i 和 h_i 分别为标样混合物中甲醇、乙醇、正丙醇、正丁醇的质量和对应的色谱峰高；m_s 和 h_s 分别为内标物乙酸正丁酯的质量和对应的色谱峰高。

（3）按照如下公式计算样品中各组分的质量-体积浓度：

$$c'_i(\text{mg} \cdot \text{mL}^{-1}) = \frac{m_i}{V} = \frac{m_s}{V}\frac{h_i f_i}{h_s f_s}$$

式中，m_s 为添加内标物的质量，V 为酒样品的体积；h_i 和 h_s 分别为各醇系物组分及内标物的峰高；f_i 为以乙酸正丁酯作内标物时的各醇系物组分的相对质量校正因子。

六、思考题

（1）什么是相对质量校正因子？

（2）峰高定量法的优缺点是什么？

（3）什么是内标法？它有什么特色？具体使用时有何要求？

实验七十五　高效液相色谱法测定饮料中的咖啡因

一、实验目的

（1）了解高效液相色谱仪的装置和工作原理。

（2）了解反相液相色谱的工作条件和保留机理。

（3）掌握高效液相色谱法进行定性和定量分析的基本方法。

二、实验原理

高效液相色谱（HPLC）是一种物理化学分离方法，具有高效分离功能，它和气相色谱（GC）在基本原理方面类似，但采用液体作为流动相。其应用范围更广，可对80%的有机化合物进行分离和分析。

HPLC法以液体为流动相，采用高压泵输送，使用高效固定相，使该法具有分离效能高、分析速度快等特点，并且由于HPLC法只要求样品制成溶液，并不像GC法那样需要气化，因此可以不受样品挥发性的约束，使得其应用范围更广。在HPLC法中，反相色谱应用得较多，即固定相是非极性的（亲脂），流动相是极性的（亲水）。HPLC主要用于复杂成分混合物的分离、定性与定量，在药物分析中和中草药有效成分的分析中有广泛应用。

在一定的色谱条件下，每种物质都有一个恒定的保留值，可用作定性的依据。将样品和标准物质在相同条件下分别进样，分别测量其保留时间和峰面积，可直接用保留时间对饮料中的咖啡因进行定性鉴定。采用标准工作曲线法（外标法）可对饮料中的咖啡因进行定量测定。

本实验采用 C_{18} 色谱柱，甲醇-水体系作为流动相，Waters 2487 UV 检测器，分离饮料中的咖啡因。本实验选择甲醇∶水配比为 20∶80（V∶V）时，可在较短的时间内，使饮料中的咖啡因能得到充分分离。

将经 0.45μm 滤膜过滤处理的含咖啡因的饮料样品和一系列浓度已知的咖啡因标准品在相同条件下分别进样，测量其保留时间和峰面积。对照保留时间可对饮料中的咖啡因进行定性鉴定；用标准工作曲线法对饮料中的咖啡因可进行定量分析，即以各浓度下咖啡因标准溶液的色谱峰峰面积 A 对其质量浓度 c（mg·mL^{-1}）作图，得咖啡因工作曲线，从工作曲线上可求得咖啡因的质量浓度，并换算成在饮料中的含量。

三、仪器与试剂

（1）仪器：Waters515 高效液相色谱仪（色谱分离条件：Agilent ODS C_{18} 5μm4.6mm×100mm 不锈钢柱，流动相为甲醇∶水＝20∶80（V∶V），流量＝1mL·min^{-1}，温度为室温，Waters 2487 UV 检测器，波长＝280nm，进样量为 100μL）；超声波清洗器；100μL 平头微量注射器；0.45μm 滤膜；100mL 和 10mL 容量瓶；5mL 移液管。

（2）试剂：甲醇（HPLC 级）；二次蒸馏水；咖啡因标准储备液（精密称取 25.0mg 咖啡因标准品用 20% 甲醇/水流动相溶解，定容至 100mL 容量瓶中，摇匀、备用；该储备液浓度为 0.25mg·mL^{-1}）；待测饮料试样（咖啡、茶、可口可乐、百事可乐等含咖啡因饮料）。

四、实验内容

（1）标准系列溶液的配制：分别移取咖啡因储备液 0.00mL、1.00mL、2.00mL、3.00mL、4.00mL、5.00mL 于 10mL 容量瓶中用 20/80 甲醇/水（V/V）流动相定容，摇匀、备用；得到浓度为：0.00μg·mL^{-1}、25.0μg·mL^{-1}、50.0μg·mL^{-1}、75.0μg·mL^{-1}、100.0μg·mL^{-1}、125.0μg·mL^{-1}的系列标准溶液。

（2）样品制备：移取适量体积样品，超声脱气 5min，用 0.45μm 滤膜过滤，取 5.0mL 已滤样品于 10mL 容量瓶中，用 20/80 甲醇/水（V/V）流动相定容至刻度，摇匀、备用。

（3）将配制的 20/80 甲醇/水（V/V）流动相装入储液瓶，启动泵，打开检测器，待系统自检通过后，打开 PURGE 阀排空管内空气，关闭 PURGE，设置泵的流量至 1.000mL·min^{-1}，设置检测波长为 280nm。

（4）打开电脑工作站，输入相应的分析参数，待基线稳定后，开始进样分析。

（5）用平头微量注射器吸取浓度最低的标准样进样至六通阀中，第一次进样该浓度样品需进 100μL，以使定量环中充满该浓度的溶液，此时六通阀应处于 LOAD 的位置。

（6）迅速转动六通阀至 INJECT 位置，工作站自动记录出峰情况。

（7）当咖啡因的色谱峰出完后，按工作站停止按钮，进行数据处理；重复（5）～（6）步骤，得到最低浓度标准液 2～3 张色谱图。

（8）按咖啡因标准系列溶液浓度增加的顺序，按步骤（5）～（7）操作，使每一个咖啡因的标准溶液浓度均获得 2～3 个数据。

(9) 按步骤(5)～(7)操作，分析各种经过处理的饮料试样。

(10) 实验结束，先用纯蒸馏水冲洗色谱柱及整个系统，最后用100%甲醇冲洗色谱系统。

五、数据记录与处理

(1) 记录色谱分离条件：色谱柱长度、内径、固定相、检测器及波长、流动相及其配比、流量及进样量等。

(2) 以表格形式记录咖啡因标准系列浓度、保留时间、峰面积。计算保留时间和峰面积的平均值与相对标准偏差。

(3) 根据试样色谱图中的保留时间，找到并标出饮料色谱图中相应咖啡因的色谱峰，并记录在表格中。

(4) 以咖啡因标准溶液的峰面积A对其质量浓度c(mg·mL^{-1})作图，得咖啡因标准工作曲线。

(5) 从工作曲线上求得样品中咖啡因的质量浓度，并根据稀释情况换算出饮料中咖啡因的含量。

六、思考题

(1) 高效液相色谱仪有哪些主要部件组成？各自的作用是什么？

(2) 什么是反相液相色谱？解释用反相柱C_{18}分离测定咖啡因的基本原理。

(3) 怎样对色谱图中各色谱峰进行定性鉴定？

(4) 能否用离子交换柱测定咖啡因？为什么？

附：Waters515 高效液相色谱仪及其使用方法

高效液相色谱仪由以下各部分组成：贮液器、输液泵、进样器、分离柱(柱温箱)、检测器、控制及数据处理系统(色谱工作站)。图10.7和图10.8分别是Waters515高效液相色谱仪和高效液相色谱仪工作原理图。

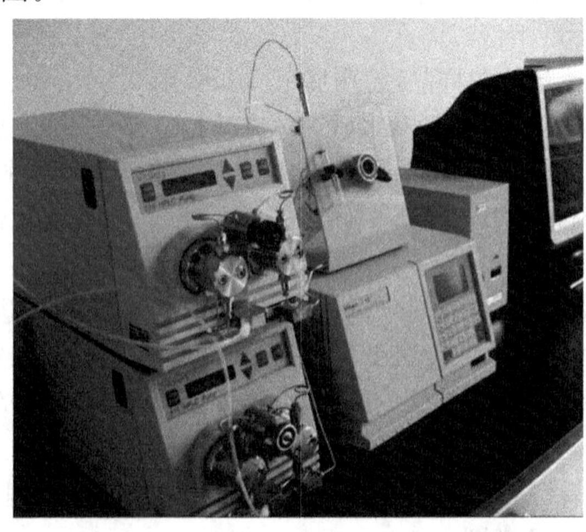

图10.7 Waters515 高效液相色谱仪

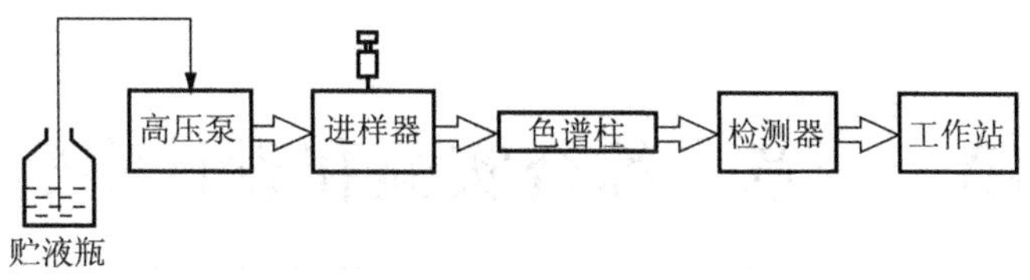

图 10.8　高效液相色谱仪工作原理图

1. 一般操作步骤

(1) 仪器准备：

①过滤流动相，根据需要选择不同的滤膜。

②对抽滤后的流动相进行超声脱气 10～20min。

③检查 515 泵的电路和流路已按要求正确连接。

④将吸液头浸没在已过滤和脱气的流动相中。

⑤打开泵、检测器电源开关和工作站。

⑥待泵通过自检，LCD 面板显示 READY 状态后，同时也停留在设定“Flow”的页面上，此时进行排气操作。即以反时钟方向转动“溶剂抽取阀门”，以 10mL 针筒插入阀门中间洞口，抽取溶剂约 20mL，然后在阀门下方放置一小烧杯，准备接废液。在“FLOW”设定的画面上，按一下“EDIT/ENTER”键，数字光标开始闪烁，连续按压“▲”键设定流速至 8.0mL・min^{-1}，再按一下“RUN/STOP”键，启动 Pump 流速来挤压排除气泡。约等待 30s 后，再按一下“RUN/STOP”键，停止 Pump 流速，然后再将“溶剂抽取阀门”以顺时钟方向转紧即可。

⑦大流量冲洗泵和进样阀。冲洗泵 5min，冲洗时流速为 5mL・min^{-1}。

⑧反复按 MENU 键直至出现 FLOW 菜单，按 EDIT/ENTER 和 UP/DOWN 设定流速为 1.0mL・min^{-1}（调节流量，对初次使用新的流动相，可以先试一下压力，流速越大，压力越大，一般不要超过 2000psi，流量的调节间隔为 0.1mL/15s），再按 MENU 键，按 RUN/STOP 键运行。

⑨打开电脑工作站，输入相应的分析参数，待基线稳定后，开始进样分析。

(2) 测定：从六通阀进样。手动进样时，进样量应尽量小，使用定量管定量时，进样体积应为定量管的 3～5 倍。

(3) 关机：测定结束对泵进行冲洗后，以流速逐步减少的方式关闭流量，关闭工作站，关闭泵和检测器电源开关。

2. 注意事项

(1) 流动相应选用色谱纯试剂、高纯水或双蒸水，酸碱液及缓冲液需经过滤后使用，过滤时注意区分水系膜和油系膜。

(2) 水相流动相需经常更换（一般不超过 2 天），防止长菌变质。

(3) 采用过滤或离心方法处理样品，确保样品中不含固体颗粒。

(4) 用流动相或比流动相弱（若为反相柱，则极性比流动相大；若为正相柱，则极性比流动相小）的溶剂制备样品溶液，尽量用流动相制备样品液。

第十一章　综合实验和设计实验

实验七十六　硫酸四氨合铜(Ⅱ)的制备及含量分析

一、实验目的

(1) 了解配位反应的基本原理及特点，通过配位反应制备硫酸四氨合铜。

(2) 巩固吸光光度法的基本理论，熟悉标准曲线的绘制及应用。

(3) 掌握吸收曲线的测绘方法，认识选择最大吸收波长的重要性。

(4) 熟悉和巩固分光光度计的工作原理及使用方法。

二、实验原理

$CuSO_4$ 与过量 $NH_3 \cdot H_2O$ 反应，生成铜氨配离子，当冷却溶液或降低溶剂的极性时，由于配合物的溶解性降低而以晶体析出，其反应方程式为：

$$CuSO_4 + 4NH_3 + H_2O \rightarrow Cu(NH_3)_4SO_4 \cdot H_2O$$

经过滤及干燥后，即可得到合成产物。

吸光光度法是基于物质对光的选择性吸收而建立起来的物理化学分析方法。任何一种溶液，对于不同波长的光，其吸收程度不同，如将各种波长的单色光依次通过一定浓度的某一溶液，分别测量该溶液对各种单色光的吸收程度。以波长为横坐标，以吸光度为纵坐标，可得到一条曲线，叫做该溶液的光吸收曲线，它描述了溶液对不同波长的吸收情况。光吸收程度最大处的波长，称为最大吸收波长，它只随物质种类而异，与浓度无关。

$Cu(NH_3)_4SO_4 \cdot H_2O$ 在酸性条件下解离出 Cu^{2+} 后，再与氨水结合生成深蓝色的 $[Cu(NH_3)_4]^{2+}$ 溶液，此化合物在 610nm 处有最大吸收。根据郎伯-比耳定律 $A=\varepsilon cb$，当光程 b 一定时，有色物质的吸光度 A 与该物质的浓度 c 成正比。只要绘出以吸光度 A 为纵坐标，浓度 c 为横坐标的标准曲线，测出试液的吸光度，就可以由标准曲线查得对应的浓度值，即未知样的含量。

三、实验仪器与试剂

(1) 仪器：722 型分光光度计，电子天平，抽滤装置，干燥器。

(2) 试剂：$CuSO_4 \cdot 5H_2O$(CP)，6mol · L^{-1} $NH_3 \cdot H_2O$，无水乙醇，4g · L^{-1} 铜标准溶液(用 EDTA 标准液溶液标定)，6mol · L^{-1} H_2SO_4 溶液。

四、实验内容

1. 硫酸四氨合铜的制备

准确称取 5g 左右的 $CuSO_4 \cdot 5H_2O$ 于 10mL 水中，加入 10mL 浓氨水，在搅拌下沿烧杯壁慢慢滴加 20mL95%的乙醇，然后盖上表面皿静置 20min，析出晶体后减压过滤，晶体用 1∶2 的乙醇与浓氨水的混合液洗涤，再用乙醇溶液淋洗，将产品放入已恒重的小烧杯中，在烘箱中于 60℃左右烘干，冷却后称量，保存待用。通过所得产品的质量计算产率。

2. 铜含量的分析

1）吸收曲线的绘制

准确吸取铜标准溶液（含铜 4g · L^{-1}）8mL 于 50mL 容量瓶中，加入 6mol · L^{-1} $NH_3 \cdot H_2O$ 溶液 10mL，用水稀释至刻度，摇匀，以水作参比溶液，用 1cm 比色皿和 722 型分光光度计在 λ=450～700nm 范围内，测定不同波长下的吸光度 A，以波长为横坐标、吸光度为纵坐标，绘制吸收曲线（在 λ=610nm 附近测量点需取密一些），找出最大吸收波长 λ_{max}。

λ/nm														
吸光度 A														

最大吸收波长 λ_{max}=(　)nm

2）标准曲线的绘制

准确吸取铜标准溶液(含铜 4g · L^{-1})2.0mL、4.0mL、6.0mL、8.0mL、10.0mL 分别置于五个 50mL 容量瓶中，分别加入 6mol · L^{-1} $NH_3 \cdot H_2O$10mL，用水稀释至刻度，摇匀。以水作参比溶液，用 1cm 比色皿和 722 型分光光度计，在实验所选定的 λ_{max}处分别测定其吸光度，记录在数据表中。

序号	1	2	3	4	5	
$V_{铜标}$/mL						
$c_{铜}$/(g · L^{-1})						
吸光度 A						

以 50mL 溶液中的铜浓度(g · L^{-1})为横坐标，吸光度 A 为纵坐标，绘制标准工作曲线。

3）样品测定

准确称取样品 0.14g 左右(精确至 0.000 1g)于小烧杯中，加入 5mL 水溶解，滴加 6mol · L^{-1} H_2SO_4 使溶液由深蓝色经浑浊至澄清蓝色，然后转移至 100mL 容量瓶中，加入 6mol · L^{-1} $NH_3 \cdot H_2O$10mL，用蒸馏水稀释至刻度，摇匀。用与标准曲线相同的条件测定其吸光度 A_x，根据测得的 A_x，从标准曲线上查出对应的铜的浓度，再换算成原试样中的铜含量(以质量百分数表示)，分析其纯度。

五、思考题

(1) 根据制备反应原理，实验中哪种反应物应过量？可以倒过来吗？

(2) 计算出理论产量。

(3) 参比溶液的作用是什么？

(4) 本实验中哪些溶液的量取需要非常准确，哪些则不必很准确？为什么？

(5) 硫酸四氨合铜中的铜含量，还可用哪些方法测定？

实验七十七　酯类化合物的制备及含量分析

一、实验目的

(1) 掌握羧酸与醇反应制备酯的原理和方法。

(2) 理解和掌握酯测定的原理和方法。

二、实验原理

羧酸与醇在少量酸的催化下加热，生成酯和水的反应称为酯化反应。酯化反应是一个典型的、酸催化可逆反应。

$$RCOOH + R'OH \xrightleftharpoons{H^+} RCOOR' + H_2O$$

反应达到平衡时，约有 2/3 的酸和醇转化为酯。加热或加催化剂都只能加快反应速度，而对平衡时的物料组成没有影响。

为了提高酯的产率，常加过量的酸或醇，也可以把反应中生成的酯或水及时地蒸出，或两者并用，以促使平衡向右移动。本实验采用恒沸去水法，利用恒沸混合物的蒸出、冷凝、回流的方法，除去酯化反应中生成的水。反应在装有分水器的回流装置(见图 11.1)中进行。

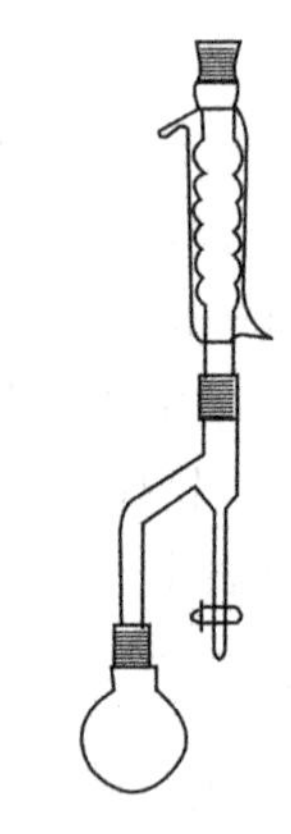

图 11.1　装有分水器的回流装置

当酯化反应进行到一定程度时，可以连续地蒸出乙酸正丁酯、丁醇和水三者所形成的二元或三元恒沸混合物。当含水的恒沸混合物蒸气冷凝为液体时，在分水器中分为两层，上层为溶解少量水的酯和醇，下层为溶解少量酯和醇的水。浮于上层的酯和醇通过支管口回到反应瓶中，未反应的正丁醇可继续酯化，水则逐次分出。这样反复地进行，可以把反应中所生成的水几乎全部除去而得到较高产率的酯。

主反应：

$$CH_3COOH + n\text{-}C_4H_9OH \xrightleftharpoons{H^+} CH_3-\overset{\overset{\displaystyle O}{\|}}{C}-OC_4H_9\text{-}n + H_2O$$

副反应：

$$CH_3CH_2CH_2CH_2OH \xrightarrow{H_2SO_4} CH_3CH_2CH=CH_2 + H_2O$$

$$2CH_3CH_2CH_2CH_2OH \xrightarrow{H_2SO_4} (CH_3CH_2CH_2CH_2)_2O + H_2O$$

皂化法测定酯的反应原理如下：

$$CH_3COOC_4H_9\text{-}n + KOH \rightarrow CH_3COOK + n\text{-}C_4H_9OH$$

$$KOH(\text{剩余}) + HCl \rightarrow KCl + H_2O$$

用酚酞作指示剂，滴定到微红色为终点。皂化法测定酯时首先要考虑的问题是皂化的温度、速度和溶剂等问题，而这三者是有极密切的关系的。

易皂化的酯，通常以低沸点的醇或其他有机溶剂作为溶剂在水浴中加热回流一定时间进行皂化，使用醇作为溶剂的目的是增加酯的溶解性，使皂化时保持完全互溶的状态，其中最普遍采用的是乙醇，水溶性易皂化的酯(如多羟醇的乙酸酯)，可在水溶液中加热进行皂化，一些很容易皂化的酯如甲酸酯，甚至可以像酸一样地用碱标准溶液直接滴定。

对于难皂化的酯，需要很长时间才能使皂化进行完全，为了克服这个缺点，进行皂化时，常采用高沸点的溶剂，来提高皂化时的温度，从而加快皂化的速度，缩短皂化时间。易皂化的酯，用高沸点溶剂皂化时，可以在几分钟内完全皂化。较难皂化的酯，如酯基连接于叔碳原子上的，可以在适当的时间内完全皂化。高沸点溶剂有用戊醇、苄醇、二甘醇-苯乙醚、乙二醇-乙醚、2,2-二羟乙醚等。

除了温度对皂化速度有很大的影响外，碱的浓度，对皂化速度也有很大的影响，增加碱的浓度，能加快皂化速度，但是，碱过浓时，将在最后滴定时造成困难。

三、仪器与试剂

(1) 仪器：圆底烧瓶，分水器，分液漏斗，球形冷凝管，温度计，直形冷凝管，蒸馏头，接引管，梨形瓶，量筒，移液管，称量小球。

(2) 试剂：正丁醇，10%碳酸钠，冰醋酸，浓硫酸，无水硫酸镁，0.5mol・L^{-1}标准氢氧化钾醇溶液，0.5mol・L^{-1} HCl 标准溶液，酚酞指示剂。

四、实验内容

1. 酯的制备

在干燥的 100mL 圆底烧瓶中加入 9.2mL 正丁醇和 6mL 冰醋酸，混合均匀，小心地加入 3～4 滴浓硫酸，充分摇匀。加入几粒沸石，在分水器中先加水至略低于支管口，即 10cm 刻度处，如图 11.1 安装分水器及回流冷凝管，在石棉网上加热回流，调节火焰，控制回流速度 1 滴/1～2s，反应一段时间后，水被逐渐分出。当分水器中的水层(下层)上升至支管口处，放掉少量的水，继续回流，如不再有水生成时(约回流 45min)，表示反应完成，停止加热。反应液冷却后，卸下回流冷凝管，将分水器中分出的酯层和烧瓶中的反应液一起倒入分液漏斗中。先用 10mL 的水洗涤，静止，分去水层，再用 10mL10%碳酸钠溶液洗涤(除去残存的醋酸)，最后用 10mL 水洗涤至中性。将酯层倒入一干燥洁净的小锥形瓶中，加少量无水硫酸镁，干燥至液体澄清为止。

将干燥后的乙酸正丁酯小心地倒入干燥的 25mL 圆底烧瓶中(注意干燥剂不可进入)，加入几粒沸石，安装好蒸馏装置，在石棉网上加热蒸馏，收集 124～126℃馏分，称重。

2. 酯的测定

用小球法准确称取 1.0～1.2g 酯样品，置于 250mL 园底烧瓶中，用移液管精确加入 50mL0.5 mol・L^{-1}氢氧化钾醇溶液，装上冷凝管，在水浴上回流 0.5h，加热停止后，以 20mL 新煮沸冷却的蒸馏水洗涤冷凝管内部，洗液并入样品溶液中，拆下冷凝管，用冷水冷却园底烧瓶，加入 5～10 滴酚酞，以 0.5 mol・L^{-1} HCl 标准溶液滴定到粉红色恰好褪去，即为终点。同时作空白试验。

五、结果计算

$$酯 = \frac{(V_1 - V_2)cM}{m \times 1000 \times n} \times 100\%$$

式中，V_1 为空白试验所消耗 HCl 标准溶液的体积(mL)；V_2 为滴定样品溶液所消耗 HCl 标准溶液的体积(mL)；c 为盐酸标准溶液的浓度($mol \cdot L^{-1}$)；m 为样品质量(g)；M 为样品的摩尔质量($g \cdot mol^{-1}$)；n 为样品分子中酯基个数，本实验 n 为 1。

六、思考题

皂化反应时，能否直接加热而不用水浴加热？

实验七十八　黄铁矿中铁含量的测定

一、实验目的

(1) 学习酸熔法熔解铁矿的操作技术。

(2) 掌握 $K_2Cr_2O_7$ 法测定铁的原理及方法。

二、实验原理

用 $K_2S_2O_7$ 熔解铁矿石后，用 $SnCl_2$ 将 Fe^{3+} 还原为 Fe^{2+}，过量的 $SnCl_2$ 用甲基橙除去。甲基橙与 $SnCl_2$ 反应的产物不与 $K_2Cr_2O_7$ 作用。有关反应：

$$4FeS \cdot S + 2K_2S_2O_7 + 13O_2 = 2Fe_2(SO_4)_3 + 2K_2SO_4 + 4SO_2 \uparrow$$

$$2Fe^{3+} + Sn^{2+} = 2Fe^{2+} + Sn^{4+}$$

滴定反应：$6Fe^{2+} + Cr_2O_7^{2-} + 14H^+ = 6Fe^{3+} + 2Cr^{3+} + 7H_2O$

滴定突跃范围为 0.93～1.34V，可选择二苯胺磺酸钠作指示剂，由于它的条件电位为 0.85V，因而需加入 H_3PO_4 使滴定生成的 Fe^{3+} 生成 $Fe(HPO_4)_2^-$，而降低 Fe^{3+}/Fe^{2+} 电对的电位，使突跃范围变成 0.71～1.34V，指示剂可以在此范围内变色，同时也消除了黄色 Fe^{3+} 对终点观察的干扰。

三、仪器与试剂

(1) 仪器：分析天平和滴定分析器具。

(2) 试剂：

①$K_2S_2O_7$(固体)；

②1∶1HCl；

③5%$SnCl_2$ 溶液：1g$SnCl_2$ 溶于 4mL 热 HCl 并稀释至 20mL；

④0.1%甲基橙水溶液；

⑤0.5%苯胺黄酸钠水溶液；

⑥硫磷混合酸：(1∶3)H_2SO_4 与(1∶3)H_3PO_4 等体积混合；

⑦$K_2Cr_2O_7$ 标准溶液：准确称取 1.2g$K_2Cr_2O_7$ 于小烧杯，用水溶解，定量转移至 250mL

容量瓶中，稀释至刻度，摇匀备用。

四、实验内容

1. 溶样

准确称取试样 0.2～0.3g，用称量纸小心包好，取研细的 $K_2S_2O_7$ 每份 4g(粗称)一部分垫在一只瓷坩埚底部，另一部分 $K_2S_2O_7$ 与精确称取的矿样在称量纸上仔细混匀(小心避免损失！)，小心转移至坩埚中，其余 $K_2S_2O_7$ 在面上铺一层，盖上盖子，小心加热，逐渐加大火焰，升温使充分熔融，溶融物呈橙红色透明状，继续加热 5min，冷却，若发觉反应不完全，则冷后加几滴浓 H_2SO_4 重新加热使熔融。

在 250mL 烧杯中加入 1∶1HCl 20mL，H_2O 20mL，将上述坩埚，连盖同熔块一同浸入，在石棉网上小心加热(务必盖上表面皿)，熔块溶解完全后，取出坩埚及盖(小心用 H_2O 淋洗坩埚及盖，溶液不得损失及玷污)。

2. 滴定

于上述溶液中趁热滴加 5%$SnCl_2$ 溶液，同时搅拌，至溶液黄色消失，并过量 1 滴，流水冷却后，加入 1∶1HCl 30mL 加 0.1%甲基橙 8 滴，摇匀，放置 5min，加入水 50～80mL，再加硫磷混酸 20mL，二苯胺磺酸钠指示剂 4 滴，立即用 $K_2Cr_2O_7$ 标准溶液滴定，当溶液颜色从纯绿色转变到灰绿色说明临近终点，每加 1 滴须摇匀，间隔数秒钟再加 1 滴直到加入 1 滴出现明显蓝紫色、保持 30s 内不褪为终点。

五、思考题

(1) $K_2Cr_2O_7$ 为什么可以直接称量配制准确浓度的溶液？

(2) 以 $K_2Cr_2O_7$ 溶液滴定 Fe^{2+} 时，加入 H_3PO_4 的作用是什么？

(3) 本实验中甲基橙起什么作用？

实验七十九　水泥熟料中 SiO_2、Fe_2O_3，Al_2O_3，CaO 和 MgO 含量的测定

一、实验目的

(1) 了解重量法测定 SiO_2 含量的原理和用重量法测定水泥熟料中 SiO_2 含量的方法。

(2) 进一步掌握络合滴定法的原理，特别是通过控制试液的酸度、温度及选择适当的掩蔽剂和指示剂等条件，在铁、铝，钙、镁共存时直接分测定它们的方法。

(3) 掌握络合滴定的几种测定方法——直接滴定法，返滴定法和差减法，以及这几种测定法中的计算方法。

(4) 掌握水浴加热、过滤、洗涤、灰化、灼烧等操作技术。

二、实验原理

水泥熟料是水泥生料经 1 400℃以上的高温煅烧而成的，通过熟料分析，可以检验熟料质

量和烧成情况的好坏，根据分析结果，可及时调整原料的配比以控制生产。

水泥熟料中碱性氧化物占60%以上，因此易为酸分解，水泥熟料主要为硅酸三钙($3CaO \cdot SiO_2$)、硅酸二钙($2CaO \cdot SiO_2$)、铝酸三钙($3CaO \cdot Al_2O_3$)和铁铝酸四钙($4CaO \cdot Al_2O_3 \cdot Fe_2O_3$)等化合物的混合物，这些化合物与盐酸作用时，生成硅酸和可溶性的氯化物，反应式如下：

$$2CaO \cdot SiO_2 + 4HCl = 2CaCl_2 + H_2SiO_3 + H_2O$$

$$3Ca \cdot SiO_2 + 6HCl = 3CaCl_2 + H_2SiO_3 + 2H_2O$$

$$3CaO \cdot Al_2O_3 + 12HCl = 3CaCl_2 + 2AlCl_3 + 6H_2O$$

$$4CaO \cdot Al_2O_3 \cdot Fe_2O_3 + 20HCl = 4CaCl_2 + 2AlCl_3 + 2FeCl_3 + 10H_2O$$

硅酸是一种很弱的无机酸，在水溶液中绝大部分以溶液状态存在，其化学式以 $SiO_2 \cdot nH_2O$ 表示，在用浓酸和加热蒸干等方法处理后，能使绝大部分硅酸水溶液脱水成水凝胶析出，因此可以利用沉淀分离的方法把硅酸与水泥中的铁、铝、钙、镁等其他组分分开。

本实验中以重量法测定 SiO_2 的含量。在水泥经酸分解后的溶液中，采用加热蒸发近干和加固体氯化铵两种措施，使水溶性胶状硅酸尽可能全部脱水析出，蒸干脱水是将溶液控制在100～110℃温度下蒸发至近干。由于HCl的蒸发，硅酸中所含的水分大部分被带走，硅酸水溶胶即成为水凝胶析出。由于溶液中的 Fe^{3+}、Al^{3+} 等离子在温度超过110℃时易水解生成难溶性的碱式盐，混在硅酸凝胶中，使 SiO_2 的结果偏高，而使 Fe_2O_3、Al_2O_3 等的结果偏低，故加热蒸干宜采用水浴以控制温度。

加入固体 NH_4Cl 后，由于 NH_4Cl 易水解生成 $NH_3 \cdot H_2O$ 和 HCl，在加热的情况下，它们易挥发逸去，从而消耗了水，因此能促进硅酸水溶胶的脱水作用，反应式如下：

$$NH_4Cl + H_2O = NH_3 \cdot H_2O + HCl$$

含水硅酸的组成不固定，故沉淀经过滤、洗涤、烘干后，还需经950～1 000℃高温灼烧成固体 SiO_2，然后称重，根据沉淀的重量计算 SiO_2 的百分含量。

灼烧时，硅酸凝胶不仅失去吸附水，并进一步失去结合水，脱水过程的变化如下：

$$H_2SiO_3 \cdot nH_2O \xrightarrow{110℃} H_2SiO_3 \xrightarrow{950\sim1\,000℃} SiO_2$$

灼烧所得 SiO_2 沉淀是雪白而又疏松的粉末。如所得沉淀呈灰色、黄色或红棕色，说明沉淀不纯。在要求比较高的测定中，应将沉淀置于铂坩埚中灼烧，称重，然后以氢氟酸-硫酸处理，使 SiO_2 成 SiF_4 挥发逸去：

$$SiO_2 + 4HF \rightarrow SiF_4 + 2H_2O$$

然后再称剩余残渣加坩埚的重量，处理前后两次重量之差即为纯 SiO_2 重量。

水泥中的铁，铝、钙，镁等组分以 Fe^{3+}、Al^{3+}、Ca^{2+}、Mg^{2+} 等离子形式存在于过滤 SiO_2 沉淀后的滤液中，它们都与EDTA形成稳定的络离子，但这些络离子的稳定性有较显著差别，因此只要控制适当的酸度就可用EDTA分别滴定它们。

本法测定 Fe^{3+} 离子时控制酸度范围为 $pH=2\sim2.5$，以磺基水杨酸为指示剂，以EDTA标准溶液滴定之。然后在滴定 Fe^{3+} 离子后的溶液中，以PAN为指示剂，以EDTA为标准溶液进行 Al^{3+} 离子的滴定，其方法同实验硫酸铝中铝含量的测定；钙、镁含量同用EDTA法"水中硬度的测定"，原理和方法见前，此处从略。

三、仪器与试剂

(1) 仪器:马弗炉,分析天平,容量分析常用仪器。

(2) 试剂:浓盐酸,1∶1HCl 溶液,3%HCl 溶液,浓硝酸,1∶1 氨水,10%NaOH 溶液,NH_4Cl 固体,10%NH_4SCN 溶液,1∶2 三乙醇胺,0.01mol·L^{-1}EDTA 标准溶液,0.01mol·$L^{-1}CuSO_4$ 标准溶液,HAc-NaAc 缓冲溶液(pH=4.3),NH_3-NH_4Cl 缓冲溶液(pH=10),0.05%溴甲酚绿指示剂,10%磺基水扬酸指示剂,0.3%PAN 指示剂,酸性铬蓝 K-萘酚绿 B 指示剂,钙指示剂,铬黑 T 指示剂。

四、实验内容

1. SiO_2 的测定

准确称取试样 0.5g 左右二份,置于干燥的 50mL 烧杯中,加 2~3g 固体氯化铵,用玻璃棒混匀。盖上表皿,沿杯口滴加 3mL 浓盐酸和 1 滴浓硝酸①,搅匀。将烧杯置于沸水浴上,盖上表面皿,蒸发至近干(约需 10~15min)。取下,加 10mL 热的 3% HCl 溶液,搅拌,使可溶性盐类溶解,用中速定量滤纸过滤,以热的 3%HCl 洗涤烧杯和滤纸,直至滤液中无 Fe^{3+} 离子为止,Fe^{3+} 离子可用 10%NH_4SCN 溶液检验②,一般来说,洗涤 10 次即可达不含 Fe^{3+} 离子的要求。滤液保存在 250mL 容量瓶中,并用去离子水稀释至刻度,摇匀,供测定 Fe^{3+}、Al^{3+}、Ca^{2+}、Mg^{2+} 等离子之用。

将沉淀连同滤纸放入已恒重的瓷坩锅中,先用低温烘干,再升高温度使滤纸充分灰化。然后在 950~1000℃的高温炉内灼烧 30min,取出,置于干燥器中冷却至室温,称重。再灼烧冷至室温,再称重,如此反复,直至恒重。计算试样中 SiO_2 的含量。

2. Fe^{3+} 离子的测定

准确吸取分离 SiO_2 后之滤液 50mL③ 置于 250mL 锥形瓶中,加 50mL 水,2 滴 0.05%溴甲酚绿指示剂④(溴甲酚绿指示剂在小于 3.8 时呈黄色,大于 5.4 时呈蓝色),此时溶液呈黄色,逐滴滴加 1∶1 氨水,使之成蓝色。然后再用 1∶1HCI 溶液调至黄色后再过量 3 滴,此时溶液之酸度约为 pH=2,加热至约 90℃,取下,加 6~8 滴 10%磺基水杨酸,用 0.01mol·L^{-1} EDTA 标准溶液滴定。

在滴定开始时溶液呈紫红色,此时滴定速度宜稍快些。当溶液开始呈淡红紫色时,则把滴定速度放慢,一定要每加一滴,摇摇、看看,然后再加一滴,最好同时加热,直至滴到溶液变到淡黄色,即为终点,滴得太快,EDTA 易多加,这样不仅会使 Fe^{3+} 的结果偏高,同时还会使 Al^{3+} 的结果偏低。

---

① 加入浓硝酸的目的是使铁全部以正三价状态存在。

② Fe^{3+} 与 NH_4CNS 反应生成血红色的 $Fe(CNS)_3$。

③ 分离以后的滤液要节约使用,尽可能多保留一些溶液,以便必要时用以进行重复滴定。

④ 溴甲酚绿指示剂不宜多加,如加多了,黄色的底色深,在铁的滴定中对终点的颜色变化观察有影响。

3. Al^{3+}离子的测定

在滴定铁含量后的溶液中，准确加入25mL0.01mol·L^{-1}EDTA标准溶液(用移液管加)，摇匀。然后再加入15mL pH=4.3的HAc-NaAc缓冲液，煮沸1～2min，取下稍冷至90℃左右，加入4滴0.3%PAN指示剂，以0.01mol·$L^{-1}$$CuSO_4$标准溶液滴定之，开始时溶液呈黄色，随着$CuSO_4$标准溶液的加入，颜色逐渐变绿并加深，直至再加入一滴突然变蓝紫，即为终点，在变紫色之前，曾有由蓝绿色变灰绿色的过程，在灰绿色溶液中再加1滴$CuSO_4$溶液，即变紫色。

4. Ca^{2+}离子的测定

准确吸取分离SiO_2后的滤液10mL于250mL锥形瓶中，加水稀释至约100mL，加10mL1∶2三乙醇胺溶液，摇匀后再加5mL10%NaOH液，再摇匀，加入约0.01g固体钙指示剂(用药勺小头取约1勺)，此时溶液呈酒红色。然后以0.01mol·L^{-1}EDTA标准溶液滴定至溶液呈蓝色，即为终点，记下消耗的EDTA毫升数V_1。

5. Mg^{2+}离子的测定

准确吸取分离SiO_2后的滤液10mL于250mL锥形瓶中，加水稀释至约100mL，加10mL1∶2三乙醇胺溶液，摇匀后，加入10mLpH=10的NH_3-NH_4Cl缓冲溶液，再摇匀，然后加入适量酸性铬蓝K-萘酚绿B指示剂(此时溶液呈淡紫红)，以0.01mol·L^{-1}EDTA标准溶液滴定至溶液呈蓝色，即为终点。记下消耗的EDTA毫升数V_2，根据此结果计算所得的为钙、镁总量，由此减去钙量即为镁量。

五、思考题

(1) 如何分解水泥熟料试样？分解时的化学反应是什么？

(2) 本实验测定SiO_2含量的方法原理是什么？

(3) 试样分解后加热蒸发的目的是什么？操作中应注意些什么？

(4) 在Fe^{3+}、Al^{3+}、Ca^{2+}、Mg^{2+}共存的溶液中，以EDTA标准溶液滴定Ca^{2+}、Mg^{2+}离子的总量时，是怎样消除其他共存离子的干扰的？

(5) 在滴定上述各种离子时，应分别控制什么样的酸度范围？怎样控制？

(6) 如Fe^{3+}离子的测定结果不准确，对Al^{3+}离子的测定结果有什么影响？

(7) 试写出本测定中所涉及的主要化学反应式。

实验八十　工业碳酸锶产品质量分析

一、实验目的

(1) 学习产品质量分析的方法。

(2) 通过实验熟练掌握分析化学的各种基本操作，初步具有分析问题和解决问题的能力。

二、实验原理

本方法适用于以天青石矿或其他原料制得的碳酸锶。该产品主要用作彩色显像管，磁性材料、玻璃、陶瓷、焰火、冶金及其他锶盐的原料等。

用络合滴定法测定碳酸锶含量。试样用酸溶解后，在 pH＝10 条件下，用铬黑 T 作指示剂，用乙二胺四乙酸二钠标准溶液滴定，测得钙、锶、钡合量，从中减去钙，钡含量得锶含量。

用原子吸收分光光度法测定碳酸钙含量。在酸性溶液中测量其吸光度。

用重量法测定碳酸钡含量。在 pH＝5.7 条件下，钡离子与重铬酸钾生成铬酸钡沉淀。干燥后称量。

用分光光度法测定铁的含量。抗坏血酸可将试液中三价铁离子还原成二价铁离子。在 pH＝2～9 时，二价铁离子与邻菲罗啉生成橙红色络合物。在最大吸收波长 510nm 处，用分光光度计测量其吸光度。本方法选择在 pH＝4.5 条件下生成络合物。

用电位滴定法测定氯的含量。在酸性溶液中，以银-硫化银电极为测量电极，甘汞电极为参比电极，用硝酸银标准溶液滴定，由电位突跃确定反应终点。

三、仪器与试剂

（1）仪器：

①一般容量仪器；

②坩埚式过滤器：滤板孔径 5～15μm；

③原子吸收分光光度计：工作条件：波长：422.7nm，火焰：空气-乙炔；

④可见分光光度计；

⑤酸度计；

⑥参比电极：双液接型饱和甘汞电极，内含饱和氯化钾溶液。滴定时外套管内盛饱和硝酸钾溶液和甘汞电极相连接；

⑦测量电极：银—硫化银电极（与酸度计连接时要用屏蔽线）；

⑧电磁搅拌器。

（2）试剂：

①1∶1 盐酸溶液；

②0.1mol·L^{-1}盐酸溶液；

③1∶4 盐酸溶液；

④1∶1 氨水溶液；

⑤0.02mol·L^{-1}乙二胺四乙酸钠标准溶液；

⑥氨—氯化铵缓冲溶液：pH≈10；

⑦甲基红指示剂：1g·L^{-1}乙醇溶液；

⑧铬黑 T 指示剂：1∶99 固体指示剂；

⑨钙标准溶液：0.100mg·mL^{-1}；

⑩氯化钠固体；

⑪77g·L^{-1}乙酸铵溶液；

⑫50g·L^{-1}重铬酸钾溶液；

⑬10g·L^{-1}硝酸银溶液；

⑭硫酸铁铵；

⑮硫酸；

⑯1∶1 硝酸溶液；

⑰1∶10 氨水溶液；

⑱抗坏血酸溶液：20g·L^{-1}溶液，有效期 10 天；

⑲邻菲罗啉溶液：2g·L^{-1}溶液，溶液应避光保存，仅能使用无色溶液；

⑳乙酸—乙酸钠缓冲溶液：pH≈4.5；

㉑4g·L^{-1}氢氧化钠溶液；

㉒1∶9 过氧化氢溶液；

㉓1g·L^{-1}溴酚蓝乙醇溶液；

㉔95％乙醇；

㉕硝酸钾溶液：室温下饱和溶液；

㉖氯化钾溶液：室温下饱和溶液；

㉗0.2mol·L^{-1}氯化钠溶液；

㉘0.2mol·L^{-1}硫化钠溶液。

四、实验内容

1. 碳酸锶含量的测定

(1) 乙二胺四乙酸钠—氯化镁：约为 0.05mol·L^{-1}溶液的配制：

溶液甲：c(EDTA)约为 0.1mol·L^{-1}；

溶液乙：$c(MgCl_2)$约为 0.1mol·L^{-1}；

量取等体积的溶液甲和溶液乙混合均匀后，用溶液甲或溶液乙调节至终点。

终点的检验：取 25mL 混合液，加 10mL 缓冲溶液甲和适量铬黑 T，用溶液甲或溶液乙滴定至刚呈纯蓝色或紫色即为终点其消耗量应少于 0.05 mL。

(2) 测定步骤：称量 1.5g 试样，精确到 0.000 2g，置于 250mL 烧杯中，加少量水润湿。盖上表面皿，滴加 5mL1∶1 盐酸溶液便其溶解。加热煮沸，冷却后，加 2 滴甲基红溶液，用 1:1 氨水溶液中和至溶液刚呈黄色为止。全部移入 500mL 容量瓶中，用水稀释至刻度摇匀。用中速滤纸干过滤。用移液管移取 20mL 滤液，置于 250mL 锥形瓶中，加 30mL 水、5mL 氨—氯化铵缓冲溶液，5mL 乙二胺四乙酸二钠—镁溶液和适量铬黑 T，用乙二胺四乙酸二钠标准溶液滴定至呈纯蓝色为终点。

同时进行空白试验：在 250mL 烧杯中，加少量水、5mL 盐酸溶液、2 滴甲基红溶液。以下同上所述从“……用氨水溶液中和……”开始进行操作。

(3) 结果的表示和计算：以质量百分数表示的碳酸锶($SrCO_3$)含量(x_1)按下式计算：

$$x_1 = \frac{c \cdot (V_1 - V_2) \times 0.147\,6 \times 100\%}{m \times \frac{20}{500}} - (1.475x_2 + 0.748\,0x_3)$$

式中，V_1 为滴定试液所消耗的乙二胺四乙酸二钠标准溶液体积(mL)；V_2 为滴定空白试验所消耗的乙二胺四乙酸二钠标准溶液体积(mL);c 为乙二胺四乙酸二钠标准溶液的浓度($mol \cdot L^{-1}$);m 为试样质量(g);0.147 6 为与 1.00mL 乙二胺四乙酸二钠标准溶液[c(EDTA)=1.000$mol \cdot L^{-1}$]相当的碳酸锶质量(g);1.475 为碳酸钙换算成碳酸锶系数;0.748 0 为碳酸钡换算成碳酸锶系数;x_2 为碳酸钙含量;x_3 为碳酸钡含量。

两次平行测定结果之差不大于 0.3%,取其算术平均值为测定结果。

2. 碳酸钙含量的测定——原子吸收光谱分析法

1) 测定步骤

称量 2g 试样,精确到 0.01g,置于 250mL 烧杯中,加 50mL 水。盖上表面皿,滴加 5mL1∶1 盐酸溶液溶解。加热煮沸,冷却后,全部移入 250mL 容量瓶中,用水稀释至刻度,摇匀。干过滤。

在一系列 100mL 容量瓶中,用移液管各加入 10mL 试液。加 2mL1∶1 盐酸溶液,再分别加入 0.00mL,1.00mL,2.00mL,…,5.00mL 钙标准溶液,用水稀释至刻度,摇匀。

将仪器调至最佳工作条件,用水调零,测量吸光度。以钙含量为横坐标,对应的吸光度为纵坐标,绘制标准曲线。将曲线反向延长与横轴相交处即为试液中钙含量。

2) 结果的表示和计算

以质量百分数表示的碳酸钙($CaCO_3$)含量(x_2)按下式计算:

$$x_2 = \frac{m_1 \times 10^{-3} \times 2.497}{m \times \frac{10}{50}} \times 100\%$$

式中,m_1 为由标准曲线上查出试液中钙含量(mg);m 为试样质量(g);2.497 为钙换算成碳酸钙系数。

两次平行测定结果之差不大于 0.08%,取其算术平均值为测定结果。

3. 碳酸钡含量的测定

1) 测定步骤

称量 5g 试样,精确到 0.001g,置于 250mL 烧杯中,加少量水润湿,盖上表面皿,滴加 15mL1∶1 盐酸溶液使其溶解,加热煮沸,加 2 滴甲基红溶液,滴加 1∶1 氨水溶液调节至溶液刚呈黄色为止。用中速滤纸过滤,用热水洗涤,滤液和洗液收集于烧杯中,加水至 150mL,加 2mL1$mol \cdot L^{-1}$盐酸溶液,10mL 重铬酸钾溶液,加热煮沸,边搅拌边慢慢加入 16mL 乙酸铵溶液,搅匀后,于 70~80℃水浴中保温 1h。冷却后,用预先在 130℃下干燥至恒重的坩埚式过滤器过滤,用热水洗至取 5mL 滤液,加 2 滴硝酸银溶液检验呈现淡黄色为止。置于 130℃下干燥至恒重。

2) 结果的表示和计算

以质量百分数表示的碳酸钡($BaCO_3$)含量(x_3)按下式计算:

$$x_3 = \frac{(m_1 - m_2) \times 0.7790}{m} \times 100\%$$

式中,m_1 为坩埚式过滤器和残渣质量(g);m_2 为坩埚式过滤器质量(g);m 为试样质量(g);0.779 0为铬酸钡换算成碳酸钡系数。

两次平行测定结果之差不大于 0.05%，取其算术平均值为测定结果。

4. 铁含量的测定

1）铁标准溶液的制备和标准曲线的绘制

（1）铁标准储备溶液：0.100mg·mL^{-1}。

称量 0.863g 硫酸铁铵，置于 200mL 烧杯中，加 100mL 水、10mL 硫酸溶解后，全部移入 1000mL容量瓶中，用水稀释至刻度，摇匀。

（2）铁标准溶液：0.0100mg·mL^{-1}。

用移液管移取 0.100mg·mL^{-1}铁标准溶液 10mL，置于 100mL 容量瓶中，用水稀释至刻度，摇匀。只限当日使用。

（3）标准曲线的绘制。

在一系列 100mL 容量瓶中，加入 0.00mL，1.00mL，2.00mL，4.00mL，…，10.00mL 0.0100mg·L^{-1}铁标准溶液，各加水至 60mL，用 1∶4 盐酸溶液或 1∶10 氨水溶液调节至 pH 接近 2（用精密 pH 试纸检验）。各加 2.5mL 抗坏血酸溶液，10mL 缓冲溶液，5mL 邻菲罗啉溶液，用水稀释至刻度，摇匀。在 510nm 波长下，用 3cm 吸收池，以水为参比，测量吸光度。

从每个标准参比溶液的吸光度中减去试剂空白溶液的吸光度。以铁含量为横坐标，对应的吸光度为纵坐标，绘制标准曲线。

2）测定步骤

（1）试液的制备：称量 1g 试样，精确到 0.001g，置于 100mL 烧杯中，加少量水润湿。盖上表面皿，滴加 5 滴 1∶1 硝酸溶液，5mL1∶1 盐酸溶液溶解，加热煮沸后，冷却，用中速滤纸过滤，用水洗涤。滤液和洗液收集于 100mL 容量瓶中，用水稀释至刻度，摇匀。

（2）空白试液的制备：在 100mL 容量瓶中，加 5 滴 1∶1 硝酸溶液，4mL1∶1 盐酸溶液，用水稀释至刻度，摇匀。

（3）测定：用移液管移取试液和空白试液各 50mL，分别置于 100mL 烧杯中，按以下操作同样处理。滴加 1∶10 氨水溶液调节至 pH 接近 2（用精密 pH 试纸检验）。全部移入 100mL 容量瓶中。以下操作按标准曲线的绘制方法所述，从"各加 2.5mL 抗坏血酸……"开始进行。在 510nm 波长下，用 3cm 吸收池，以水为参比，测量吸光度。

由测得的试液吸光度中减去空白试液吸光度，由标准曲线上查出铁含量。

以质量百分数表示的铁（以 Fe_2O_3）含量（x_4）按下式计算：

$$x_4 = \frac{m_1 \times 1.43 \times 10^{-3}}{m \times \frac{50}{100}} \times 100\%$$

式中，m_1 为由标准曲线上查得试液中铁含量（mg）；m 为试样质量（g）；1.43 为铁换算为三氧化铁系数。

两次平行测定结果之差不大于 0.001%，取其算术平均值为测定结果。

5. 氯含量的测定

1）氯化钠 $c(NaCl)=0.005mol\cdot L^{-1}$标准溶液的配制

称量 2.922g 预先在 500～600℃下灼烧至恒重的氯化钠，精确至 0.0002g，置于烧杯中，加水溶解。全部移入 1 000mL 容量瓶中，用水稀释至刻度，摇匀。

2) 硝酸银 $c(AgNO_3)$ 约为 0.005mol·L^{-1} 标准溶液

(1) 配制：称量 0.875g 硝酸银，加水溶解，摇匀。储存于棕色瓶中。

(2) 标定：用移液管移取 5mL 氯化钠溶液，置于 100mL 烧杯中，加 30mL 水、2 滴溴酚蓝溶液，滴加 1～2 滴 1∶1 溶液硝酸使溶液刚呈黄色为止。加 15mL95%乙醇，放入电磁搅拌子，将烧杯置于电磁搅拌器上，开动搅拌器，把测量电极和参比电极插入溶液中，连接酸度计接线，调整零点，记录起始电位值。

用上述待标定的硝酸银标准溶液进行滴定，先加入 4.00mL，再逐次加入 0.10mL，记录每次加入硝酸银标准溶液的总体积和相应的电位值 E，滴定终点 V 可由电位滴定曲线来确定，或用一次微商或二次微商法求得。

(3) 硝酸银标准溶液的浓度下式计算：

$$c = \frac{c_1 \cdot V_2}{V}$$

式中，c_1 为所取氯化钠标准溶液的浓度(mol·L^{-1})；V_2 为所取氯化钠标准溶液的体积(mL)；V 为滴定时所消耗硝酸银的标准溶液体积(mL)。

3) 测定步骤

(1) 试液的制备：称量 5g 试样，精确到 0.001g，置于 150mL 烧杯，加少量水润湿，盖上表面皿，滴加 10mL1∶1 硝酸溶液使其溶解。加热煮沸，冷却后，滴加 4g·L^{-1}的氢氧化钠溶液，调节至 pH9～10(用精密 pH 试纸检验)。缓慢滴加 1～2 滴 1∶9 的过氧化氢溶液，加热煮沸至无小气泡产生为止。冷却后，全部移入 100mL 容量瓶中，用水稀释至刻度，摇匀。

(2) 空白试液的制备：在 150mL 烧杯中，加 1∶1 硝酸溶液 l0mL 。以下操作按试液的制备方法所述，从“加热至沸……”开始进行。

(3) 测定：用移液管移取上述试液和空白试液各 10mL，分别置于 100mL 烧杯中，加 2 滴溴酚蓝溶液，滴加 1∶1 硝酸溶液调节至溶液刚呈黄色为止。加 30mL95%乙醇，以下操作按硝酸银标准溶液标定步骤所述，从“……放入电磁搅拌子……”开始进行。但不再一次加入 4.00mL硝酸银标准溶液，而加适当的量。

4) 结果的表示和计算

以质量百分数表示的氯化物(以 Cl 计)含量(x_5)按下式计算：

$$x_5 = \frac{c \cdot (V_1 - V_2) \times 0.035\,45}{m \times \frac{10}{100}} \times 100\%$$

式中，V_1 为滴定试液所消耗的硝酸银标准溶液体积(mL)；V_2 为滴定空白试液所消耗的硝酸银标准溶液体积(mL)；c 为硝酸银标准溶液浓度(mol·L^{-1})；m 为试样质量(g)；0.035 45 为与 1.00mL 硝酸银溶液[$c_{(AgNO_3)}$=1.000mol·L^{-1}]相当的氯的质量(g)。

两次平行测定结果之差不大于 0.01%，取其算术平均值为测定结果。

五、思考题

(1) 简述测定锶、钙、钡、铁、氯含量的原理。并说明控制 pH 值的重要性。

(2) 除了本实验的方法外，还有什么方法可以分析锶、钙、钡、铁、氯的含量。

(3) 通过本实验谈谈对分析化学学习重要性的认识。

实验八十一　混合酸碱体系试样分析

一、实验目的

（1）培养学生查阅相关分析化学书刊和文献资料的能力。

（2）学生根据实验要求独立设计混合酸碱体系试样含量的分析方法，培养学生综合运用所学知识的能力。

（3）通过对混合酸碱体系的组成含量进行分析，掌握化学分析实验基本操作和基本技能，培养学生综合运用所学知识的能力和分析、解决问题的能力。

二、实验内容

（1）提供4种不同的混合酸碱体系的试样，每位学生选择其中的一种，通过查阅相关分析化学书刊和文献资料，设计混合酸碱体系的组成含量的分析方法，设计出包括实验原理（包括准确分步滴定的判别；滴定剂的选择、计量点pH计算；指示剂的选择及分析结果的计算公式）、仪器、试剂（所需试剂的用量、浓度、配制方法）、实验步骤（包括标定和测定）、注意事项、结果处理等内容完整的实验方案。

（2）学生的实验设计方案交教师审阅后，进行实验工作。

（3）完成实验报告，以小组讨论形式进行交流。

三、实验方案设计选题

1. $NaOH$—Na_2CO_3 体系

$$\begin{matrix} NaOH \\ Na_2CO_3 \end{matrix} \xrightarrow[\text{酚酞}]{\text{HCl 滴定 } V_1} \begin{matrix} NaCl \\ NaHCO_3 \end{matrix} \xrightarrow[\text{甲基橙}]{\text{继续 HCl 滴定 } V_2} \begin{matrix} NaCl \\ H_2O+CO_2 \end{matrix}$$

$$V_1 > V_2$$

2. $NaHCO_3$—Na_2CO_3 体系

$$\begin{matrix} NaHCO_3 \\ Na_2CO_3 \end{matrix} \xrightarrow[\text{酚酞}]{\text{HCl 滴定 } V_1} \begin{matrix} NaHCO_3 \\ NaHCO_3 \end{matrix} \xrightarrow[\text{甲基橙}]{\text{继续 HCl 滴定 } V_2} \begin{matrix} H_2O+CO_2 \\ H_2O+CO_2 \end{matrix}$$

$$V_1 < V_2$$

3. NH_3—NH_4Cl 体系

以HCl为标准溶液，甲基红为指示剂来测定混合液中的NH_3含量；

以NaOH为标准溶液，酚酞为指示剂，用甲醛法来测定混合液中NH_4Cl的含量。

4. HCl—NH_4Cl 体系

以NaOH为标准溶液，甲基红为指示剂来测定混合液中的HCl含量；

以NaOH为标准溶液，酚酞为指示剂，用甲醛法来测定混合液中NH_4Cl的含量。

实验八十二　校园空气中氮氧化物的监测

一、实验目的

(1) 了解气体样品的采集方法,学会大气采样仪的使用。

(2) 掌握盐酸萘乙二胺分光光度法测定大气中氮氧化物的原理和方法。

(3) 理解空气污染指数的定义,描述校园空气质量状况。

二、实验原理

大气中的氮氧化物主要是一氧化氮和二氧化氮。在测定氮氧化物浓度时,应先用三氧化铬将一氧化氮氧化成二氧化氮。二氧化氮被吸收液吸收后,生成亚硝酸和硝酸,其中,亚硝酸与对氨基苯磺酸发生重氮化反应,再与盐酸萘乙二胺偶合,生成玫瑰红色偶氮染料,据其颜色深浅,用分光光度法定量。因为 NO_2(气)转变为 NO_2^-(液)的转换系数为 0.76,故在计算结果时应除以 0.76。

我国空气质量采用了空气污染指数进行评价。空气污染指数是根据环境空气质量标准和各项污染物对人体健康和生态环境的影响来确定污染指数的分级及相应的污染物浓度值。我国目前采用的空气污染指数(Air pollution Index,简称 API)分为五个等级,API 值小于或等于 50,说明空气质量为优,相当于国家空气质量一级标准,符合自然保护区、风景名胜区和其他需要特殊保护地区的空气质量要求;API 值大于 50 且小于或等于 100,表明空气质量良好,相当于达到国家质量二级标准;API 值大于 100 且小于或等于 200,表明空气质量为轻度污染,相当于国家空气质量三级标准;API 值大于 200 表明空气质量差,称之为中度污染,为国家空气质量四级标准;API 大于 300 表明空气质量极差,已严重污染。表 11.1 为空气污染指数范围及相应的空气质量类别。

空气污染指数就是将常规监测的几种空气污染物浓度简化成为单一的概念性指数值形式,并分级表征空气污染程度和空气质量状况(见表 11.1),适合于表示城市的短期空气质量状况和变化趋势。根据空气质量标准和各种污染物对人体健康和生态环境的影响来确定的污染物浓度的值,是评估空气质量的一种依据。计算方法为:将各种空气污染物的浓度分别除以国家标准,再乘以 100,得到各种污染物指数,取其中最高的一项作为空气污染指数。空气污染指数是根据空气环境质量标准和各项污染物的生态环境效应及其对人体健康的影响来确定污染指数的分级数值及相应的污染物浓度限值。空气质量周报所用的空气污染指数的分级标准是:

①空气污染指数(API)50 点对应的污染物浓度为国家空气质量日均值一级标准;

②API100 点对应的污染物浓度为国家空气质量日均值二级标准;

③API200 点对应的污染物浓度为国家空气质量日均值三级标准;

④API 更高值段的分级对应于各种污染物对人体健康产生不同影响时的浓度限值。我国目前计入空气污染指数的污染物项目有二氧化硫、一氧化碳、臭氧、二氧化氮、可吸入颗粒物等。本实验主要测定的是氮氧化物。

表 11.1　空气污染指数范围及相应的空气质量类别

空气污染指数	空气质量状况	对健康的影响	建议采取的措施
0～50	优	无	可正常活动
51～100	良		
101～200	轻度污染	易感人群症状有轻度加剧，健康人群出现刺激症状	心脏病和呼吸系统疾病患者应减少体力消耗和户外活动
201～300	中度污染	心脏病和肺病患者症状显著加剧，运动耐受力降低，健康人群中普遍出现症状	老年人和心脏病、肺病患者应停留在室内，并减少体力活动
>300	严重污染	健康人运动耐受力降低，有明显强烈症状，提前出现某些疾病	老年人和病人应当留在室内，避免体力消耗，一般人群应避免户外活动

三、仪器与试剂

(1) 仪器：多孔玻板吸收管，双球玻璃管(内装三氧化铬—砂子)，气体采样仪：流量范围 $0\sim1L\cdot min^{-1}$，分光光度计。

(2) 试剂：所有试剂均用不含亚硝酸根的重蒸馏水配制。其检验方法是：所配制的吸收液对 540nm 光的吸光度不超过 0.005。

①吸收液：称取 5.0g 对氨基苯磺酸，置于 1000mL 容量瓶中，加入 50mL 冰乙酸和 900mL 水的混合溶液，盖塞振摇使其完全溶解，继之加入 0.050g 盐酸萘乙二胺，溶解后，用水稀释至标线，此为吸收原液，贮于棕色瓶中，在冰箱内可保存两个月。保存时应密封瓶口，防止空气与吸收液接触。采样时，按 4 份吸收原液与 1 份水的比例混合配成采样用吸收液。

②三氧化铬-砂子氧化管：筛取 20～40 目海砂(或河砂)，用(1+2)的盐酸溶液浸泡一夜，用水洗至中性，烘干。将三氧化铬与砂子按重量比(1+20)混合，加少量水调匀，放在红外灯下或烘箱内于 105℃烘干，烘干过程中应搅拌几次。制备好的三氧化铬—砂子应是松散的，若粘在一起，说明三氧化铬比例太大，可适当增加一些砂子，重新制备。称取约 8g 三氧化铬-砂子装入双球玻璃管内，两端用少量脱脂棉塞好，用乳胶管或塑料管制的小帽将氧化管两端密封，备用。采样时将氧化管与吸收管用一小段乳胶管相接。

③亚硝酸钠标准贮备液：称取 0.1500g 粒状亚硝酸钠(预先在干燥器内放置 24h 以上)，溶解于水，移入 1000mL 容量瓶中，用水稀释至标线。此溶液每毫升含 100.0μgNO_2^-，贮于棕色瓶内，冰箱中保存，可稳定三个月。

④亚硝酸钠标准溶液：吸取亚硝酸钠标准贮备液 5.00mL 于 100mL 容量瓶中，用水稀释至标线。此溶液每毫升含 5.0μgNO_2^-。

四、实验内容

1. 标准曲线的绘制

取 7 支 10mL 具塞比色管，按表 11.2 所列数据配制标准色列。

表 11.2　亚硝酸钠标准色列

管　号	0	1	2	3	4	5	6
亚硝酸钠标准溶液/mL	0.00	0.10	0.20	0.30	0.40	0.50	0.60
吸收原液/mL	4.00	4.00	4.00	4.00	4.00	4.00	4.00
水/mL	1.00	0.90	0.80	0.70	0.60	0.50	0.40
NO_2^-含量/μg	0.0	0.5	1.0	1.5	2.0	2.5	3.0

以上溶液摇匀，避开阳光直射放置 15min，在 540nm 波长处，用 1cm 比色皿，以水为参比，测定吸光度。以吸光度为纵坐标，相应的标准溶液中 NO_2^- 含量(μg)为横坐标，绘制标准曲线。

2. 采样

每批进行实验的学生按学校各不同的功能区设置采样点进行采样，如实验区、教学区、生活区、主要交通区等，每个采样点安排一至两组。

将一支内装 5.00mL 吸收液的多孔玻板吸收管进气口接三氧化铬—砂子氧化管，并使管口略微向下倾斜，以免当湿空气将三氧化铬弄湿时污染后面的吸收液。将吸收管的出气口与空气采样器相连接。以 $0.5L \cdot min^{-1}$ 左右的流量避光采样至吸收液呈微红色为止。记下采样时间及流量，密封好采样管，带回实验室，当日测定。若吸收液不变色，应延长采样时间，采样量应不少于 6L。在采样的同时，应测定采样现场的温度和大气压力，并作好记录。表 11.3 是采样记录表，供参考。

表 11.3　采样记录表

采样日期		采样地点	
温度		大气压力	
流量		采样开始时间	
气候条件		采样结束时间	

3. 样品的测定

采样后，放置 15min，将样品溶液移入 1cm 比色皿中，按绘制标准曲线的方法和条件测定试剂空白溶液和样品溶液的吸光度。若样品溶液的吸光度超过标准曲线的测定上限，可用吸收液稀释后再测定吸光度。计算结果时应乘以稀释倍数。

五、实验结果及处理

1. 数据处理

(1) 氮氧化物(NO_2，$mg \cdot m^{-3}$)$=\dfrac{m}{0.76V_0}$

式中：m 为工作曲线上查对出的样品溶液中所含 NO_2^- 的质量(mg)；V_0 为标准状态下的采样体积(L)；0.76 为 NO_2(气)转换为 NO_2^-(液)的系数。

气体体积的状态转换：$V_0 = V_t \times \frac{273}{273+t} \times \frac{P}{101.3}$

式中：V_0 为标准状态下的采样体积(L)；V_t 为采样状态下的采样体积(L)，$V_t = QT$，Q 为采样流量($L \cdot min^{-1}$)，T 为采样时间(min)；t 为采样温度(℃)；P 为采样时大气压力(kPa)。

(2) 计算空气污染指数。

$$API = \frac{\text{测得污染物浓度}}{\text{国家标准值}} \times 100$$

2. 空气质量评价

汇总各采样点的数据结果，简要描述和评价校园空气质量状况。

六、思考题

(1) 氧化管起什么作用？
(2) 测定时为什么要用水作参比而不用空白溶液？
(3) 采样时需注意些什么？

七、注意事项

(1) 吸收液应避光，且不能长时间暴露在空气中，以防止光照使吸收液显色或吸收空气中的氮氧化物而使试剂空白值增高。

(2) 氧化管适于在相对湿度为 30%～70%时使用。当空气相对湿度大于 70%时，应勤换氧化管，小于 30%时，则在使用前，用经过水面的潮湿空气通过氧化管，平衡 1h。在使用过程中，应经常注意氧化管是否吸湿引起板结，或者变成绿色。若板结会使采样系统阻力增大，影响流量，若变成绿色，表示氧化管已失效。

(3) 亚硝酸钠(固体)应密封保存，防止空气及湿气侵入。部分氧化成硝酸钠或呈粉末状的试剂都不能用直接法配制标准溶液。若无颗粒状亚硝酸钠试剂，可用高锰酸钾容量法标定出亚硝酸钠贮备溶液的准确浓度后，再稀释为含 $5.0\mu g \cdot mL^{-1}$ 亚硝酸根的标准溶液。

(4) 溶液若呈黄棕色，表明吸收液已受三氧化铬污染，该样品应报废。

(5) 绘制标准曲线，向各管中加亚硝酸钠标准使用溶液时，都应以均匀、缓慢的速度加入。

实验八十三　大黄中蒽醌类化合物的提取与测定

一、实验目的

(1) 掌握从天然产物中提取和制备样品的方法。
(2) 学会蒽醌类化合物的定量分析方法。
(3) 学习做线性回归分析及相关系数检验。
(4) 学习对不同的样品提取方法进行测评。

二、实验原理

大黄为常用中药，具有泻下、抗菌、止血、抗肿瘤及收敛等作用，已在许多中药、制剂及保健品中广泛使用。大黄中的有效成分为蒽醌类化合物，可呈不易溶于水的游离形式或与糖结合成能溶于水的糖甙形式共同存于植物体内。其游离型蒽醌化合物主要为1,8-二羟基蒽醌的衍生物，包括大黄酚(Chrysophanol)、大黄素(E—modin)、大黄素甲醚(Physcion)、芦荟大黄素(Aloe—emodin)和大黄酸(Rhein)等五种(见图11.2)。

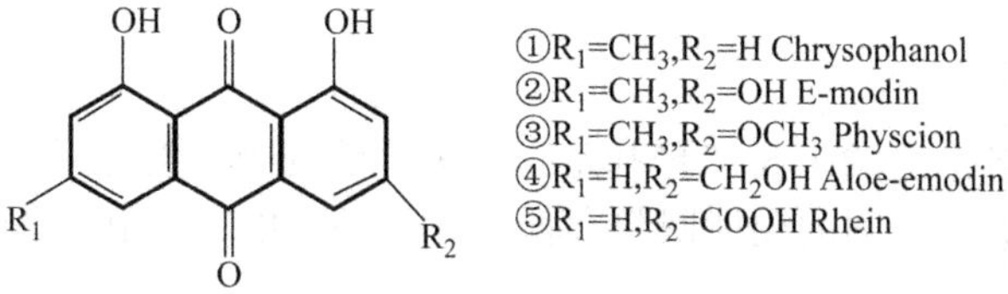

①$R_1=CH_3,R_2=H$ Chrysophanol
②$R_1=CH_3,R_2=OH$ E-modin
③$R_1=CH_3,R_2=OCH_3$ Physcion
④$R_1=H,R_2=CH_2OH$ Aloe-emodin
⑤$R_1=H,R_2=COOH$ Rhein

图11.2　五种蒽醌衍生物的结构

目前，大黄中蒽醌类成分的常规提取方法有水煎煮法、渗漉法和乙醇回流法等。近年来，把超声技术用于中药有效成分的提取逐渐受到重视，研究表明，利用超声波产生的强烈振动和搅拌作用，可加速药物有效成分进入溶剂，从而提高了提取效率，缩短了提取时间。

本实验采用超声波法以三种不同浓度的乙醇水溶液作为提取剂提取大黄中的蒽醌类化合物，通过分光光度法以母核1,8-二羟基蒽醌为标样测定提取液中总蒽醌类化合物的含量，从而筛选出提取效率最高的提取剂。

三、仪器与试剂

(1) 仪器：722型分光光度计，电子天平，超声波清洗器。

(2) 试剂：

①1,8-二羟基蒽醌标准溶液(50mg·L^{-1})：于大试管中精确称取1,8-二羟基蒽醌50mg，以70%的乙醇水溶液超声溶解，转移定容至1 000mL容量瓶中，得标准品储备液。

②50%、70%和90%的乙醇水溶液。

③大黄药粉：将市售的大黄饮片磨细备用。

四、实验步骤

1. 大黄提取液的制备

于离心管中精确称取25～30mg大黄药粉三份，加入7mL体积分数分别为50%、70%和90%的乙醇水溶液，超声20min，然后离心3min，经滤纸过滤。此提取过程共重复2次(注：第2次超声10min即可)，将此二次提取液合并，各提取液分别用相应的溶剂于比色管中定容至50mL，并分别标记为"1#"、"2#"和"3#"备用。

2. 系列标准溶液吸光度的测定

分别精密吸取1.0mL，2.0mL，3.0mL，4.0mL，5.0mL的1,8-二羟基蒽醌标准储备液以70%的乙醇水溶液定容于10mL比色管中，并计算各自的质量浓度(mg·L^{-1})。

以70%的乙醇水溶液做参比，用1cm比色皿和722型分光光度计，在1,8-二羟基蒽醌的特征吸收波长450nm下分别测定其吸光度，将数据记录在表11.4中。

3. 大黄提取液中总蒽醌含量的测定

取实验步骤1中所得的三份大黄提取液，以各自的提取剂做参比，在450nm下分别测其吸光度，记录在表11.4中。

五、数据处理

(1) 将所测得的各浓度的1,8-二羟基蒽醌标准溶液的吸光度记录在表11.4中，计算蒽醌标样浓度c标样与吸光度A间的线性回归方程$A=a+bc$，并进行相关系数r检验(计算公式见本实验后的注解)。

表11.4 1,8-二羟基蒽醌标准系列溶液的吸光度

序　号	1	2	3	4	5
$c_{标样}/mg \cdot L^{-1}$ 吸光度A					

线性回归方程为$A=$____，相关系数$r=$____。

(2) 分别将实验步骤3中所测得的三份大黄提取液样品的吸光度代入到上述的线性回归方程中，求出各大黄提取液样品中总蒽醌的浓度$c_{提取液}$，并根据样品称重情况换算成大黄样品中各提取剂的总蒽醌提取率，填入表11.5。

表11.5 各大黄提取液样品中总蒽醌含量测定结果

编　号	1#	2#	3#
吸光度A $c_{提取液}/mg \cdot L^{-1}$ $m_{总蒽醌}/mg$ $W_{大黄粉}/mg$ 总蒽醌提取率$\frac{m}{W}/\%$			

(3) 比较此三种提取剂在大黄样品中的总蒽醌提取效果，确定提取效率最好的提取剂浓度，并做合理解释。

六、思考题

提取蒽醌类化合物常以乙醇水溶液作为提取剂，此提取剂中是否乙醇的浓度越高越好？为什么？

注：

(1) 对于一元线性回归方程$A=a+bc$，式中，

$$a=\frac{1}{n}\sum_{i=1}^{n}A_i-b\frac{1}{n}\sum_{i=1}^{n}c_i=\overline{A}-b\overline{c};\quad b=\frac{\sum_{i=1}^{n}(c_i-\overline{c})(A_i-\overline{A})}{\sum_{i=1}^{n}(c_i-\overline{c})^2}$$

(2) 相关系数，$r=\dfrac{\sum_{i=1}^{n}(c_i-\overline{c})(A_i-\overline{A})}{\sqrt{\sum_{i=1}^{n}(c_i-\overline{c})^2\cdot\sum_{i=1}^{n}(A_i-\overline{A})^2}}$

①如果 $r=1$，则表明 c 与 A 有精确的线性关系。

②多数情况下，$0<r<1$，即 c 与 A 之间存在着一定的线性关系。

③当 $r=0$ 时，则表明 c 与 A 之间没有线性关系。

实验八十四　加压毛细管电色谱分离大黄提取液中的蒽醌类化合物

一、实验目的

(1) 掌握从天然产品中提取、制备样品的方法。

(2) 了解毛细管电色谱分析仪器的测定原理。

(3) 学会使用加压毛细管电色谱进行分离检测的方法。

二、实验原理

目前，大黄中有效成分分析主要有高效液相色谱法和毛细管电泳法，大多为分离测定样品中 2～3 种蒽醌类活性成分或对样品预先进行繁琐的溶剂提取(见图 11.3)。

因此，建立可同时分离分析复杂体系中多种蒽醌活性成分的快速有效方法，对于大黄中药与制剂和保健品的质量控制和监督具有重要意义。毛细管电色谱是集高效液相色谱和毛细管电泳两者优势于一体的一种新型电分离模式，在生物、医药及环境等领域中具有广泛的应用前景。目前毛细管电色谱主要是以电驱动流动相为主要的分离模式，分离既含性质非常相近组分，又含性质差异较大组分的复杂体系样品是该方法面临的重要挑战。而压力流驱动毛细管电色谱是以液相色谱泵为流动相的主要驱动力，它克服了仅靠电渗流驱动的一些限制因素，可方便地对流动相的组成、性质和流速进行调节，尤其是能够实现流动相梯度洗脱，特别适合于天然化合物等复杂样品的分离，因而使得毛细管电色谱方法的实际应用范围得到了进一步的扩展。

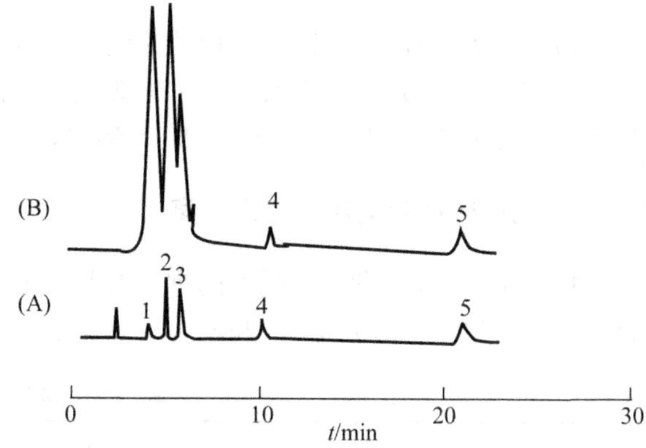

图 11.3　μ-HPLC 等度模式下分离大黄中的活性成分

(A) 五种蒽醌类化合物标样色谱图；(B) 大黄提取液色谱图

峰 1：大黄酸；峰 2：芦荟大黄素；峰 3：大黄素；峰 4：大黄酚；峰 5：大黄素甲醚。

色谱条件：流动相 A(pH=4.5 的醋酸－醋酸钠缓冲溶液)/流动相 B(甲醇)=35/65(V/V)

流速 0.08mL·min^{-1}，λ=260nm，UV 柱上检测

本实验通过将加压毛细管电色谱用于同时分离大黄提取液中的 5 种蒽醌类活性成分，来认识加压毛细管电色谱法在分离复杂样品中的应用。

三、仪器与试剂

(1) 仪器：

①微型毛细管电色谱仪(TriSepTM－2100，Unimicro Technologies Inc.，USA.)，色谱条

件：C_{18}熔硅毛细管柱[3m×27cm×75μm(i. d)]；流动相 A 为醋酸一醋酸钠缓冲溶液(0. 1mol·L^{-1} NaAc-0. 3mol·L^{-1} HAc，pH=4. 5)，流动相 B 为甲醇；流动相流速为 0. 08mL·min^{-1}；进样阀定量进样 20μL；260nm 波长柱上检测。

②高速离心机。

③超声波清洗器。

④Millipore Academic 超纯水系统制备。

⑤微量可调移液器。

⑥水泵。

⑦溶剂过滤器。

(2) 试剂：市售大黄饮片，大黄酚标准品，大黄素标准品，大黄素甲醚标准品，芦荟大黄素标准品，大黄酸标准品。

各种标准溶液均由 70％甲醇水溶液配制，质量浓度均为 40. 0μg·mL^{-1}。

四、实验内容

1. 大黄提取液的制备

市售大黄饮片经研碎后，称取粉末约 1g，加入 7mL 体积分数为 70％的甲醇水溶液，超声 30min，然后离心 5min。提取过程重复 3 次，合并提取液，经 1 号滤纸过滤。提取液用体积分数为 70％的甲醇水溶液按体积比 1∶2 稀释，经 0. 22μm 滤膜过滤后使用。

2. 梯度毛细管电色谱模式分离

按表 11. 6 方式设置洗脱液的梯度程序，设置施加电压为－3kV，对五种蒽醌标准品的混合液和大黄提取液分别进样，观察提取液中五种蒽醌化合物的分离情况。

表 11. 6　洗脱液梯度程序

t/min	0	8	10	12	14	16	20
A/％	45	—	—	35	—	10	—
t/min	25	26	28	30	33	38	40
A/％	—	—	5	—	35	—	—

五、数据处理

(1) 记录该分离条件下五种蒽醌化合物的保留时间。

(2) 按柱效公式 $N=5.54(t/W_{1/2})^2$ 计算出最后一个色谱峰的理论塔板数。

六、思考题

(1) 若要优化电色谱(CEC)的分离条件，有哪些因素是可调节的？

(2) 操作 CEC 时有哪些注意事项？

附:加压毛细管电色谱仪(TriSep™－2100,Unimicro Technologies Inc.,USA)及其使用方法

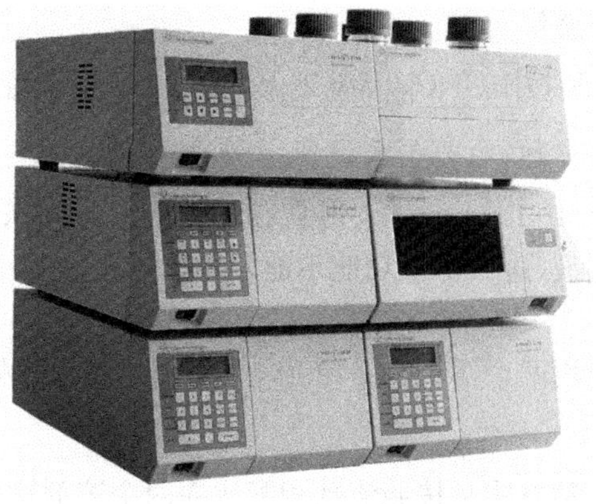

图 11.4　TriSep™－2100 加压毛细管电色谱仪(PCEC)

加压毛细管电色谱是近年发展起来的一种新型微分离分析技术,它整合了毛细管电泳与液相色谱的优点,通过在填充有 HPLC 填料的毛细管电色谱柱两端施加高压直流电场,样品在毛细管色谱柱中的保留行为同时受到电渗流及其在流动相与固定相之间分配系数的影响,大大提高了样品分离能力,在双重分离机制的作用下,PCEC 对于被分离样品细微之处的分辨能力得到了极大的提高。具有分离效率高和分析速度快的特点,尤其适用于复杂生物及化学体系的研究。结合毛细管柱上检测技术,PCEC 可与紫外检测器(UV)、荧光检测器(FLD)、激光诱导荧光检测器(LIF)、电化学检测器(ECD)及质谱(MS)等多种检测手段联用,应用领域广泛。

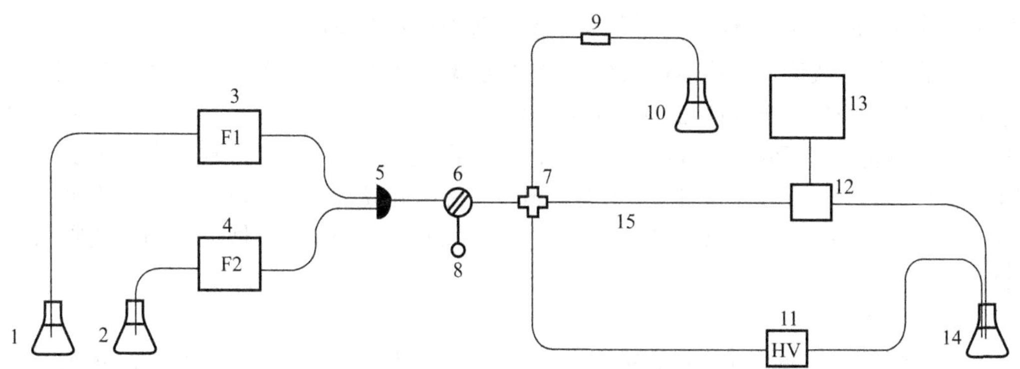

图 11.5　TriSep™－2100 加压电色谱系统原理图

1. 流动相;2. 流动相;3. 高压泵;4. 高压泵;5. 混合阀;6. 六通进样阀;7. 四通;8. 进样装置;9. 分流器;10. 废液瓶;11. 高压电源;12. 检测器;13. 计算机;14. 废液瓶;15. 毛细管色谱柱

1. 一般操作方法

TriSep™－2100 加压电色谱系统外形如图 11.4 所示,仪器工作原理如图 11.5 所示。主要包括五个模块:两个流体输送单元(Solvent Delivery Module);紫外柱上检测器(Detection Module);微流控制单元(Micro Flow Control Module);高压电源(High Voltage Module);溶剂盘。

确认各部分连接好后,依次开启流体输送单元、微流控制单元、检测器、高压电源的开关,各部分经过自检后进入操作界面，然后就可以根据自己的需要进行操作设置了。

1）流体输送单元快速操作

（1）基本参数设置：反复按FUNC/BACK键至显示所要设置的参数，按数字键输入后，ENTER键确认；设置下一参数，主要参数设置完成，按CE键回到初始画面。常用参数包括流速FLOW（通常流速为0.1mL·min^{-1}）、最高、最低限压P.MAX/P.MIN等（最低限压建议设置大于0的数值，否则漏液、进气保护功能不能发挥作用）。

（2）输液方式设定：

①单泵恒比例送液：使用两个溶剂输送单元中的一个，按比例配好流动相并超声脱气，设置流速，按PUMP开始输液。

②双泵恒比例输液：一种方式是按照流动相配比在两个溶剂输送单元上分别设置流速，输送需要混合的A、B两种溶剂；另一种方法是设置主泵和从泵：FUNC键/BACK键滚动至SYS项，将主泵设为2（从泵此项为1），此时主泵面板上的G.E灯亮，在主泵面板上按CONC键设置两种溶剂的比例和总流速FLOW后，按主泵PUMP键开始运行。

③编辑梯度输液程序：在主泵上设置流速FLOW、基本输液比例CONC键，编辑时间程序：EDIT键进入编辑状态，输入时间数值，滚动FUNC/BACK键到BCNC输入B相的梯度比例数值，按ENTER键确认。常用的参数如BCNC（A、B液比例）、FLOW（流速）、STOP（停止程序）等。程序编好后，反复按ENTER键查看，按DEL键清除错误的程序步。按主泵RUN键运行时间程序，关掉RUN键，泵按梯度初始化条件运行。

（3）系统排气或快速更换溶剂系统：将泵的吸滤头放进已经过滤并脱气后的流动相中，将放空阀向OPEN方向（逆时针）旋转180°（如果放空阀旋转超过180°，空气会进入排水管，使流动相中混入气泡），按Purge键，约3min后自动停止，也可自己调整Purge时间，直到管线内（由溶剂瓶到泵入口）无气泡为止，关闭放空阀。把流速调成1mL·min^{-1}，把四通处连接恒比例分流阀的peek螺丝松开，5min后再把流速调成0.05mL·min^{-1}，把恒比例分流阀的peek螺丝拧紧。

2）紫外检测器

开启电源后，经过短暂的时间，氘灯点亮，波长显示为254nm（不一定是254nm，而是上次关机时使用的波长），按FUNC/BACK键到改波长处，输入实验需要的波长值，按ENTER键确认，检测器一般30～60min的预热，然后按ZERO键基线调零后，基线稳定后，可以进样。

3）色谱柱安装

（1）装柱前首先把毛细管柱检测窗口和检测池装检测窗口的位置都用分析纯的乙醇擦干净，等乙醇挥发完后，可以装柱（注意不要用口吹干）。

（2）把柱子的检测窗口对准检测池的透镜窗口，对着光看，是透光的说明位置正好。

（3）盖上盖子，按对角顺序拧紧四个螺丝并固定住（注意不要一次性拧紧一个螺丝）。

（4）螺丝固定后，把出口端的毛细管插到橘红色PEEK管里，把检测池安装到检测器上。

（5）打开检测器，自检结束后，按FUNC/BACK键滚动至看Sample和Reference值是否正常，如果 Sample 值太小，说明柱子窗口没对准，卸掉重新装柱。

4) 高压电源（用于 CE、CEC、pCEC 模式）

(1) 输出电压：0～30kV；电流：0～100μA。

(2) 操作步骤：

①高压线的连接："HV＋"与"HV－"孔两者不能同时使用，要根据实验设定电压极性选择，但无论与其中哪一个孔，高压线的另一端都与微流控后面板上的"TO WASTE"孔相连；"HV0"孔在 CEC 模式下，与微流控后面板上的"TO CROSS"孔相连；CE 模式时与"CE MODE"孔相连。

②开机后，按 MENU 键，以上下箭头选择分析模式：电色谱＜CEC＞或电泳＜CE＞，ENTER 键确认。

③以上下左右箭头输入电压（最小单位 100V）、升压时间和电场方向＜＋＞/＜－＞，ENTER 键确认，确认检测器和微流控制单元仓门关闭，背板电缆连接正确，按 RUN 键执行；每次改条件后都要先 RUN，至电流稳定后才能进样。

④＜CE＞模式下，还需输入电动进样电压和时间。把进样条件和运行电泳的条件设好后，首先运行一下 RUN 键，按 RESET 键断电后按 INJECT 键系统执行进样设置，完成后电压降至 0。

⑤ RESET 键：分析完成，按此键停止加压，电压降至 0。

5) 微流控单元

(1) 功能：控制进样以及触发工作站采集数据。

(2) 操作方法：

①打开电源开关，确认 LOAD 旁边的红色指示灯已处于开启状态。

②用微量进样器取一定量色谱甲醇清洗进样口，反复清洗几次。

③用微量进样器进样。此时，样品被注入到进样阀的定量环中，定量环的体积是固定的 1μL，多余的样品会流到样品废液瓶中。但应注意，由于在进样孔与进样阀之间存在一个连接管，其体积约 10μL，因此，每当进一个新的样品时，第一次进样的进样量要大于 40μL，以确保样品置换了进样管路里所有的溶液到达进样阀的定量环，以后每次进样，进样量只需 5μL 即可。

④按进样控制面板上的按键，经过约 1s 后，INJECT 旁边的红色指示灯亮，表示样品定量环已被连入流路系统，样品开始进入色谱柱，同时工作站也开始采集数据。

6) 色谱工作站

(1) 功能：数据的采集及处理。

(2) 操作方法：

①确保工作站软件已正确安装到计算机上。

②确保系统各个模块的电源（微流控的电源必须开启）已经处于开启状态并且微流控模块和计算机的数据线连接正确牢靠。

③在电脑上双击工作站图标进入数据采集界面。

④新建一个文件夹用于保存采集的谱图。

⑤在工作站的主界面上可单击按钮开始采集谱图,也可通过触发微流控上的按钮来启动工作站采集谱图(常用)。

⑥采集完的谱图可用软件提供的工具菜单进行相应的编辑处理。

2. 注意事项

(1) 流动相及样品使用前须经 0.22μm 滤膜仔细过滤,以防色谱柱及分流阀堵塞。

(2) 进样量根据所使用的定量环体积来确定,若定量环为 1μL,则第一次应该进样大于 40μL,以后连续进相同样品则只需要大于 5μL 即可;若进不同的样品则每次进样前需对进样针和进样口进行彻底地清洗。

(3) 做完实验后不要让输液泵立即停下,应让泵在原流动相状态下再运行 20~30min,使系统不再有样品残留;若流动相中含有缓冲盐,应用无盐流动相冲洗色谱柱,最后用纯甲醇做流动相运行使整个系统保存在纯甲醇状态下。

(4) 若流动相中含有缓冲盐,则在实验结束后还要用清洗液对泵头进行清洗,此步骤的目的是防止盐在高压下析出造成柱塞杆和密封圈的磨损。

(5) 若在实验过程中需要更换流动相时,要确保前后两种流动相能够互溶,否则要加入中间溶剂做过渡以使前后两种流动相能够互溶。

实验八十五 复方萘维敏滴眼液的毛细管区带电泳分离

一、实验目的

(1) 掌握毛细管区带电泳的分离原理。

(2) 熟悉毛细管电泳进样的原理与方法。

(3) 了解毛细管电泳仪器的使用。

二、实验原理

复方萘维敏滴眼液用于缓解眼睛疲劳、结膜充血以及眼睛发痒等症状。每支 10mL,含盐酸萘甲唑林 0.2mg、马来酸氯苯那敏 2mg、维生素 B_{12} 1mg,辅料中含有:乙二胺四醋酸二钠,氯化钠,磷酸二氢钠,磷酸氢二钠,聚维酮 K30、苯扎溴铵等。盐酸萘甲唑林为拟肾上腺素药,对结膜血管具有收缩作用,可以降低结膜充血。马来酸氯苯那敏具有较强的抗组胺作用,用于缓解眼部的的过敏症状。维生素 B_{12} 有助于保护中枢及周围的髓鞘神经纤维代谢功能的完整性。

毛细管区带电泳是毛细管电泳的基本分离模式,它基于带电荷组分在电场作用下迁移率的差异实现分离。在分离缓冲液中,样品中离解的萘甲唑林和氯苯那敏带有正电荷,且因为离解常数和离子大小不同与其它组分可以实现分离。在紫外检测器中产生相应的电泳峰,其出峰位置(迁移时间)可用于样品中组分的定性,其峰面积可用于定量测定组分的浓度。

本实验通过分离复方萘维敏滴眼液中的成分,认识和掌握毛细管区带电泳分离的基本原理和实验方法。

三、仪器与试剂

(1) 仪器：毛细管电泳仪（本实验用 TriSep－2100，Unimicro Technologies Inc.，USA. 电压极性指的是检测端的极性，与其他仪器可能不一致），毛细管柱（内径 50μm，总长约 60cm，有效长约 35cm。毛细管柱使用前需要用 0.1mol・L^{-1} 氢氧化钠 20min、蒸馏水 5min、0.1 mol・L^{-1} 盐酸 5min、蒸馏水 5min、分离缓冲液 10min 冲洗。每次进样之间要用分离缓冲液冲洗 5～10min），真空泵，pH 计，微量可调移液器，针头式微孔滤膜过滤器（孔径 0.45μm，水相）

(2) 试剂：市售萘敏维滴眼液（样品经微孔滤膜过滤后直接进样），盐酸萘甲唑林，马来酸氯苯那敏，维生素 B_{12}，苯扎溴铵对照样品，硼砂，硼酸，氢氧化钠，盐酸，二甲亚砜，蒸馏水。

四、实验内容

1. 样品溶液与分离缓冲液准备

取市售萘维敏滴眼液，用微孔滤膜过滤后直接使用。
用蒸馏水配制 25 mmol・L^{-1} 硼砂缓冲液，测定 pH，用微孔滤膜过滤后使用。

2. 测量毛细管柱总长和有效长度

取下检测池，测量所用毛细管的总长（两端总长）和有效长（进样端到检测窗口的距离）。

3. 复方萘维敏滴眼液的毛细管区带电泳分离

分别用电动进样（－15kV，8s）和压差进样（10cm，8s）进样，使用分离缓冲溶液为 25 mmol・L^{-1} 硼砂缓冲液，设定分离电压为－15kV，检测波长 210nm。

4. 电渗的测量

用分离缓冲液配制含 0.1％二甲亚砜的样品溶液，进样测定迁移时间，重复一次。用平均值计算电渗流的迁移率。

五、数据处理

(1) 记录毛细管柱长和有效长度。

(2) 记录各实验中组分的迁移时间、峰面积和柱效。计算各峰的迁移率，并比较压差进样与电动进样各峰面积的差异。

(3) 假定样品溶液与分离溶液相同，计算本实验电动进样时进入毛细管的样品区带宽度（长度）。

(4) 记录二甲亚砜的迁移时间，计算电渗迁移率。

六、思考题

(1) 毛细管电泳实验每次进样之间，为什么都要用分离缓冲液冲洗？

(2) 电渗是怎样产生的？本实验用二甲亚砜的迁移率作为电渗的迁移率，依据是什么？

(3) 比电渗出峰慢的组分是哪类组分？

(4) 带电荷组分的迁移率主要与电荷电量和离子大小有关，试讨论离解常数、溶液 pH、分子量、电压对组分迁移和分离的影响。

实验八十六　毛细管电泳法测定左氧氟沙星滴眼液中左氧氟沙星的光学纯度

一、实验目的

(1) 理解毛细管区带电泳手性拆分的分离原理。

(2) 了解毛细管电泳中环糊精添加剂的使用。

(3) 掌握毛细管电泳定量的原理和对映体过量值(*e.e.* 值)的计算。

二、实验原理

左氧氟沙星滴眼液适用于细菌性结膜炎、角膜炎等外眼感染。其对映体氧氟沙星右旋体没有抗菌活性，但又有相似的毒副作用。需要控制对映体杂质的含量，测定左氧氟沙星的光学纯度。

毛细管电泳基于带电荷组分在电场作用下迁移率的差异实现分离，但在通常的毛细管区带电泳条件下对映体两组分的迁移率完全相同、无法分开。如果在分离缓冲液中，加入与样品组分存在不同相互作用的添加剂(如环糊精类化合物)，可以利用其与组分结合常数的差异使相似的难分离组分分开，实现定性与定量。

由于毛细管电泳为柱上检测，不同迁移率的组分通过检测窗口的速度不同，使它们产生不同的峰面积，可以用迁移时间或标样进行校正。

本实验通过分离氧氟沙星对映体，认识和掌握毛细管电泳手性分离的基本原理和实验方法。

三、仪器与试剂

(1) 仪器：毛细管电泳仪。(可以用 TriSep-2100，Unimicro Technologies Inc.，USA.)，毛细管柱(内径 50μm，总长 60cm，有效长 35cm)，真空泵，pH 计，微量可调移液器，针头式微孔滤膜过滤器(孔径 0.45μm，水相)。

(2) 试剂：市售氧氟沙星滴眼液、左氧氟沙星滴眼液。甲基化 β—环糊精(按取代度为 2，计算分子量为 1330)、磷酸二氢钠、磷酸、氢氧化钠、盐酸、二甲亚砜、蒸馏水。

四、实验内容

1. 样品溶液准备

分别取市售氧氟沙星滴眼液和左氧氟沙星滴眼液，与不含环糊精的缓冲液按体积比 1∶10 配制成样品溶液，用针头式微孔滤膜过滤器过滤后使用。

2. 分离缓冲液准备

用蒸馏水分别配制 0.1mol·L^{-1}的磷酸二氢钠溶液和 0.1mol·L^{-1}的磷酸溶液，于烧杯中在 pH 计指示下混合，调节到 pH＝2.5，取 10ml 用微孔滤膜过滤后作为不含环糊精的缓冲液使用。

另取 10mL 上述未过滤的缓冲液溶液，加入甲基化 β－环糊精配制成浓度为 50mmol · L^{-1}的溶液，微孔滤膜过滤后使用。未使用完的缓冲液冷藏。

3. 氧氟沙星滴眼液的毛细管区带电泳分离

用电动进样(－15kV，8s)进样，使用上述配好的不含环糊精的 pH 2.5 的 0.1mol · L^{-1}磷酸缓冲液作为分离缓冲液；毛细管电泳分离电压为－15kv；检测波长为 293nm，分别进样分析氧氟沙星滴眼液配好的样品溶液。

4. 复方氧氟沙星滴眼液和左氧氟沙星滴眼液的毛细管区带电泳手性分离

用电动进样(－15kV，8s)进样，使用上述配好的含有甲基化 β－环糊精的磷酸缓冲液作为分离缓冲液；毛细管电泳分离电压为－15kv；检测波长为 293nm，分别进样分析氧氟沙星滴眼液和左氧氟沙星滴眼液配好的样品溶液。

五、数据处理

(1) 记录在含有甲基化 β－环糊精和不含甲基化 β－环糊精的缓冲液体系中，氧氟沙星滴眼液和左氧氟沙星滴眼液样品的迁移时间、峰面积和柱效。判断氧氟沙星两个峰的归属。

(2) 氧氟沙星滴眼液中对映体两组分峰的含量完全相同，以前一个峰(左旋体)的面积为标准，计算后一个峰(右旋体)的峰面积校正因子。然后，计算左氧氟沙星滴眼液的光学纯度，分别用相对百分含量和对映体过量值(*e. e.* 值)表示：*e. e.* 值 $=(A1-A2)/(A1+A2)$。

六、思考题

(1) 毛细管电泳基于带电荷组分在电场作用下迁移率的差异实现分离。在分离缓冲液中，加入与样品组分存在不同相互作用的添加剂(如环糊精)，可以利用其与组分结合常数的差异使相似的难分离组分分开。试推导本实验对映体迁移率差值的公式，并根据推导的迁移率差值的公司，讨论实验条件(环糊精浓度、pH 等)对分离的影响。

(2) 本实验用电动进样(－15kV，8s)，如果样品溶液中有环糊精类化合物会影响 *e. e.* 值的测定结果，为什么？怎样避免？

(3) 本实验所用的环糊精不含可离解基团，能否将其用于中性对映体样品的手性分离？

(4) 氧氟沙星滴眼液中对映体两组分的含量完全相同，但两峰的面积不相等，这是什么原因？

第三部分

附录及参考文献

附　录

附录1　常用酸碱的浓度

试剂名称	密度/(g·mL^{-1})	物质的量浓度/(mol·L^{-1})	质量的百分浓度/%
浓硫酸	1.84	18.0	98
稀硫酸		2	9
浓盐酸	1.19	12.0	37
稀盐酸		2	7
浓硝酸	1.41	16	68
稀硝酸	1.2	6	32
稀硝酸		2	12
浓磷酸	1.70	14.7	85
稀磷酸	1.05	1	9
冰醋酸	1.05	17.4	99
稀醋酸	1.04	5	30
稀醋酸		2	12
浓氨水	0.91	14.8	28
浓氢氧化钠	1.44	14.4	40

附录2　常用缓冲溶液的配制

缓冲溶液组成	p*Ka*	缓冲液pH	缓冲溶液配制方法
氨基乙酸-HCl	2.35 (pK_{a1})	2.3	取氨基乙酸150g溶于500mL水中后,加浓HCl溶液80ml,水稀至1L
H_3PO_4-柠檬酸盐		2.5	取$Na_2HPO_4\cdot 12H_2O$ 113g溶于200mL水后,加柠檬酸387g,溶解,过滤后,稀至1L
一氯乙酸-NaOH	2.86	2.8	取200g一氯乙酸溶于200mL水中,加NaOH 40g,溶解后,稀至1L
邻苯二甲酸氢钾-HCl	2.95 (pK_{a1})	2.9	取500g邻苯二甲酸氢钾溶于500mL水中,加浓HCl溶液80ml,稀至1L
甲酸-NaOH	3.76	3.7	取95g甲酸和NaOH 40g于500mL水中,溶解,稀至1L
NaAc-HAc	4.74	4.7	取无水NaAc 83g溶于水中,加冰醋酸60mL,稀至1L
六亚甲基四胺-HCl	5.15	5.4	取六亚甲基四胺40g溶于200mL水中,加浓HCl 10mL,稀至1L

（续表）

缓冲溶液组成	pKa	缓冲液 pH	缓冲溶液配制方法
Tris-HCl [三羟甲基氨基甲烷 $CNH_2(HOCH_3)_3$	8.21	8.2	取 25gTris 试剂溶于水中，加浓 HCl 溶液 8mL，稀至 1L
NH_3-NH_4Cl	9.26	9.2	取 NH_4Cl54g 溶于水中，加浓氨水 63mL，稀至 1L

附录 3　常用指示剂

常用的酸碱指示剂

指示剂	变色范围 pH	颜　色		pK_{HIn}	浓　度
		酸色	碱色		
百里酚蓝（第一次变色）	1.2～2.8	红	黄	1.6	0.1%的 20%乙醇溶液
甲基黄	2.9～4.0	红	黄	3.3	0.1%的 90%乙醇溶液
甲基橙	3.1～4.4	红	黄	3.4	0.05%的水溶液
溴酚蓝	3.1～4.6	黄	紫	4.1	0.1%的 20%乙醇溶液或其钠盐的水溶液
溴甲酚绿	3.8～5.4	黄	蓝	4.9	0.1%水溶液，每 100mg 指示剂中加入 0.05mol·L^{-1} NaOH 2.9mL
甲基红	4.4～6.2	红	黄	5.2	0.1%的 60%乙醇溶液或其钠盐的水溶液
溴百里酚蓝	6.0～7.6	黄	蓝	7.3	0.1%的 20%乙醇溶液或其钠盐的水溶液
中性红	6.8～8.0	红	黄橙	7.4	0.1%的 60%乙醇溶液
酚红	6.7～8.4	黄	红	8.0	0.1%的 60%乙醇溶液或其钠盐的水溶液
百里酚蓝（第二次变色）	8.0～9.6	黄	蓝	8.9	见第一次变色
百里酚酞	9.4～10.6	无	蓝	10.0	0.1%的 90%乙醇溶液

常用氧化还原指示剂

指示剂名称	$\varphi^{\circ\prime}$/V $[H^+]=1mol\cdot L^{-1}$	颜色变化		溶液配制方法
		氧化态	还原态	
中性红	0.24	红	无色	0.05%的 60%乙醇溶液
次甲基蓝	0.36	蓝	无色	0.05%水溶液
变胺蓝	0.59(pH=2)	无色	蓝	0.05%水溶液
二苯胺	0.76	紫	无色	1%的浓 H_2SO_4 溶液

（续表）

指示剂名称	$\varphi^{\circ\prime}$/V $[H^+]=1mol\cdot L^{-1}$	颜色变化		溶液配制方法
		氧化态	还原态	
二苯胺磺酸钠	0.85	紫红	无色	0.05%水溶液
N-邻苯氨苯甲酸	1.08	紫红	无色	0.1g 指示剂加 20mL15% 的 Na_2CO_3 溶液，用水稀至 100mL。
邻二氮菲 Fe(Ⅱ)	1.06	浅蓝	红	1.485g 邻二氮菲加 0.965g$FeSO_4$，溶于 100mL 水中(0.25mol·L^{-1}水溶液)

常用金属离子指示剂

名称	配制方法	测定元素	颜色变化	测 定 条 件
酸性铬蓝 K	0.1%乙醇溶液	Ca	红～蓝	pH=12
		Mg	红～蓝	pH=10(氨性缓冲溶液)
钙指示剂	与 NaCl 配成 1∶100 的固体混合物	Ca	酒红～蓝	pH>12(KOH 或 NaOH)
铬黑 T	与 NaCl 配成 1∶100 的固体混合物	Al	蓝～红	pH=7～8，吡啶存在下，以 Zn^{2+} 回滴
		Bi	蓝～红	pH=9～10，以 Zn^{2+} 回滴
		Ca	红～蓝	pH=10，加入 EDTA—Mg
		Cd	红～蓝	pH=10(氨性缓冲溶液)
		Mg	红～蓝	pH=10(氨性缓冲溶液)
		Mn	红～蓝	pH=9 氨性缓冲溶液，加羟胺
		Ni	红～蓝	pH=10(氨性缓冲溶液)
		Pb	红～蓝	pH=9 氨性缓冲溶液，加酒石酸钾
		Zn	红～蓝	pH=6.8～10(氨性缓冲溶液)
PAN	0.1%乙醇(或甲醇)溶液	Cd	红～黄	pH=6(乙酸缓冲溶液)
		Co	黄～红	乙酸缓冲溶液，70～80℃，以 Cu^{2+} 回滴
		Cu	紫～黄	pH=10(氨性缓冲溶液)
			红～黄	pH=6(乙酸缓冲溶液)
		Ni	粉红～黄	pH=5～7(乙酸缓冲溶液)
二甲酚橙 XO	0.5%乙醇(或水)溶液	Bi	红～黄	pH=1～2(HNO_3)
		Cd	粉红～黄	pH=5～6(六次甲基四胺)
		Pb	红紫～黄	pH=5～6(乙酸缓冲溶液)
		Th(Ⅳ)	红～黄	pH=1.5～3.5(HNO_3)
		Zn	红～黄	pH=5～6(乙酸缓冲溶液)

附录 4 常用基准物质及其干燥条件与应用

基准物质		干燥后组成	干燥条件 t/℃	标定对象
名称	分子式			
碳酸氢钠	$NaHCO_3$	Na_2CO_3	270～300	酸
碳酸钠	$Na_2CO_3 \cdot 10H_2O$	Na_2CO_3	270～300	酸
硼砂	$NaB_4O_7 \cdot 10H_2O$	$Na_2B_4O_7 \cdot 10H_2O$	放在含 NaCl 和蔗糖饱和液的干燥器中	酸
碳酸氢钾	$KHCO_3$	K_2CO_3	270～300	酸
草酸	$H_2C_2O_4 \cdot 2H_2O$	$H_2C_2O_4 \cdot 2H_2O$	室温空气干燥碱或 $KMnO_4$	
邻苯二甲酸氢钾	$KHC_8H_4O_4$	$KHC_8H_4O_4$	110～120	碱
重铬酸钾	$K_2Cr_2O_7$	$K_2Cr_2O_7$	140～150	还原剂
溴酸钾	$KBrO_3$	$KBrO_3$	130	还原剂
碘酸钾	KIO_3	KIO_3	130	还原剂
铜	Cu	Cu	室温干燥器	还原剂
三氧化二砷	As_2O_3	As_2O_3	室温干燥器	氧化剂
草酸钠	Na_2CO_4	Na_2CO_4	130	氧化剂
碳酸钙	$CaCO_3$	$CaCO_3$	110	EDTA
锌	Zn	Zn	室温干燥器	EDTA
氧化锌	ZnO	ZnO	900～1000	EDTA
氯化钠	NaCl	NaCl	500～600	$AgNO_3$
氯化钾	KCl	KCl	500～600	$AgNO_3$
硝酸银	$AgNO_3$	$AgNO_3$	280～290	氯化物
氨基磺酸	$HOSO_2NH_2$	$HOSO_2NH_2$	在真空 H_2SO_4 干燥中保存 48h	碱

附录 5 相对原子质量表

元素		相对原子质量	元素		相对原子质量	元素		相对原子质量	元素		相对原子质量
符号	名称		符号	名称		符号	名称		符号	名称	
Ac	锕	[227]	Er	铒	167.26	Mn	锰	54.93805	Ru	钌	101.07
Ag	银	107.8682	Es	锿	[254]	Mo	钼	95.94	S	硫	32.066
Al	铝	26.98154	Eu	铕	151.965	N	氮	14.00674	Sb	锑	121.760
Am	镅	[243]	F	氟	18.9984032	Na	钠	22.989768	Sc	钪	44.955910

（续表）

元素		相对原子质量	元素		相对原子质量	元素		相对原子质量	元素		相对原子质量
符号	名称		符号	名称		符号	名称		符号	名称	
Ar	氩	39.948	Fe	铁	55.845	Nb	铌	92.906 38	Se	硒	78.96
As	砷	74.921 59	Fm	镄	[257]	Nb	钕	144.24	Si	硅	28.085 5
At	砹	[210]	Fr	钫	[223]	Ne	氖	20.179 7	Sm	钐	150.36
Au	金	196.966 54	Ga	镓	69.723	Ni	镍	58.693 4	Sn	锡	118.710
B	硼	10.811	Gd	钆	157.25	No	锘	[254]	Sr	锶	87.62
Ba	钡	137.327	Ge	锗	72.61	Np	镎	237.048 2	Ta	钽	180.947 9
Be	铍	9.012 182	H	氢	1.007 94	O	氧	15.999 4	Tb	铽	158.925 34
Bi	铋	208.980 37	He	氦	4.002 602	Os	锇	190.23	Te	锝	98.906 2
Bk	锫	[247]	Hf	铪	178.49	P	磷	30.973 762	Te	碲	127.60
Br	溴	79.904	Hg	汞	200.59	Pa	镤	231.035 88	Th	钍	232.038 1
C	碳	12.011	Ho	钬	164.930 32	Pb	铅	207.2	Ti	钛	47.867
Ca	钙	40.078	I	碘	126.904 47	Pd	钯	106.42	Tl	铊	204.383 3
Cd	镉	112.411	In	铟	114.818	Pm	钷	[145]	Tm	铥	168.934 21
Ce	铈	140.115	Ir	铱	192.217	Po	钋	[−210]	U	铀	238.028 9
Cf	锎	[251]	K	钾	39.098 3	Pr	镨	140.907 65	V	钒	50.941 5
Cl	氯	35.452 7	Kr	氪	83.80	Pt	铂	195.08	W	钨	183.84
Cm	锔	[247]	La	镧	138.908 8	Pu	钚	[244]	Xe	氙	131.29
Co	钴	58.933 20	Li	锂	6.941	Ra	镭	226.025 4	Y	钇	88.905 85
Cr	铬	51.996 1	Lr	铹	[257]	Rb	铷	85.467 8	Yb	镱	173.04
Cs	铯	132.905 43	Lu	镥	174.967	Re	铼	186.207	Zn	锌	65.39
Cu	铜	63.546	Md	钔	[256]	Rh	铑	102.905 50	Zr	锆	91.224
Dy	镝	162.50	Mg	镁	24.305 0	Rn	氡	[222]			

附录 6　常用化合物的相对分子质量表（按英文字母顺序排列）

Ag_3AsO_4	462.52	$Al(OH)_3$	78.00	$Al(OH)_3$	78.00
$AgBr$	187.77	$Al_2(SO_4)_3$	342.14	$Ba(OH)_2$	171.34
$AgCl$	143.32	$Al_2(SO_4)_3 \cdot 18H_2O$	666.41	$BaSO_4$	233.39
$AgCN$	133.89	As_2O_3	197.84	$BiCl_3$	315.34
$AgSCN$	165.95	$As2O_5$	229.84	$BiOCl$	260.43
Ag_2CrO_4	331.73	As_2S_3	246.02		
AgI	234.77			CO_2	44.01
$AgNO_3$	169.87	$BaCO_3$	197.34	CaO	56.08
$AlCl_3$	133.34	BaC_2O_4	225.35	$CaCO_3$	100.09
$AlCl_3 \cdot 6H_2O$	241.43	$BaCl_2$	208.24	CaC_2O_4	128.10
$Al(NO_3)_3$	213.00	$BaCl_2 \cdot 2H_2O$	244.27	$CaCl_2$	110.99
$Al(NO_3)_3 \cdot 9H_2O$	375.13	$BaCrO_4$	253.32	$CaCl_2 \cdot 6H_2O$	219.08
Al_2O_3	101.96	BaO	153.33	$Ca(NO_3)_2 \cdot 4H_2O$	236.15

（续表）

$Ca(OH)_2$	74.09	FeS	87.91	$KClO_4$	138.55
$Ca(PO_4)_2$	310.18	Fe_2S_3	207.87	KCN	65.116
$CaSO_4$	136.14	$FeSO_4$	151.90	$KSCN$	97.18
$CdCO_3$	172.42	$FeSO_4 \cdot 7H_2O$	278.01	K_2CO_3	138.21
$CdCl_2$	183.32	$FeSO_4 \cdot (NH_4)_2SO_4 \cdot 7H_2O$	392.13	K_2CrO_4	194.19
Cd_s	144.47			$K_2Cr_2O_7$	294.18
$Ce(SO_4)_2$	332.24	H_3AsO_3	125.94	$K_3Fe(CN)_6$	329.25
$Ce(SO_4)_2 \cdot 4H_2O$	404.30	H_3AsO_4	141.94	$K_4Fe(CN)_6$	368.35
$CoCl_2$	129.84	H_3BO_3	61.83	$KFe(SO_4)_2 \cdot 12H_2O$	503.24
$CoCl_2 \cdot 6H_2O$	237.93	HBr	80.912	$KHC_2O_4 \cdot H_2O$	146.14
$Co(NO_3)_2$	132.94	HCN	27.026	$KHC_2O_4 \cdot H_2C_2O_4 \cdot 2H_2O$	254.19
$Co(NO_3)_2$	291.03	$HCOOH$	46.026	$KHC_4H_4O_6$	188.18
CoS	90.99	CH_3COOH	60.052	$KHSO_4$	136.16
$CoSO_4$	154.99	H_2CO_3	62.025	KI	166.00
$CoSO_4 \cdot 7H_2O$	281.10	$H_2C_2O_4$	90.035	KIO_3	214.00
$Co(NH_2)_2$	60.06	$H_2C_2O_4 \cdot 2H_2O$	126.07	$KIO_3 \cdot HIO_3$	389.91
$CrCl_3$	158.35	HCl	36.461	$KMnO_4$	158.03
$CrCl_3$	266.45	HF	20.006	$KNaC_4H_4O_6 \cdot 4H_2O$	282.22
$Cr(NO_3)_3$	238.01	HI	127.91	KNO_3	101.10
Cr_2O_3	151.99	HIO_3	175.91	KNO_2	85.104
$CuCl$	98.999	HNO_3	63.013	K_2O	94.196
$CuCl_2$	134.45	HNO_2	47.013	KOH	56.106
$CuCl_2 \cdot 2H_2O$	170.48	H_2O	18.015	K_2SO_4	174.25
$CuSCN$	121.62	H_2O_2	34.015	$MgCO_3$	84.314
CuI	190.45	H_3PO_4	97.995	$MgCl_2$	95.211
$Cu(NO_3)_2$	187.56	H_2S	34.08	$MgCl_2 \cdot 6H_2O$	203.30
$Cu(NO_3)_2 \cdot 3H_2O$	241.60	H_2SO_3	82.07	MgC_2O_4	112.33
CuO	79.545	H_2SO_4	98.07	$Mg(NO_3)_2 \cdot 6H_2O$	256.41
Cu_2O	143.09	$Hg(CN)_2$	252.63	$MgNH_4PO_4$	137.32
CuS	95.61	$HgCl_2$	271.50	MgO	40.304
$CuSO_4$	159.60	Hg_2Cl_2	472.09	$Mg(OH)_2$	58.32
$CuSO_4 \cdot 5H_2O$	249.68	HgI_2	454.40	$Mg_2P_2O_7$	222.55
		$Hg_2(NO_3)_2$	525.19	$MgSO_4 \cdot 7H_2O$	246.47
$FeCl_2$	126.75	$Hg_2(NO_3)_2 \cdot 2H_2O$	561.22	$MnCO_3$	114.95
$FeCl_2 \cdot 4H_2O$	198.81	$Hg(NO_3)_2$	324.60	$MnCl_2 \cdot 4H_2O$	197.91
$FeCl_3$	162.21	HgO	216.59	$Mn(NO_3)_2 \cdot 6H_2O$	287.04
$FeCl_3 \cdot 6H_2O$	270.30	HgS	232.65	MnO	70.937
$FeNH_4(SO_4)_2 \cdot 12H_2O$	482.18	$HgSO_4$	296.65	MnO_2	86.937
$Fe(NO_3)_3$	241.86	Hg_2SO_4	497.24	MnS	87.00
$Fe(NO_3)_3 \cdot 9H_2O$	404.00	$KAl(SO_4)_2 \cdot 12H_2O$	474.38	$MnSO_4$	151.00
FeO	71.846	KBr	119.00	$MnSO_4 \cdot 4H_2O$	223.06
Fe_2O_3	159.69	$KBrO_3$	167.00		
Fe_3O_4	231.54	KCl	74.551	NO	30.006
$Fe(OH)_3$	106.87	$KClO_3$	122.55	NO_2	46.006

（续表）

NH_3	17.03	Na_2O	61.979	SO_2	64.06
CH_3COONH_4	77.083	Na_2O_2	77.978	$SbCl_3$	228.11
NH_4Cl	53.941	$NaOH$	39.997	$SbCl_5$	299.02
$(NH_4)_2CO_3$	96.086	Na_3PO_4	163.94	Sb_2O_3	291.50
$(NH_4)_2C_2O_4$	124.10	Na_2S	78.04	Sb_3S_3	339.68
$(NH_4)_2C_2OC_4 \cdot H_2O$	142.11	$Na_2S \cdot 9H_2O$	240.18	SiF_4	104.08
NH_4SCN	76.12	Na_2SO_3	126.04	SiO_2	60.084
NH_4HCO_3	79.055	Na_2SO_4	142.04	$SnCl_2$	189.62
$(NH_4)_2MoO_4$	196.01	$Na_2S_2O_3$	158.10	$SnCl_2 \cdot 2H_2O$	225.65
NH_4NO_3	80.043	$Na_2S_2O_3 \cdot 5H_2O$	248.17	$SnCl_4$	260.52
$(NH_4)_2HPO_4$	132.06	$NiCl_2 \cdot 6H_2O$	237.69	$SnCl_4 \cdot 5H_2O$	350.596
$(NH_4)_2S$	68.14	NiO	74.69	SnO_2	150.71
$(NH_4)_2SO_4$	132.13	$Ni(NO_3)_2 \cdot 6H_2O$	290.79	SnS	150.776
NH_4VO_3	113.98	NiS	90.75	$SrCO_3$	147.63
Na_3AsO_3	191.89	$NiSO_4 \cdot 7H_2O$	280.85	SrC_2O_4	175.64
$Na_2B_4O_7$	201.22			$SrCrO_4$	203.61
$Na_2B_4O_7 \cdot 10H_2O$	381.37	P_2O_5	141.94	$Sr(NO_3)_2$	211.63
$NaBiO_3$	279.97	$PbCO_3$	267.20	$Sr(NO_3)_2 \cdot 4H_2O$	283.69
$NaCN$	49.007	PbC_2O_4	295.22	$SrSO_4$	183.68
$NaSCN$	81.07	$PbCl_2$	278.10	$UO_2(CH_3COO)_2 \cdot 2H_2O$	424.15
Na_2CO_3	105.99	$PbCrO_4$	323.20		
$Na_2CO_3 \cdot 10H_2O$	286.14	$Pb(CH_3COO)_2$	325.30	$ZnCO_3$	125.39
$Na_2C_2O_4$	134.00	$Pb(CH_3COO)_2 \cdot 3H_2O$	379.30	ZnC_2O_4	153.40
CH_3COONa	82.034	PbI_2	461.00	$ZnCl_2$	136.29
$CH_3COONa \cdot 3H_2O$	136.08	$Pb(NO_3)_2$	331.20	$Zn(CH_3COO)_2$	183.47
$NaCl$	58.443	PbO	223.20	$Zn(CH_3COO)_2 \cdot 2H_2O$	219.50
$NaClO$	74.442	PbO_2	239.20	$Zr(NO_3)_2$	189.39
$NaHCO_3$	84.007	$Pb_3(PO_4)_2$	811.54	$Zr(NO_3)_2 \cdot 6H_2O$	297.48
$NaHPO_4 \cdot 12H_2O$	358.14	PbS	239.30	ZnO	81.38
$Na_2H_2Y \cdot 2H_2O$	372.24	$PbSO_4$	303.30	ZnS	97.44
$NaNO_2$	68.995			$ZnSO_4$	161.44
$NaNO_3$	84.995	SO_3	80.06	$ZnSO_4 \cdot 7H_2O$	287.54

附录 7　一些基团的振动与波数的关系

类　型	波数/cm^{-1}	备　注
烷烃		
C—H	2 975～2 800	伸缩振动
CH_2	约 1 465	变形振动
CH_3	1 385～1 370	变形振动
环丙烷，—CH_2—	3 100～3 070	
环丁烷，—CH_2—	3 000～2 975	
环戊烷，—CH_2—	2 960～2 950	

（续表）

类　型	波数/cm^{-1}	备　注
烯烃		
=CH	3 100～3 010	伸缩振动
C=C	1 690～1 560	伸缩振动
—CH=CH_2	995～980	变形振动
＞C=CH_2	895～885	变形振动
炔烃		
≡C—H	约 3 300	伸缩振动
≡C—H	650～600	变形振动
C≡C	约 2 150	
芳烃		
Ar—H	3 080～3 010	
一取代	770～730,710～690	
邻二取代	770～735	
间二取代	900～960,810～750,710～690	
对二取代	860～800	
醇		
O—H	约 3 650 或 3 400～3 300	
C—O	1 260～1 000	
醚		
脂肪 C—O—C	1 300～1 000	
芳香 C—O—C	约 1 250 和 1 120	
醛		
O=C—H	约 2 820,约 2 720	
C=O	约 1 725	
酮		
C=O	约 1 715	
C—C	1 300～1 100	
酸		
O—H	3 400～2 400	伸缩振动
O—H	1 440～1 400	变形振动
C—O	1 320～1 210	
C=O	1 760 或 1 710	
酯		
C=O	1 750～1 735	
C—O—C	1 260～1 230	乙酸酯
C—O—C	1 210～1 160	
酸酐		
C=O	1 830～1 800 和 1 775～1 740	
C—O	1 300～900	
胺		
N—H	3 500～3 300	伸缩振动

（续表）

类　型	波数/cm^{-1}	备　注
N—H C—H	1640～1500 1360～1025	变形振动
酰胺 N—H C=O 伯酰胺 N—H 仲酰胺 N—H	 3500～3180 1680～1630 1640～1550 1570～1515	
砜 S=O S=O	 1350～1300 1160～1120	 不对称伸缩振动 对称伸缩振动
亚砜 S=O	 1070～1030	
磺酸 S=O S=O	 1350～1342 1165～1150	 不对称伸缩振动 对称伸缩振动
卤代烃 C—F C—Cl C—Br C—I	 1400～1000 785～540 650～510 600～485	
硝酸酯 N=O N=O	 1650～1500 1300～1250	 不对称伸缩振动 对称伸缩振动
亚硝酸酯 N=O O—N	 1680～1610 815～750	
氰基化合物 R—C≡N	2260～2210	
磷氧化合物 P=O	1210～1140	
硫酮—C=S	1200～1050	

附录 8　一些元素的重要分析线

元素	吸收线 λ/nm	相对灵敏度	元素	吸收线 λ/nm	相对灵敏度
Ag	328.1	1.0	Al	236.7	6.3
	338.3	1.9	As	193.7	1.0
Al	309.3	1.0		197.2	2.0
	396.2	1.1	Au	242.8	1.0
	394.4	2.4		267.6	1.8

（续表）

元素	吸收线 λ/nm	相对灵敏度	元素	吸收线 λ/nm	相对灵敏度
B	249.7		Fe	373.7	10.0
Ba	553.6	1.0		346.5	110.0
	3501.1	16.0	Ga	287.4	1.0
Be	234.9			294.4	1.0
Bi	233.0	1.0		245.0	9.6
	222.8	2.4		271.9	20.0
	306.7	3.7	Gd	407.8	1.0
Ca	422.7	1.0		368.4	1.1
	239.8	120.0		394.6	6.5
Cd	435.0	1.0	Ge	265.1	1.0
	326.1	435.0		269.1	3.8
Co	240.7	1.0	Hf	286.6	
	252.1	2.0	Hg	253.6	
	304.4	12.0	Ho	410.4	1.0
	346.5	30.0		404.1	5.2
Cr	357.8	1.0		412.7	11.0
	360.5	2.2		395.5	45.0
	428.9	4.5	In	303.9	1.0
Cs	852.1	1.0		325.6	1.0
	455.5	85.0		256.0	12.0
Cu	324.7	1.0		275.4	29.0
	216.5	6.0	Ir	263.9	1.0
	224.4	157.0		254.4	2.1
Dy	421.2	1.0		351.3	8.6
	419.5	1.6	K	766.5	1.0
	416.8	6.8		769.9	2.3
Er	400.8	1.0		404.4	500.0
	389.3	5.0	La	550.1	1.0
	390.5	20.0		357.4	4.0
Eu	459.4			392.8	4.0
Fe	248.3	1.0	Li	670.8	1.0
	371.9	5.7		823.3	235.0

（续表）

元素	吸收线 λ/nm	相对灵敏度	元素	吸收线 λ/nm	相对灵敏度
Lu	336.0	1.0	Pd	340.5	3.0
	337.7	2.0	Pr	495.1	1.0
	451.9	11.0		502.7	2.5
Mg	285.2	1.0		503.3	1.7
	202.5	24.0	Pt	265.9	1.0
Mn	279.5	1.0		248.7	5.0
	280.1	1.9		271.9	8.2
	403.1	9.5	Rb	780.0	1.0
Mo	313.3	1.0		420.2	120.0
	315.8	4.0	Re	346.1	1.0
Mo	311.2	1.0		345.2	2.4
Na	589.0	4.0	Rh	343.5	1.0
	589.6	20.0		365.8	6.0
	330.2	1.0		350.7	45.0
Nb	334.4	1.0	V	390.2	6.5
	357.6	1.0	W	400.8	1.0
	415.3	2.5		255.1	0.5
Nd	463.4	5.1	Ru	349.8	1.0
	471.9	1.0		379.9	2.2
Ni	232.0	2.1		392.6	11.0
	305.1	1.0	Sb	217.6	1.0
	303.7	4.5		231.2	2.1
	294.4	12.0	Sc	394.2	1.0
Os	290.9	54.0	Sc	390.8	1.0
	301.8	1.0		327.4	12.0
	426.1	3.2	Se	196.6	1.0
P	213.8	30.0		204.0	3.0
Pb	283.3	1.0		207.5	35.0
	217.0	1.0	Si	251.6	1.0
	261.4	0.4		252.9	3.2
	368.4	10.0		221.1	8.0
Pd	247.6	2.0	Sm	429.7	1.0

（续表）

元素	吸收线 λ/nm	相对灵敏度	元素	吸收线 λ/nm	相对灵敏度
Sm	472.8	2.0	Tl	238.0	6.7
Sn	224.6	1.0	Tm	371.8	1.0
	254.7	5.4		420.4	3.0
	226.1	29.0	U	358.5	1.0
Sr	260.7			351.5	2.8
Ta	274.2	1.0	V	318.3	1.0
	293.4	2.5		318.3	1.0
Tb	432.7	1.0	Yb	246.5	7.5
	410.5	3.6		267.2	40.0
Tc	261.4	1.0	Zn	213.9	1.0
	261.6	1.0		283.1	1.0
	318.2	10.0	Y	410.2	1.0
	317.3	100.0		362.1	2.0
Te	214.3	1.0	Yb	398.8	1.0
	225.9	15.0		307.6	4700.0
Ti	365.4	1.0	Zr	360.1	1.0
	364.3	1.1		298.5	1.7
Tl	276.8	1.0		362.4	1.9

参考文献

[1] 武汉大学. 分析化学(第四版)[M]. 北京:高等教育出版社,2000.

[2] 华东理工大学化学系,四川大学化工学院. 分析化学(第五版)[M]. 北京:高等教育出版社,2003.

[3] 徐莉英. 无机及分析化学实验[M]. 上海:上海交通大学出版社,2004.

[4] 南京大学大学化学实验教学组. 大学化学实验[M]. 北京:高等教育出版社,2001.

[5] 柯以侃,董慧茹. 分析化学手册(第二版)第三分册 光谱分析[M]. 北京:化学工业出版社,1998.

[6] 武汉大学. 分析化学实验(第四版)[M]. 北京:高等教育出版社,2001.

[7] 张济新,等. 分析化学实验[M]. 上海:华东化工学院出版社,1989.

[8] 天津大学化学系分析化学教研室. 分析化学实验[M]. 天津:天津大学出版社,1995.

[9] 武汉大学化学与分子科学学院实验中心. 仪器分析实验[M]. 武汉:武汉大学出版社,2005.

[10] 赵文宽,等. 仪器分析实验[M]. 北京:高等教育出版社,1997.

[11] 王玉枝,陈贻文,杨桂法. 有机分析[M]. 湖南大学出版社,2004.

[12] 冯金城. 有机化合物结构分析与鉴定[M]. 北京:国防工业出版社,2003.

[13] 朱嘉云. 有机分析(第二版)[M]. 北京:化学工业出版社,2004.

[14] 城乡建设环境保护部环境保护局. 环境监测分析方法[M]. 北京:环境科学出版社,1986.

[15] [美]Harvey M Deitel,Paul James Deitel. C++大学教程(第三版)[M]. 丘仲潘,等,译. 北京:电子工业出版社,2001.

[16] 徐红娣,等. 电镀溶液分析技术(第1版)[M]. 北京:化学工业出版社,2003.